中国科协学科发展研究系列报告

中国科学技术协会 / 主编

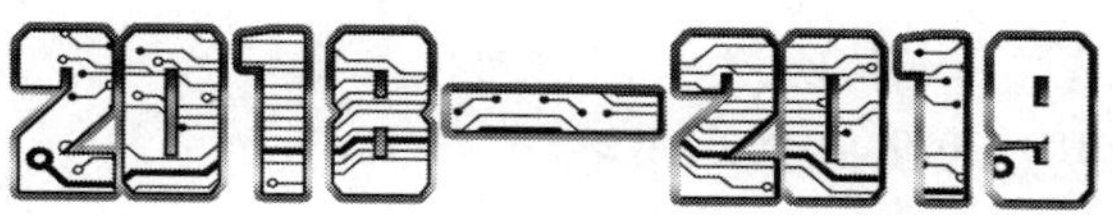

力学
学科发展报告

—— REPORT ON ADVANCES IN ——
MECHANICS

中国力学学会 / 编著

中国科学技术出版社

· 北　京 ·

图书在版编目（CIP）数据

2018—2019 力学学科发展报告 / 中国科学技术协会主编；中国力学学会编著 . —北京：中国科学技术出版社，2020.11

（中国科协学科发展研究系列报告）

ISBN 978-7-5046-8534-6

Ⅰ. ① 2… Ⅱ. ①中… ②中… Ⅲ. ①力学—学科发展—研究报告—中国—2018—2019 Ⅳ. ① O3-12

中国版本图书馆 CIP 数据核字（2020）第 037020 号

策划编辑	秦德继　许　慧
责任编辑	夏凤金
装帧设计	中文天地
责任校对	张晓莉
责任印制	李晓霖

出　　版	中国科学技术出版社
发　　行	中国科学技术出版社有限公司发行部
地　　址	北京市海淀区中关村南大街16号
邮　　编	100081
发行电话	010-62173865
传　　真	010-62179148
网　　址	http：//www.cspbooks.com.cn

开　　本	787mm × 1092mm　1/16
字　　数	333千字
印　　张	14.5
版　　次	2020年11月第1版
印　　次	2020年11月第1次印刷
印　　刷	河北鑫兆源印刷有限公司
书　　号	ISBN 978-7-5046-8534-6 / O · 202
定　　价	72.00元

2018—2019
力学学科发展报告

首席科学家 杨　卫　胡海岩

编写组

组　　长　杨　卫　胡海岩

副 组 长（按姓氏笔画排序）

方岱宁　冯西桥　佘振苏　周哲玮　郑晓静
洪友士　翟婉明　戴兰宏

成　　员（按姓氏笔画排序）

综合报告

马少鹏　王铁军　王清远　亢一澜　孙　茂
李玉龙　吴林志　罗亚中　郑泉水　郭　旭

固体力学组

王铁军（召集人）王　成　王　骥　王记增
王宏涛　王建祥　亢　战　亢一澜　卢同庆

申胜平　冯　雪　曲绍兴　仲　政　庄　茁
刘　彬　刘书田　刘立武　刘应华　刘春太
李　岩　李玉龙　李法新　李振环　杨亚政
杨嘉陵　吴恒安　邱志平　冷劲松　汪越胜
张　忠　张　雄　张卫红　张田忠　张克实
张俊乾　陈伟球　陈浩森　陈常青　孟松鹤
胡　平　胡　宁　胡更开　郭　旭　黄争鸣
龚兴龙　康国政　梁　军　彭向和　裴永茂
潘　兵　魏宇杰　魏悦广

流体力学组

刘　桦（召集人）王晋军　何国威　陆夕云
林建忠　周济福　赵　宁　胡国庆　姜宗林
姚　军　倪明玖　陶建军　谭文长　樊　菁

动力学与控制组

杨绍普（召集人）王　琳　王天舒　王在华
王青云　文桂林　邓子辰　刘才山　刘永强
江　俊　张　伟　陈立群　陈建兵　祝长生
徐　伟　徐　鉴　郭永新　黄志龙　彭志科

交叉力学组

王晓钢　张　怀　张　振　张　菁　陈维毅
周益春　黄　宁　蒲以康

学术秘书组（按姓氏笔画排序）

卢同庆　汤亚南　刘　洋　李群仰　杨　越
张攀峰　陈玉丽　柯燎亮　黄河激　蒋　晗

当今世界正经历百年未有之大变局。受新冠肺炎疫情严重影响，世界经济明显衰退，经济全球化遭遇逆流，地缘政治风险上升，国际环境日益复杂。全球科技创新正以前所未有的力量驱动经济社会的发展，促进产业的变革与新生。

2020 年 5 月，习近平总书记在给科技工作者代表的回信中指出，“创新是引领发展的第一动力，科技是战胜困难的有力武器，希望全国科技工作者弘扬优良传统，坚定创新自信，着力攻克关键核心技术，促进产学研深度融合，勇于攀登科技高峰，为把我国建设成为世界科技强国作出新的更大的贡献”。习近平总书记的指示寄托了对科技工作者的厚望，指明了科技创新的前进方向。

中国科协作为科学共同体的主要力量，密切联系广大科技工作者，以推动科技创新为己任，瞄准世界科技前沿和共同关切，着力打造重大科学问题难题研判、科学技术服务可持续发展研判和学科发展研判三大品牌，形成高质量建议与可持续有效机制，全面提升学术引领能力。2006 年，中国科协以推进学术建设和科技创新为目的，创立了学科发展研究项目，组织所属全国学会发挥各自优势，聚集全国高质量学术资源，凝聚专家学者的智慧，依托科研教学单位支持，持续开展学科发展研究，形成了具有重要学术价值和影响力的学科发展研究系列成果，不仅受到国内外科技界的广泛关注，而且得到国家有关决策部门的高度重视，为国家制定科技发展规划、谋划科技创新战略布局、制定学科发展路线图、设置科研机构、培养科技人才等提供了重要参考。

2018 年，中国科协组织中国力学学会、中国化学会、中国心理学会、中国指挥与控制学会、中国农学会等 31 个全国学会，分别就力学、化学、心理学、指挥与控制、农学等 31 个学科或领域的学科态势、基础理论探索、重要技术创新成果、学术影响、国际合作、人才队伍建设等进行了深入研究分析，参与项目研究和报告编写的专家学者不辞辛劳，深入调研，潜心研究，广集资料，提炼精华，编写了 31 卷学科发展报告以及 1 卷综合报告。综观这些学科发展报告，既有关于学科发展前沿与趋势的概观介绍，也有关于学科近期热点的分析论述，兼顾了科研工作者和决策制定者的需要；细观这些学科发展报告，从中可以窥见：基础理论研究得到空前重视，科技热点研究成果中更多地显示了中国力量，诸多科研课题密切结合国家经济发展需求和民生需求，创新技术应用领域日渐丰富，以青年科技骨干领衔的研究团队成果更为凸显，旧的科研体制机制的藩篱开始打破，科学道德建设受到普遍重视，研究机构布局趋于平衡合理，学科建设与科研人员队伍建设同步发展等。

在《中国科协学科发展研究系列报告（2018—2019）》付梓之际，衷心地感谢参与本期研究项目的中国科协所属全国学会以及有关科研、教学单位，感谢所有参与项目研究与编写出版的同志们。同时，也真诚地希望有更多的科技工作者关注学科发展研究，为本项目持续开展、不断提升质量和充分利用成果建言献策。

中国科学技术协会

2020 年 7 月于北京

力学是关于物质相互作用和运动的科学，研究介质运动、变形、流动的宏观与微观力学过程，揭示力学过程及其与物理、化学、生物学等过程的相互作用规律。力学以机理性、定量化地认识自然与工程中的规律为目标，兼具基础性和应用性。作为工程科技的先导和基础，力学为开辟新的工程领域提供概念和理论，为工程设计提供有效的方法，是科学技术创新和发展的重要推动力。力学既紧密围绕物质科学中的前沿问题展开，又涉及人类所面临的健康、安全、能源、环境等重大需求，在经济建设和国家安全中具有不可替代作用。力学是一门交叉性突出的学科，具有很强的开拓新研究领域能力，不断涌现新的学科生长点，催生了物理力学、生物力学、环境力学等一批交叉学科。

根据中国科学技术协会学科发展工程项目的工作安排，中国力学学会于 2018 年启动《2018—2019 力学学科发展报告》的编写工作。这是继 2006 年后，中国力学学会第二次组织撰写力学学科的发展报告。本报告主要概述了近些年我国在力学基础理论和实验研究以及在不同工程领域应用中取得的创新性和突破性进展，对比了国内外研究发展的现状，对今后力学学科的研究方向和趋势进行了展望。

本报告主要面向与力学相关的研究者，特别是青年力学工作者，旨在引导他们跟踪、了解力学学科发展动态，准确把握学科内涵，面向学科发展前沿，面向国家重大需求，面向国民经济主战场，拓展和深化力学研究的广度和深度，提高原始创新能力。本报告亦可作为国家科研管理机构制订科技规划的参考依据。

中国力学学会是全国力学工作者的群众组织，是推动我国力学事业发展的重要力量，开展学术交流、活跃学术思想、促进学科发展是其肩负的重要任务之一。开展学科发展研究并发布学科发展报告，是中国力学学会履行上述职责的一项重要举措。为此，中国力学学会于 2018 年 8 月成立“力学学科发展研究”

工作组，依靠学会所属专业委员会，并联合国务院学位委员会力学学科评议组，调动了力学界诸多专家、学者，先后召开多次会议，集思广益，充分研讨，最终形成本报告。

本报告的完成得益于中国力学学会所属各专业委员会的积极响应和大力支持，他们组织本学科领域权威专家认真撰写专题报告。衷心感谢参与本次力学学科发展研究工作的所有专家、学者！感谢中国科学技术协会、国家自然科学基金委员会对本报告的支持！

中国力学学会

2020 年 2 月

综合报告

专题报告

ABSTRACT

Comprehensive Report

Reports on Special Topics

综合报告

力学学科发展研究

1 引言

1.1 力学学科的定义

力学是关于物质相互作用和运动的科学，研究介质运动、变形、流动的宏观与微观力学过程，揭示力学过程及其与物理、化学、生物学等过程的相互作用规律。力学为人类认识自然和生命现象、解决实际工程和技术问题提供理论与方法，是人类科学知识体系的重要组成部分，对科学技术的众多学科分支发展具有引领、支撑和推动作用。

我国具有完整的力学学科体系，包含固体力学、流体力学、动力学与控制等主要分支学科，以及物理力学、生物力学、爆炸与冲击力学、环境力学等重要交叉学科。

1.2 力学学科的特点

（1）力学是一门既经典又现代的学科，以机理性、定量化地认识自然与工程中的规律为目标，兼具基础性和应用性。

力学曾是经典物理学的基础和重要组成部分，后因具有独立的理论体系和一以贯之的认知方法，在工程技术需求推动下从物理学中独立出来，成为一门应用性较强的基础学科，在促进人类文明和现代科技进步中发挥了重要作用。不论是过去、现在还是未来，力学都具有独立性和不可替代性。

（2）力学是工程科技的先导和基础，为开辟新的工程领域提供概念和理论，为工程设计提供有效的方法，是科学技术创新和发展的重要推动力。

力学以工程系统作为研究的出发点和应用对象，侧重研究其宏观尺度上呈现的运动规律，探究其建模和分析方法；同时探索其细微观基础，发掘蕴含在工程中的基本规律和定量设计准则。力学源于工程且高于工程，为航空、航天、船舶、兵器、机械、材料、土木、水利、能源、化工、电子、信息、生物医学工程等发展提供了解决关键技术问题的理论和方法。

（3）力学是一门交叉性突出的学科，具有很强的开拓新研究领域能力，不断涌现新的学科生长点。

由于力学理论、方法的普适性，以及力学现象遍及自然和工程的各个层面，力学与数学、物理、化学、天文、地学、生物等基础学科和几乎所有的工程学科相互交叉、渗透，产生了众多新兴交叉学科。力学学科的这一特点不断地丰富着力学的研究内涵，并使力学学科保持着旺盛的生命力。

1.3 力学学科的地位

（1）力学是重要的基础学科，是许多自然科学、技术科学的先导，为认识世界和改造世界提供了关键和有效的手段。

力学是人类最早从生产实践中获取经验，并加以归纳、总结和利用的自然科学分支。力学研究应溯源至公元前阿基米德对浮力规律的观察和总结。17 世纪，伽利略在研究力学中提出“观察 - 实验 - 理论”的科学研究方法；牛顿创立经典力学体系，标志着人类历史上首门定量科学的诞生。18—19 世纪，连续介质力学的创立使力学成为一门内涵丰富、应用广泛的基础学科。近代科学是汲取和继承经典力学的科学精神、研究方法和成果而发展起来的。

力学学科具有“实验观测、力学建模、理论分析、数值计算”相结合的研究方法和学术风格。学者们善于在实验和假设基础之上，通过力学建模和推理过程建立理论，剖析复杂现象所隐含的客观规律，进而对力学系统进行设计和调控。这为解决自然科学和工程技术中的关键科学问题提供了重要范式。

（2）力学是生命力强大的孵化器学科，对催生交叉学科具有重要的推动作用。

自 20 世纪以来，力学不仅完备了自身学科体系，而且和其他学科交叉与融合，形成了生物力学、爆炸与冲击力学、环境力学、物理力学等。例如，力学与生命科学和医学的交叉，提高了人类对生命体的应力与生长关系、力学 - 化学 - 生物学耦合规律的认识，孕育了生物医学工程学科。

面对新世纪诸多世界性难题，如人类健康、气候变化、能源短缺等，以及宏观至深空探测，微观至纳尺度器件等高新科技，力学学科正面对着众多超越经典研究范畴的新科学问题，涉及非均质复杂介质、极端环境、不确定性、非线性、非定常、非平衡、多尺度和多场耦合等特征。这些新挑战将促使现代力学体系发生新的变革，同时促进力学与其他学科的交叉、融合和创新。

（3）力学是重要的工程科学，在经济建设和国家安全中具有不可替代的作用。

我国是世界上具有最完整工业体系的国家。力学对支撑整个工业体系，尤其是对国防建设起到了决定性作用。我国力学工作者不但在流动理论、喷气推进、工程控制论、广义变分原理等方面作出开创性贡献，赢得了世界力学界的尊重，同时极大地支撑了我国现代工业体系的创建，尤其是“两弹一星”等重大工程。近年来，我国在载人航天和深空探测、高超声速飞行器、高端制造、大跨度桥梁、超高层建筑、深海钻探、高速列车等方面取得的成就，充分体现了力学学科的重大贡献和支撑作用。

21 世纪以来，人类文明、社会经济发展和国家安全的新需求，如空天飞行器、深海空间站、绿色能源、灾害预报与预防、人类健康与重大疾病防治等问题的突破与解决，都有待于力学的进一步发展和关键贡献。

（4）力学横跨理工学科门类、内容丰富，是培养科技和工程领军人才的成功摇篮。

力学学科横跨理工，知识体系宏大，内容丰富。力学学科培养的人才具有坚实的数理基础，良好的实验研究和数值计算能力，善于用工程科学思想解决难题。力学学科是培养工程科技领军人才的摇篮。

中华人民共和国成立不久，钱学森、周培源、钱伟长、郭永怀等老一辈力学家创建了我国近代力学人才培养体系，培育出一批优秀力学人才，为国家经济建设与发展，特别是以“两弹一星”为标志的国防科技工业输送了一批批领军人物与技术骨干。改革开放以来，力学学科培养的杰出人才活跃于航天、航空、船舶、兵器、机械、材料、土木、能源、环境、生物医学工程等各个领域，涌现出一批著名的总设计师、总工程师。

1.4 力学学科的发展规律

（1）发展规律之一：“双力驱动”。

现代力学发展呈现“双力驱动”的规律，既紧密围绕物质科学中所涉及的非线性、跨尺度等前沿问题展开，又涉及人类所面临的健康、安全、能源、环境等重大需求。当代力学强国都在力学的基础研究和应用研究上同时发力，并谋求两者的良性互动。

（2）发展规律之二：不断提升模型的描述和预测能力。

现代力学的研究对象日趋广泛和复杂，所需模型更加精准，不断追求计算方法和实验技术的更新，并针对力学计算、设计和控制，简化、验证和改进模型。当代力学强国都重视提出新模型、新计算方法、新测试技术，并在研制高效计算力学软件、高端力学仪器上抢占制高点。

（3）发展规律之三：积极谋求与其他学科进行交叉创新。

现代力学不仅与众多工程学科交叉，凸显其工程科学作用；还与自然科学交叉，产生了物理力学、生物力学、环境力学等交叉学科。当代力学强国不仅重视传统的力学交叉学科领域，而且投入更大的精力研究与新兴学科相关的力学问题。

1.5 力学学科的未来任务

进入 21 世纪，我国力学学科面临的主要任务是将我国建设成为世界力学强国，为中华民族伟大复兴提供强有力的学科支撑。新时代的力学工作者要像老一辈力学家那样，热爱祖国、崇尚科学、勇于开拓、甘于奉献；要面向学科发展前沿和国家重大战略需求，培养更加优秀的青年力学人才，产出更加高水平的学术成果，解决国家建设和社会发展中的重大力学问题，在若干新领域形成中国力学学派，引领世界力学的未来发展。

2 力学学科的近期发展

2.1 学科基础

2.1.1 学科布局

我国力学学科的近代启航始于20世纪50年代。1956年，国务院制定十二年科学技术远景规划，成立了各学科领导小组，其中力学组由钱学森先生任组长。同年，中国科学院成立以钱学森先生为所长的力学研究所。1957年，中国力学学会成立。1962年，钱学森先生领导制定了科学规划中的力学规划。1978年，在制定我国科学中长期规划时，邓小平同志根据谈镐生教授的建议批示，将力学归入基础学科规划。

目前，我国已拥有完整的力学学科体系和较为合理的学科布局。根据国家自然科学基金委员会提供的数据，我国开展力学研究的基层单位已达652个。截至2018年年底，我国设立力学学科博士学位授权点58个，其中高校53个，包括“双一流建设”高校29个（覆盖率69%）。58个博士授权点分布于23个省、自治区、直辖市，设点最多的是北京市（12个），如表1所示。

根据2016年第四轮学科评估数据，全国共有力学学科硕士授权点120个（“博士授权”单位同时亦统计为“硕士授权单位”），其中高校108个；参与第四轮学科评估的单位为81个，即表1中楷体字的单位。据中国研究生招生信息网力学学科硕士招生目录信息，经学位授权点调整后，2019年继续招生的硕士授权点114个，包括博士授权单位58个、硕士授权单位56个，其中高校98个，表1中标斜体字单位不再招生。

从地域分布来看，硕士授权点分布于27个省、自治区、直辖市，约85%的省、自治区、直辖市招收力学学科的研究生。各省、自治区、直辖市力学学科学位点授权点数的分布情况如图1所示。

表1 力学学科博/硕士学位授权点分布情况

地区	单位名称	
	博士授权点	硕士授权点
北京	北京大学、清华大学、北京交通大学、北京工业大学、北京航空航天大学、北京理工大学、北京科技大学、中国石油大学、中国科学院大学、中国航天科技集团公司第十一研究院、军事科学院、中国船舰研究院	北京化工大学、中国农业大学、北京航空材料研究院、中国运载火箭技术研究院

续表

地区	单位名称	
	博士授权点	硕士授权点
江苏	东南大学、南京航空航天大学、南京理工大学、中国矿业大学、河海大学、江苏大学	江苏科技大学、南京工业大学
上海	复旦大学、同济大学、上海交通大学、上海大学、中国船舶及海洋工程设计研究院	华东理工大学、上海理工大学、东华大学
湖南	湘潭大学、湖南大学、中南大学、国防科技大学	湖南科技大学、长沙理工大学
广东	中山大学、暨南大学、华南理工大学、南方科技大学	广州大学
辽宁	大连理工大学、东北大学、辽宁工程技术大学	沈阳航空航天大学、沈阳理工大学、大连交通大学、沈阳建筑大学、辽宁工业大学、中国航空研究院626所
湖北	武汉大学、华中科技大学、武汉理工大学	武汉科技大学、湖北工业大学、三峡大学、中国舰船研究设计中心
四川	四川大学、西南交通大学、中国工程物理研究院	西南石油大学
浙江	浙江大学、宁波大学	浙江工业大学
陕西	西安交通大学、西北工业大学	西安理工大学、西安电子科技大学、西安建筑科技大学、西安科技大学、长安大学、中国航空研究院623所、西安近代化学研究所、航天动力技术研究院、中国航天科技集团公司六院十一所
黑龙江	哈尔滨工业大学、哈尔滨工程大学	哈尔滨理工大学、东北石油大学、中国航空工业空气动力研究院、中国地震局工程力学研究所
安徽	中国科学技术大学、合肥工业大学	安徽理工大学
重庆	重庆大学	重庆交通大学
吉林	吉林大学	—
甘肃	兰州大学	兰州理工大学、兰州交通大学
云南	昆明理工大学	—
天津	天津大学	—
山西	太原理工大学	太原科技大学、中北大学
内蒙古	内蒙古工业大学	内蒙古科技大学
江西	南昌大学	华东交通大学
河南	郑州大学	华北水利水电大学、河南理工大学、河南工业大学、河南科技大学、郑州机械研究所
河北	燕山大学	河北工业大学、石家庄铁道大学

续表

地区	单位名称	
	博士授权点	硕士授权点
山东	山东大学	山东科技大学、青岛科技大学、青岛理工大学、山东理工大学
福建	—	厦门大学、福州大学
广西	—	广西大学、广西科技大学
新疆	—	新疆大学
宁夏	—	宁夏大学

*备注：楷体为参加第四轮学科评估的单位，斜体为不再招生的单位。

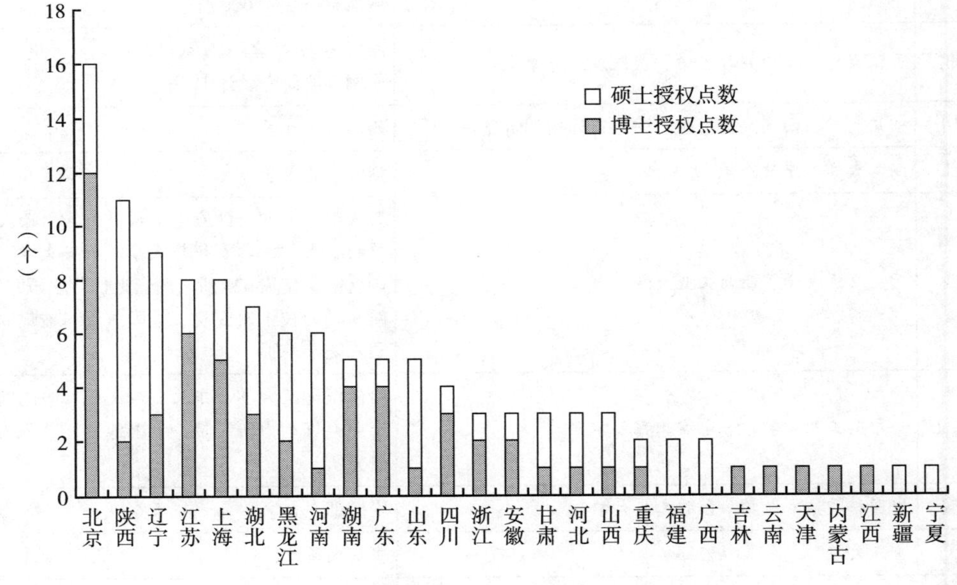

图 1　博 / 硕士学位授权点地域分布情况

2.1.2　师资队伍

我国力学学科拥有世界上最具规模的学术队伍，但要获得准确的力学学科教师人数并不容易。根据国家自然科学基金委员会提供的数据，我国参与力学基础研究的人数（包括研究生）7340 人。根据教育部学位与研究生教育发展中心提供的第四轮学科评估《学科分析报告》，在力学学科的 80 所参评单位中，博士学位授权学科 52 个，平均每个学科专任教师 50 人；硕士学位授权学科 28 个，平均每个学科专任教师 29 人；专任教师总数 3400 人，师资队伍结构情况如表 2 所示。考虑到未参加评估的学科整体实力等因素，我国力学学科的教师人数为 3600~3800 人。

表 2　参加第四轮学科评估的专任教师师资队伍结构情况

青年教师比例（45 岁及以下）	博士学位比例	正高级职称比例	副高级职称比例	海外经历比例	外籍教师比例	骨干教师平均年龄
65.2%	91.3%	41.3%	30.4%	37.0%	2.2%	46

目前，我国力学学科拥有 42 位中国科学院 / 中国工程院院士，54 位教育部“长江学者奖励计划”特聘教授，96 位国家杰出青年科学基金获得者，形成了一支老中青相结合的研究生导师队伍。近年来，获得力学学科优秀博士学位论文奖和提名奖的研究生指导教师大都是中青年学者。

近年来，我国学者在世界力学界的影响力不断提升。例如，我国 4 位学者当选为俄罗斯科学院院士、美国国家工程院院士，3 位学者荣获国际力学界著名的 Warner Koiter 奖、Eric Reissner 奖。又如，我国 20 余位学者在国际理论与应用力学联合会（IUTAM）、国际断裂学会（ICF）、国际计算力学学会（IACM）、国际结构与多学科优化学会（ISSMO）中担任重要职务。

2.1.3　支撑条件

目前，我国力学学科拥有与力学相关的国家级学术平台 51 个，如表 3 所示。其中，国家重点实验室 10 个、国家工程技术研究中心 / 国家工程研究中心 2 个、国家级实验教学示范中心 / 工程实践教育中心 / 教学基地 26 个、国防科技重点实验室 6 个、省部共建国家重点实验室 / 国家地方联合工程实验室 2 个、国家国际科技合作基地 5 个。此外，拥有省部级科研教学平台、基地、实验室、国际合作教学研究平台 100 余个。

表 3　力学学科博 / 硕士授权点相关的国家级学术平台

类别	平台名称
国家重点实验室	湍流与复杂系统国家重点实验室、爆炸科学与技术国家重点实验室、高温气体动力学国家重点实验室、非线性力学国家重点实验室、工业装备结构分析国家重点实验室、机械结构力学及控制国家重点实验室、机械结构强度与振动国家重点实验室、岩土力学与工程国家重点实验室、深部岩土力学与地下工程国家重点实验室、深海载人装备国家重点实验室
国家工程技术研究中心 / 国家工程研究中心	国家海洋能源工程装备研发中心、国家预应力工程技术研究中心
国家实验教学示范中心 / 工程实践教育中心 / 教学基地	清华大学力学国家级实验教学示范中心、北京工业大学国家工程力学实验教学示范中心、天津大学力学国家级实验教学示范中心、天津大学国家工科力学基础课程教学基地、河北工业大学国家级综合型实验教学示范中心（工程训练中心）、太原理工大学力学国家级实验教学示范中心、辽宁工程技术大学力学国家级实验教学示范中心、哈尔滨工业大学力学国家级实验教学示范中心、哈尔滨工业大学国家工科力学基础课程教学基地、同济大学力学国家级实验教学示范中心、上海大学力学国家级实验教学示范中心

续表

类别	平台名称
国家实验教学示范中心 / 工程实践教育中心 / 教学基地	上海交通大学工程力学国家级实验教学示范中心、南京航空航天大学航空气动国家级工程实践教育中心、河海大学力学国家级实验教学示范中心、河海大学力学与水工程国家级虚拟仿真实验教学中心、浙江大学力学国家级实验教学示范中心、浙江大学国家工科力学基础课程教学基地、中国科学技术大学国家理科基础科学研究和教学人才培养基地（力学）、南京航空航天大学国家工科基础课程（力学）教学基地、西南交通大学力学国家级实验教学示范中心、西安交通大学力学国家级实验教学示范中心、西北工业大学力学国家级实验教学示范中心、西南交通大学国家工科基础课程力学教学基地、国防科技大学力学与航天工程国家级虚拟仿真实验教学示范中心、国防科技大学高超声速推进技术国家级实验教学示范中心、国防科技大学数理国家级虚拟仿真实验教学示范中心
国防科技重点实验室	国家计算流体动力学国防科技重点实验室、水动力学国防科技重点实验室、翼型叶栅空气动力学国防科技重点实验室、直升机旋翼动力学国防科技重点实验室、特种环境复合材料技术国防科技重点实验室、船舶振动噪声国防科技重点实验室
省部共建国家重点实验室 / 国家地方联合工程实验室	交通工程结构力学行为演变与系统安全省部共建国家重点实验室、南方地区桥梁长期性能提升技术国家地方联合工程实验室
国家国际科技合作基地	北京国际力学中心、结构优化理论与应用国际联合研究中心、先进复合材料国际联合研究中心、高端装备关键结构健康管理国际联合研究中心、航天器系统与动力学国际联合实验室

2.2 人才培养

2.2.1 培养规模

我国力学学科在人才培养方面做出了重要贡献，在服务国家战略需求、促进科学技术发展、推动工程技术进步方面起到了不可取代的作用。2012—2015 年，我国力学一级学科授予工学博士、硕士学位人员的数量如表 4 所示。

表 4　2012—2015 年授予力学一级学科工学博士、硕士学位人数及在工学类中的比重

年度	博士		硕士		硕博比
	人数（人）	占比 *（%）	人数（人）	占比（%）	
2012	599	3.09	1826	1.42	3.05 : 1
2013	610	3.17	1787	1.45	2.93 : 1
2014	612	3.11	1841	1.57	3.01 : 1
2015	673	3.39	1794	1.58	2.67 : 1

* 备注：此处占比为力学学科研究生人数与工学类全部学科研究生人数之比。

2.2.2 培养模式

（1）人才培养目标

1）硕士学位。培养具有系统、扎实的数学、物理基础理论，在所专修的力学学科领域内具有坚实的理论基础，掌握系统的专业知识和较娴熟的计算与实验技能，了解本领域发展的前沿和动态，并具备从事力学教育、科研和工程应用能力的专门人才。

2）博士学位。培养具有系统、坚实的数学、物理基础理论，在力学领域内具有坚实宽广的理论基础，系统深入的专业知识和较娴熟的计算与实验技能，掌握力学领域发展的前沿和动态，具有独立从事科学研究的能力并能在科学和技术上做出创新性成果的高级人才。

（2）学位授予要求

1）硕士学位。①应掌握的基本知识：具有较强的数学、物理基础理论知识；在力学的理论、实验、计算三方面都有所掌握且至少精通其中之一；能熟练使用计算机，且较为熟练地掌握一门外语。②应具备的基本素质：掌握本学科坚实的基础理论和系统的专门知识，有较宽的知识面和较强的自学能力，具有从事科学研究或独立担负专门技术工作的能力。了解本学科相关的知识产权、研究伦理等方面的知识。遵纪守法、品行端正、诚实守信、身体健康、具有良好的科研道德和敬业精神，杜绝学术不端行为。③应具备的基本学术能力：具有获取研究所需的知识和研究方法的能力，具有了解学科发展方向和科学研究前沿的能力；具有从事科学研究或应用基础研究的能力、能够独立或与他人合作提出并解决工程中的力学问题；具有建模、分析、计算或实验的能力；具有评价和利用已有研究成果的能力；具有较强的实践能力和合作精神，尽可能以实际工程为背景，提炼科学问题并运用所学知识找到解决方法与途径；具有良好的学术表达和学术交流能力，善于通过论文、报告等形式表达研究思路、展示研究成果；能准确使用专业学术语言与国内外同行开展交流，掌握学术前沿动态并获得学术支持与帮助。具有一定的组织能力和继续学习的能力。④学位论文基本要求：应表明作者在本学科领域掌握了坚实的基础理论和系统的专门知识，熟悉所研究的领域并较为了解学术前沿的研究动态，对所从事的研究课题能提出科学问题，实验设计合理，技术路线与研究方法先进，研究成果有独立见解和学术价值。硕士学位论文的撰写应符合国家和学位授予单位规定的格式。

2）博士学位。①应掌握的基本知识及结构：应掌握本学科坚实宽广的基础理论和深入系统的专门知识。具体包括：用科学的方法来开展科学研究及认识世界；掌握力学学科经典理论和相应的数学、物理知识。在自己的研究领域内应具有全面而深入的基础知识和相关交叉领域的知识，并在理论研究、计算方法和实验技能这三者中至少熟练地掌握其中之一；具有直接获取国外科研信息的能力，能用外文撰写科研论文或报告，并能与国际同行进行外语直接交流；能综合使用现代计算手段，通过计算机解决相关理论和实际问题。②应具备的基本素质：崇尚科学精神，对学术研究有浓厚兴趣，有强烈好奇心和坚韧毅力，敢于从事有挑战性的研究工作。具备学术潜力，有坚实的数学、物理、力学基础和自主学习能力，具有从事创造性工作的能力。掌握相关的知识产权，研究伦理等方面的知识。具备开展科学创新的基本素养。在从事科技研究工作、学术论文发表、学位论文撰写和学术报告交流中，应恪守学术道德和学术规范。③应具备的基本学术能力：知识获取能力：具有获取研究所需的知识和研究方法的能力，具有把握学科发展方向和科学研究前沿的能力，具备在跨学科工程和学术问题中学习其他学科领域知识的能力，具备在知识结构和学术深度上不断自我更新的能力。学术鉴别能力：具有对于前人或他人的科研成果通过理论分析、数值模拟、实验研究来判断其学术价值的能力，具有在自己所涉猎的力学研究方向上提供专业性鉴别意见的能力。科学研究能力：具有独立开展高水平研究的能力，包括提出有价值的研究问题能力、独立开展该研究关键环节能力、组织协调能力、应用实践能力等。学术创新能力：具有针对前人或他人未解决的力学问题提出新理论和分析方法的能力，具有针对前沿性新问题提出自己创新概念、理论和方法的能力，具有开展交叉学科研究的创新能力。学术交流能力：具有良好的中文表达能力和一定水平的英文书面和口头表达能力，撰写的学术论文或技术报告应条理清晰，重点突出，准确清楚地表达出科研工作的内容和结论。④学位论文基本要求：博士学位论文应体现出博士生在本学科领域做出的创新性学术成果，应能反映出博士生已经掌握了坚实宽广的基础理论和系统深入的专门知识，并具备了独立从事学术研究工作的能力。博士生研究成果至少达到可在本领域具有重要学术影响的学术期刊发表的水平，或能体现出面向应用的新方法、新专利、新手段、新技术。博士学位论文的撰写应符合国家和学位授予单位规定的格式。

（3）培养环节

近年来，各培养单位注重研究生教育质量，不断改进培养理念、优化培养模式，加强研究生创新能力和综合素质的培养。各单位均依据培养目标制定培养方案，方案包括课程环节、实践环节和学位论文环节。

1）课程环节。各培养单位根据自身办学特色和研究生培养目标，设置了不同的课程体系。课程体系主要包括必修课和选修课。必修课包括公共必修课和专业基础课，选修课主要为研究方向课程、行业特色课程和多学科交叉课程。总体来看，课程体系的覆盖面比较宽，与相关学科、新兴交叉学科的联系密切，但部分培养单位开设的重要课程学时数偏少，学术深度参差不齐。针对上述问题，力学学科评议组经过广泛调研和深入研究后提出了力学学科研究生培养的 10 门核心课程，其中 4 门核心基础课、6 门核心专业课，每门课不少于 60 学时。博士学位授权单位应至少开设 3 门核心基础课、3 门核心专业课，硕士授权单位应至少开设 2 门核心基础课、2 门核心专业课。

2）实践环节。各培养单位的实践环节主要包括参加学术活动、外文文献阅读研讨、课题研讨、校内外教学和生产实践，涵盖学术前沿讲座、实验力学技能训练类等课程。上述实践环节均有学分要求，统称为实践学分。

3）学位论文环节。各培养单位重视学位论文环节，将其作为提高研究生科学素养、独立研究能力的最重要环节。大多数培养单位都注重该环节的学术成果总结，鼓励研究生发表学术论文，尤其是在高水平学术期刊上发表论文。

（4）质量保证措施

研究生教育质量保障是一个系统工程，涉及不同层次的教育管理体制，包括中央政府、省级政府、培养单位（高校和研究机构）、院系，涉及不同的利益相关者与行动主体，包括政府部门、院校、导师、研究生、用人单位、专业组织与社会机构等。目前，我国力学学科基本形成了以培养单位为主体、教育行政部门监督为引导、专业组织与社会机构广泛参与的研究生教育质量保障体系。

近年来，各培养单位健全内部质量保障体系，确立了与本单位办学定位相一致的人才培养和学位授予质量标准，建立了以培养质量为主导的研究生教育资源配置机制，从招生、培养、学位论文等多个方面完善制度建设，逐渐形成了一套研究生教育各环节质量保障的手段和方法。

1）在入口质量保障方面，各培养单位陆续建立了博士研究生选拔“申请－考核”机制，健全优秀应届本科生推荐免试录取制度，完善以导师团队为主导的复试选拔机制；部分高校探索“本－硕－博”培养机制来吸引培养优秀学生，逐渐形成了符合自身培养定位的学生选拔机制。

2）在过程质量保障方面，各培养单位强化导师责任，建立完善研究生教育资助体系，认真完成学位授权点自我评估等工作；部分培养单位通过教学督导等方式提高研究生课程质量，对超期研究生进行分流淘汰。

3）在出口质量保障方面，各培养单位较为重视学位论文质量，在普遍实施学位论文开题制度、中期检查制度等基础上，不少培养单位实施了预答辩制度、论文盲审制度、论文抽检制度、导师惩戒制度等，发布研究生就业及发展质量调查报告。

2.2.3 培养成效

（1）研究生在学期间参与的科研项目

力学学科既有基础性又有应用性，研究生在学期间参与的科研项目也如此。根据国家自然科学基金委员会提供的数据，我国从事力学基础研究的学者 3400 人，主要集中在“双一流”建设高校；所指导的研究生 7340 人，他们的研究项目主要来自国家自然科学基金委员会、科技部的诸研究计划等。与此同时，还有数量更加众多的学者从事应用研究，他们指导的研究生主要参与来自各个工程领域的研究项目，解决来自工程实际的力学问题。尤其在曾隶属于各工业部门的高校中，这类研究项目的数量、经费额度占比很高。

（2）发表论著

各培养单位普遍要求研究生在攻读学位期间发表期刊论文，尤其是要求博士生发表国际期刊论文，既体现对研究生学术训练的要求，也以此推动学校的学术声誉提升。近年来，我国力学学科研究生发表国际期刊论文的总数、生均发表国际期刊论文的数量都迅速增长。与我国文科博士或某些欧洲国家的工学博士相比，我国力学学科博士尚缺乏撰写学术专著的训练，很少能将博士学位论文作为专著出版。

（3）优秀博士学位论文

为了鼓励研究生及其导师潜心科学研究，促进优秀青年人才培养和后备梯队建设，造就世界一流的青年科技人才，中国力学学会和国务院学位委员会力学学科评议组共同设立“中国力学优秀博士学位论文”奖励，每年评选出不超过 5 项“中国力学学会优秀博士论文奖”和不超过 5 项“中国力学学会优秀博士论文提名奖”。

（4）创新创业

自 2013 年起，教育部学位与研究生教育发展中心与中国科学技术协会青少年科技中心联合举办中国研究生创新实践系列大赛，系列大赛中的部分赛事与力学学科密切相关。力学学科的研究生积极参与大赛，通过备赛和参赛，激发创新意识和活力，提高创新能力和实践能力。

力学学科的研究生在科学前沿探索、解决国家重大工程中的力学问题中发挥着重要作用。例如，在国家自然科学基金资助的力学项目中，研究生占项目组成员总数的比例达 30% 以上；在力学学科高水平学术论文的作者中，研究生占比达 50% 以上；在力学学科获得的国家科学技术奖中，绝大多数项目是由导师和研究生共同完成的，一些贡献较大的研究生成为获奖者。

在力学学科，从事基础研究的研究生毕业后难以自主创业，而从事应用研究的研究生主要面向航空、航天、船舶、兵器、机械、能源、土木、水利等领域，自主创业门槛高。因此，力学研究生毕业后选择自主创业的人数不多。随着力学学科与材料、信息、生物、经济、管理等学科的交叉，随着在研究生培养中创业教育的加强，特别是随着国家军民融合发展战略的推进，未来力学研究生毕业后自主创业的可能性会有所提升。

2.2.4 毕业去向分析

力学学科主要培养具备力学基础理论知识、数值计算和试验能力，能在诸如航空、航天、船舶、兵器、机械、材料、能源、土木、水利等工程领域中从事与力学相关的科学研究、技术研发、工程设计和力学教学工作的学术人才。经粗略统计，2014—2017 年，我国力学学科授予博士、硕士近万名。力学学科博士、硕士的主要就业面向是与力学密切相关的上述各个工程领域。其中，在国有企业（尤其是军工集团）就业约占 30%，在高校等事业单位就业约占 30%，在其他企业（包括跨国企业）就业约占 25%，还有极少一部分选择自主创业。此外，力学学科硕士毕业生继续攻读博士学位的比例约占 20%，去向主要是国内的“双一流”建设高校和欧美发达国家的著名高校。

2.3 科学研究

我国拥有完整的力学学科体系，是世界公认的力学大国。21 世纪以来，我国力学学科既积极开展面向学科前沿的探索和创新，又注重与材料、物理、化学、控制、生物、信息、数学等学科的交叉，不断提出新的科学问题，催生新的研究方向，在各力学分支都产生了一批具有国际影响力的学术成果。本节从固体力学、流体力学、动力学与控制、交叉力学四个方面，依次介绍我国力学学科的近期研究进展。

2.3.1 固体力学

固体力学是研究固体介质及其组成的结构系统的受力、变形、破坏以及相关变化效应的力学分支学科。固体力学在现代工业和人类生活中扮演着重要的角色，不但造就了近代航空、航天、机械、材料、能源、土木、水利等工业的进步和繁荣，而且为自然科学的诸多前沿提供了范例和理论基础。21 世纪以来，我国学者在固体力学的理论、计算、实验、跨学科研究以及固体力学在重大工程中的应用等方面取得重要进展。

（1）微纳米力学

微纳尺度效应导致物质表现出诸多与宏观尺度迥异的力学行为，这既为材料、结构和器件系统的设计提供了新的力学原理，也对固体力学理论、计算方法以及实验技术提出了新挑战。近年来，我国学者在该领域取得如下重要进展：在微纳米材料力学方面，如微纳米结构金属、低维材料、微纳米超材料、非晶合金和高熵合金等方面，取得若干具有重要国际影响的成果。在微纳尺度表界面力学方面，研究微纳米结构导致的表界面黏附、浸润、输运、减阻、隔热等功能特性，研究具有纳微米特征尺度界面材料的力学性能，研究复杂多相系统等，取得了显著进展。在微纳尺度流固耦合力学方面，针对水下柔性体的流固耦合减阻、柔性微纳结构的变形控制等方向取得了系列成果。在微纳尺度摩擦力学方面，发现超润滑、二维材料褶皱效应等现象，发展了相关测试方法、摩擦性能优化和调试方法。在微纳米器件力学方面，发现"曳势"和"波动势"两种新的动电效应，研发了多种微纳米器件的制备方法。在微纳尺度生物与仿生力学方面，研究珍珠母、蚕丝、蜘蛛丝、骨骼、牙本质、竹子等多种生物材料的力学行为和内在机制，为人造新材料、新结构提供了新方向。在微纳米计算力学方面，将分子动力学、物质点法、连续介质力学等相结合，发展了多种具有不同适应性的计算方法。在微纳米实验力学方面，将微纳米力学与显微学深度融合，发展基于光学、扫描电镜、透射电镜、同步辐射等的测试方法和系统，实现了力、热、电、磁等多场耦合。

（2）软物质力学

介电弹性体、液晶弹性体、形状记忆聚合物等软材料由于具有场致大变形、能量密度高等特征，近年来受到广泛关注。基于此类材料设计的智能变形软结构、软器件层出不穷，在柔性机器人、柔性电子、驱动传感、生物医疗等领域具有广阔应用前景。近年来，我国学者在该领域取得如下重要进展：在软材料大变形本构和破坏理论方面，发展基于材料微观结构变形行为的软材料大变形本构模型，开展软材料穿刺力学的实验和理论研究，建立了智能软材料管状结构、球状结构力电耦合非线性大变形的临界分叉准则、力电耦合相变理论以及非线性振动的分析方法。在软机器方面，成功设计了介电高弹体柔性机器人；发展制备了一系列超韧性超强度的自愈合水凝胶、温敏水凝胶、磁性水凝胶等，开发了相应器件和数值仿真方法；研发可拉伸的离子电缆、离子发光器件和液晶器件，研制了基于水凝胶的水下隐身探听器；提出了新型 4D 打印方法、高弹性复合智能结构和二维复合材料栅格结构。在柔性电子器件方面，在三维柔性电子的力学组装、可延展柔性集成器件与可穿戴技术、柔性电子器件热力、力电耦合、柔性曲面电子设计制造、智能蒙皮传感层等多个方面取得了创新性成果。

（3）多尺度与跨尺度固体力学

固体的多尺度与跨尺度力学涉及从微观到宏观的多尺度特征。近年来，我国学者在该领域取得如下重要进展：在方法论方面，分别从连续介质跨尺度力学理论（应变梯度理论、非局部理论、表界面力学理论等）表征和微观离散力学体系模拟（第一原理计算、分子动力学模拟等）出发，研究了先进固体材料的跨尺度力学行为。在体系公理化方面，针对复杂微结构对传统连续介质理论带来的严峻挑战，开展各个尺度上力学现象和物质性能的强耦合关联研究，跨越多个尺度的信息降维处理，发展了针对材料 - 结构一体化趋势的跨尺度理论和计算手段。在波传播方面，研究动态均匀化、新型弹性波超材料设计、波传播控制一体化设计等，提出一系列新方法。在材料物理分析方面，开展多尺度建模和计算的串行法和并行法研究，并在原子势模拟方面开始采用机器学习算法，取得了较大进展。

（4）计算固体力学

计算固体力学是以固体力学理论为基础、以计算机为工具，发展并利用先进数值方法，研究固体材料与结构的力学行为并解决工程实际问题的一个重要力学学科方向。近年来，我国学者在该领域取得如下重要进展：在计算方法方面，构建了基于辛体系的计算固体力学新框架；更深入地研究高精度 / 高稳定性有限元构造、不确定性的结构分析与优化、微尺度计算塑性力学、聚合物制造数值仿真及工艺优化、多尺度计算力学、爆炸 / 冲击动力学数值仿真、近场动力学等问题，取得了重要进展。在结构拓扑优化方面，开展了结构拓扑优化奇异最优解的研究，提出了基于显式几何描述的结构拓扑优化新框架。在应用研究方面，解决了新型运载火箭、载人飞船、高速列车、海洋平台、大型基础设施等设计和制造中计算力学问题。

（5）实验固体力学

实验力学致力将力学与光、电、声、磁、热、射线、图像和信息等多学科相交叉，研究与力学基础和工程应用相关的测量方法、技术、设备及其应用，除了具有力学研究的基础性外，还具有技术性与工程应用的特点。近年来，我国学者在该领域取得如下重要进展：在光测实验固体力学方面，研究摄像测量理论与方法，建立了较为完善的数字图像相关方法算法理论框架，提出或改进了适用于不同场景的多种光学测量方法。在微纳米实验固体力学方面，研究微纳米力学与显微学深度融合、同步辐射技术、三维显微观测技术、探针方法在微纳米力学中的深度应用、微纳尺度光谱学与力学交叉。在多场与极端服役环境下的实验固体力学方面，建立力、电、磁、热等多场耦合的实验力学方法，发展超高温实验方法与相应实验装置，提出基于脉冲功率技术的动态多轴 Hopkinson 杆装置，发展高温环境、超软材料等动态实验技术。在实验固体力学与其他学科的交叉方面，推动实验力学与光谱学、生物学、电子信息、同步辐射、弹性波等学科或研究方向的交叉，提出多种新的实验技术。在科学仪器研制方面，建立和发展了多种实验仪器，如光学测量仪器、多场耦合仪器、基于透射电镜、扫描电镜的力学测试仪器等，极大丰富了力学测试手段。在应用研究方面，应用前述光测、高温、动态、微观等实验技术，解决了航空、航天、船舶、兵器、机械、土木等工程领域的力学测试问题。

（6）振动、冲击与波动力学

振动、冲击与波动力学研究固体材料 / 结构的动态力学行为，其力学现象蕴涵深刻的物理机理，动态力学过程伴随复杂的能量流动与转化。近年来，我国学者在该领域取得如下重要进展：在振动研究方面，较为系统地研究了高维强非线性振动系统理论与计算、智能结构和微纳机电系统振动控制、复杂服役环境下重大装备关键振动问题。在冲击研究方面，发展了多种实验技术，如材料动态多轴或复合加载技术、极端高温环境下的材料动态加载及变形与损伤过程在线观测技术、电 / 磁 / 激光驱动的准等熵实验方法与装置等，并应用这些加载技术和装置研究了多种材料的动态力学行为，解决了航空、航天、兵器、船舶、土木等多个领域的工程问题。在波动力学方面，研究智能材料波动力学，电子电磁器件波动力学，波动力学与物理学、材料学的交叉等，并将研究成果应用于大型结构 / 装备。

（7）损伤、疲劳与断裂力学

材料与结构的损伤、疲劳与断裂是固体力学的核心科学问题之一，也是工程领域面临的重大难题。近年来，我国学者在该领域取得如下重要进展：在材料的损伤、疲劳与断裂方面，研究金属、合金、复合材料、点阵轻质材料、软材料、准晶材料、准脆性材料等的疲劳性能和破坏机理，并研究了不同尺度以及多场耦合环境的疲劳问题。在结构的疲劳与断裂方面，研发了高温、腐蚀和生物学环境下多种加载方式的超长寿命疲劳实验系统，发展了极端条件下结构疲劳耐久性实验技术，揭示了材料长寿命疲劳失效力学机制，并提出了基于微结构损伤行为的疲劳寿命预测模型，研究成果解决了飞行器、列车、汽轮机、桥梁等多个领域疲劳关键问题。

（8）智能材料与结构力学

随着科学技术的进步，涌现出许多新型材料及其结构，其中包括通过感知外部环境变化并做出响应的智能材料与结构。智能材料与结构集传感、控制、驱动与执行等功能于一体，已广泛应用于航空、航天、机械、土木、生物医学工程等方面。近年来，我国学者在该领域取得如下重要研究进展：在智能材料的力学行为方面，发展智能软材料本构理论，研究了铁电、铁磁及磁电材料的非线性力学行为、智能聚合物材料在多场耦合作用下的力学行为、智能复合材料的力学以及大变形行为、多功能材料在多场耦合条件下的跨尺度力学行为等。在智能结构的力学行为方面，研制基于压电材料的振动控制系统，提出基于压电 / 电磁超声换能器的导波结构健康监测方法，构建自给、自感知与自适应智能结构，研究了自愈合材料与结构以及变体结构、可展开空间结构等。

（9）复合材料力学

复合材料力学研究由两种或多种不同性能的材料、在宏观尺度上组成的多相固体材料的力学问题。目前，基于连续纤维增强的结构型复合材料研究不断扩展，功能材料、先进结构复合材料、绿色复合材料等成为新的研究热点，并且在结构 / 功能一体化方面已经形成了全新的研究趋势。近年来，我国学者在该领域取得如下重要进展：在复合材料分析模型与理论方面，发展复合材料的动态均匀化理论，非局部、非经典均匀化理论，多场耦合作用下的跨尺度材料 – 结构一体化理论，损伤和破坏分析预测理论，多尺度复合材料成型缺陷控制，复合材料的耐久性研究等多种理论与模型。在功能复合材料方面，主要研究纳米复合材料、形状记忆聚合物的力学及其调控，取得了显著进展。在绿色复合材料方面，针对植物纤维进行了广泛研究，包括多层次、多尺度界面力学研究，植物纤维增强复合材料的界面力学研究方法等。

（10）能源力学

能源力学主要研究能源开采、能量转换和能量储存中亟待解决的关键力学问题，并为发展能源新技术提供指导和解决方案。近年来，我国学者在该领域取得如下重要进展：在非常规能源开采技术方面，基本掌握复杂条件下（高温高压、低温高压、非均质各向异性）储层岩石力学性质、行为规律及其微观机理，揭示了多种储层岩石力学破裂、造缝机理与演化规律，建立了热 – 流 – 固多场耦合力学稳定性分析模型。在储能材料与技术方面，确立力学在锂电耦合问题以及新型储能技术开发中的关键地位，力学损伤过程与电池性能劣化过程的定性关联得到广泛认可。在新能源转换材料与技术方面，建立多物理场耦合的基本热力学、力化学模型，将传统的力学方法应用于能源转换材料的测试中，提出力学参量在能源转换技术中的调控作用，发现力学失效行为是对能源转换材料及能源转换结构的主要瓶颈之一。

（11）制造工艺力学

制造工艺力学旨在综合运用力学理论与方法，为工艺的改进、完善、创新提供相应的理论支持和技术指导。近年来，我国学者在该领域取得了如下重要进展：在冲压工艺方面，针对板材弯曲 / 冲压 / 拉延等成形过程中的弹塑性大变形 / 回弹 / 皱曲等复杂行为，系统研究冲压工艺与模具设计理论、计算方法、薄板冲压工艺与模具设计的关键技术，为薄板冲压技术中的起皱、回弹和拉裂等瓶颈问题提供了一整套解决方案。在热成形方面，针对辐照效应和高温作用下的晶体塑性变形、多相材料热变形组织演化等建立微观机制的力学模型，发展了高效的多尺度计算方法；对注塑成型模拟技术开展了系统和深入研究，发展和完善高聚物成型过程的物理和数学模型，开发了相关的分析软件和仿真系统，使高聚物成型加工及模具设计建立在科学定量的基础上；研发出汽车车身结构及部件快速精细设计、制造分析软件系统，为我国汽车车身部件自主设计、制造，提供了具有完全自主知识产权的核心软件技术。

2.3.2 流体力学

流体广泛存在于自然界和工程技术领域。从宇宙中巨大的天体星云到地球周围的大气层，从地球表面宽广的海洋到地球内部炙热的岩浆，从动物血管中的血液到各种工业管道内的石油和天然气。凡有流体的地方，都存在流体力学问题。21 世纪以来，我国学者在流体力学理论、实验和数值模拟等基础研究方面取得重要进展，并解决了航空、航天、船舶、海洋工程等领域的许多流体力学问题。这里介绍若干主要研究方向的重要进展。

（1）湍流与转捩

湍流是跨越几个世纪的力学难题，攻克湍流难题是几代力学家的梦想。湍流不仅是流体力学的核心科学问题，也是飞机、船舶等工程设计的“卡脖子”问题。近年来，我国学者在该领域取得如下重要进展：针对湍流边界层难题，提出了超越卡门对数律的边界层全流域速度和动能分布的解析理论，发展了基于解析理论、面向工程应用的湍流精准模型。针对湍流的多尺度非线性耦合问题，提出了处理湍流概率密度方程中高阶导数的映射封闭理论；提出了基于物理的约束大涡模拟方法。基于湍流的时间尺度特性，提出了湍流时空关联的 EA 模型，并发展了相应的大涡模拟方法。建立湍流结构系综理论，在解决“湍流边界层理论”中做出开创性工作。发展了可压缩湍流时空关联的随机下扫波模型，并对时空关联进行了系统和全面的数值研究，得到了 Taylor 模型有效性的精准评估。提出了湍流起源于孤立波，孤立波控制湍流产生的动力学过程；表明了湍流产生有共性物理本质，即不同来流条件都存在相同的物理结构孤立波。在壁湍流转捩中发现了三维非线性波结构、二次涡环等关键结构，揭示了相关动力学过程，并发展了一系列近壁流动测量方法及基于拉格朗日的跟踪湍流结构生成方法。揭示了热对流系统中的热羽流和大尺度环流结构的起源、演化几何和统计特性及其对传热效率的影响，并在前所未及的参数空间内测量了湍流的输运行为，证明了 Kraichnan 终极湍流状态的存在。揭示了高雷诺数条件下净风（及含沙）大气表面层流场中湍流统计量的雷诺数效应、导致超大尺度流动结构产生的机制、超大尺度流动结构的三维尺度及其变化规律。

（2）涡动力学

旋涡是流体运动的重要形式，涡动力学主要研究旋涡的产生和演化、旋涡与物体相互作用、旋涡与其他流动结构相互作用、旋涡的控制等问题。近年来我国学者取得了如下重要进展：基于涡量矩理论建立了涡量场与流体力的关系。将涡 – 力理论、涡在物面产生的机理的理论及由计算流体力学方法获得的细致流场相结合，解释了翼型产生升力的因果机理，阐明了升力和阻力随马赫数变化的原因。发现经典库塔 – 茹科夫斯基升力公式，即升力正比涡的环量的公式，适用从亚音速、跨音速、直到超音速的广泛速域。揭示了细长翼绕流时均不对称涡形成的不稳定性机理。揭示了三维旋转圆柱的涡致噪声的产生机制，发现可采用圆柱反馈旋转振荡对尾涡噪声进行有效抑制。发展了基于 Lagrange 追踪的涡面场的涡识别方法，更利于涡动力学理论的应用。发展了基于边界涡量通量的流场诊断、流动控制及气动优化的设计方法。

（3）计算流体力学

随着计算机科学和数值计算方法的飞速发展，数值求解流体力学方程的技术（CFD）已成功应用于航空、航天、船舶、气象、海洋、水利、建筑等领域；但随着发展的深入，CFD 也面临越来越多的困难和挑战，涉及基础理论、计算方法、物理模型、计算效率等诸多方面。近年来，我国学者在该领域取得如下重要进展：建立了高阶粒度非线性紧致格式构造方法，解决了高阶粒度紧致格式难以捕捉激波的难题。提出了对称守恒网格导数计算原则，解决了高阶精度算法工程应用的难题。成功研制了高精度数值风洞（TH-HiNWT）。发展了高超声速飞行器稀薄气动力当地化快速算法、稀薄过渡区热化学电离非平衡绕流 DSMC 方法、发动机燃气气固两相多组分多流区混合物羽流场 N-S/DSMC 耦合算法。从 Boltzmann 方程碰撞松弛间隔理论出发，确立描述稀薄流到连续流各流域复杂流动输运现象统一的气体分子速度分布函数方程，将计算流体力学有限差分方法推广拓展到 Boltzmann 模型方程数值求解；提出了求解稀薄流到连续流各流域复杂流动问题气体动理论统一算法理论与系列计算技术。发展了模拟微机电系统的微槽道流 Boltzmann 模型方程数值算法。发展了航天再入跨流域高超声速气动力 / 热绕流问题的大规模并行算法。建立了 Hyperflow、Hoam-OpenCFD 和 Open-CFD-EC 等湍流计算平台。

（4）实验流体力学

流体力学学科的每一次突跃式发展，都与实验手段、观测技术和数据分析方法的进步密切相关。近年来，我国学者在该领域取得如下重要进展：提出了爆轰驱动复现风洞理论，研制成功国际首座超大型高超声速复现风洞，能够覆盖马赫数 5~9、高度 25~50km 空天飞行器的飞行走廊。自主研制了直径 300mm、马赫数 3.0~6.5 的高超声速静风洞，使我国具备地面准确模拟转捩的实验能力，满足了高超飞行器研制的急需。通过在固壁区域添加优化虚拟粒子来改善近壁速度预测的精度，率先具备高超声速转捩过程的近壁速度场解析能力。发展了仿复眼的单相机三维流场测试技术，有效克服了多相机层析 PIV 系统因同步难导致的采样频率低、无法进行高动态测量的问题。针对壁面摩阻精确测量的难题，创造性地发展了免标定的夹心式表面热膜摩阻测量仪。针对湍流燃烧，发展了多方向光学 CT 测试技术，实现了对三维燃烧场密度、温度以及组分和火焰面的瞬态测量。建成了国际领先的大型水波试验水池和高效的数值水池仿真试验系统；建立了国际领先的高速水动力学实验设施群。针对我国西北部地区的风沙灾害问题，建立了风沙运动的大型野外观测站，对风沙运动的速度、温度、沙尘浓度等多物理量开展了长达10年的野外观测。

（5）高超声速气体动力学

在高声速条件下，宏观流动规律的改变强烈影响了飞行器绕流的物理特征，并改变了飞行器的设计原则。近年来，我国学者在该领域取得如下重要进展：在马赫7状态下的超燃冲压发动机试验中观察到了发动机喘振现象，喘振频率200Hz。给出了探索燃烧、超声速流动和激波动力学的耦合的风洞的试验数据。用独创的PIV技术获得了高超声速边界层近壁速度场和首张转捩全过程流动结构显示图，观察到声模态快速增长又快速耗散的现象。发现声模态演化和体积耗散直接关联；揭示了一次模态和声模态相互作用的规律：声模态通过相位锁定给予一次模态能量，促进一次模态快速增长。通过分析高超声速边界层近壁黏性和胀压耗散发现声模态的演化引起流动压力高频振荡，压力做功和体积耗散共同作用产生气动加热，从而揭示了高频压缩膨胀气动加热的作用原理。

（6）稀薄气体动力学

了解航天飞行器在高空的气动力、气动热和微机电系统中气体的流动规律都需要研究和发展稀薄气体动力学。按照Kn数的大小，稀薄气体动力分为三大领域：滑流领域（$0.001<Kn<0.1$）、过渡领域（$0.1<Kn<10$）、自由分子流领域（$Kn>10$）；其中过渡领域是稀薄气体动力学研究的核心和难点。近年来，我国学者在该领域取得如下重要进展：提出信息保存（Information Preservation，简称IP）方法，综合了DSMC方法和连续介质方法两者的优点，具备预测非定常、三维、低速稀薄气体流动的能力。从Boltzmann方程碰撞松弛间隔理论出发，确立了描述稀薄流到连续流各流域复杂流动输运现象统一的气体分子速度分布函数方程。构造了含振动能激发的热力学非平衡Boltzmann模型方程。发展了模拟微机电系统的微槽道流Boltzmann模型方程数值算法。

（7）多相流体动力学

多相流在自然界及各种应用中很普遍，对其研究非常重要。国家中长期科技发展规划中提到要将环境污染综合治理和控制作为国家重大战略需求，而环境污染与多相流密切相关。近年来，我国学者在该领域取得如下重要进展：提出了求解纳米颗粒数密度方程的泰勒级数矩方法，提高了计算精度和效率，被欧盟*Handbook of Nanosafety*列为五种方法之一。建立了精度和稳定性更高的气泡动力学数值模拟方法，可更细致地捕捉环形气泡的演化特性。提出了精度、效率和稳定性俱佳的直接力－虚拟区域方法，并用于揭示颗粒和流体相互作用的机理。建立了多相界面复杂流动的移动接触线模型和高性能数值方法并揭示了接触线的运动机理。

（8）非牛顿流体力学

非牛顿流体在自然界和工程技术界都非常普遍，对其研究具有重要价值，已成为近代流体力学中最具挑战性的研究领域之一。近年来，我国学者在该领域取得如下重要进展：建立分数元本构模型，可刻画某些更复杂的黏弹性流体的流动特性。提出了贝叶斯数值算法以优化黏弹性本构模型的参数估计，提高了模型的计算精度。发展了用于研究几类非牛顿流体的积分相似变换和李群相似变换法，揭示了平板流动的换热机理。提出了渐进展开与长波估计相结合的方法，揭示了剪切稀化薄膜流动的非线性波演化机理。发展了本征正交分解 - 伽辽金降阶方法，并揭示了黏弹性湍流流动的机理。

（9）渗流力学

渗流是指流体在多孔介质内的流动，普遍存在于自然界及许多工程领域。近年来，我国学者在该领域取得如下重要进展：提出移动接触线模型，可准确刻画流体在壁面的滑移以及动态接触角，被广泛用于多孔介质微观流动模拟中。考虑非常规油气资源的复杂多孔介质，建立了考虑微纳尺度流体运移机制、孔隙介质表面物理化学性质变化以及复杂多孔介质结构特征的孔隙网络模型。改进了传统的只适用于描述达西流动的单一尺度孔隙网络模型，大大增加了孔隙网络模型的适用性。建立了能够更准确描述裂缝和溶洞对地层流体渗流影响的离散缝洞网络模型。提出了标量辅助变量法，大幅度提高了梯度流的计算效率。改进了 LBM 流动模拟方法，可实现多孔介质中特殊条件（高温、高压、高密度比）下的特殊流动机理，如对吸附、滑移等的流动模拟。

（10）水波动力学

水波是水动力学研究的核心问题之一，可分为毛细波、风浪、涌浪、海啸波、内波、风暴潮、潮波等。近年来，我国学者在该领域取得如下重要进展：将同伦分析方法应用于非线性水波，从理论上获得无限和有限水深中的稳态共振波系。建立了二次展开的时域分析方法，解决了目前工程分析软件中存在的问题。揭示了高桩承台结构强非线性波浪力突增现象的物理机理。发展了描述极端海浪流场特性的层析水波理论。建立了海洋超大型浮式结构物的水弹性分析理论与预报方法。发展了适合强非线性水波的光滑流体质点动力学方法（SPH 方法），建立了多相耗散质点动力学模型。发现和揭示了浮式风机的水下柔性结构与水面浮体运动耦合的低速锁频、响应放大、参数共振等新现象和力学机制，提出了浮式平台多自由度运动抑制的新途径。

（11）高速水动力学

与空中和陆上相比，水中运载工具提速较慢，主要原因是水中过高的阻力和空化现象。近年来，我国学者在该领域取得如下重要进展：实现了轴对称体自然空泡流脱落与云空泡生成的大涡模拟。获得了水翼附着型空化从初生到超空化不同阶段的空化流动的湍流速度场、湍流脉动、涡量等物理量的时间和空间的分布特征。给出了三维非定常空泡流的空泡脱落与云空泡区的涡结构特征，获得了云空化内部群泡流动结构。阐明了梢涡空化中涡唱现象产生机制。揭示了非定常来流下带空泡轴对称体的空泡演化与流体动力特性。建立了螺旋桨梢涡空化涡唱频率的定量分析模型。建立了多相耗散质点动力学模型；提出并实现了物体入水空泡演化的两相SPH模拟。提出了气泡破碎过程的三维边界元数值模型，获得了近自由面或近刚性壁面气泡破碎过程。

（12）仿生流体力学

动物飞行与游动的流体力学研究动物外部表面在流体中运动时产生气动力或水动力的规律，与运动的效率和机动性密切相关，是研究相关动物的比较生理学、形态学、神经生物学的基础，也可为发展新型飞行器和水下航行器提供仿生学指导。近年来，我国学者在该领域取得如下重要进展：揭示了昆虫拍动翅的两个高升力机制，即快速加速效应和快速上仰效应；发现飞行的能耗随飞行速度的变化关系呈J形曲线，不像飞机那样为U形曲线；建立了拍动飞行的稳定性理论，证明了昆虫的飞行是动不稳定的，但飞行是可控的；发现昆虫微型化中拍动模式的变化规律。率先给出了模型蝙蝠翼拍动中的细致流动结构，发现蝙蝠翼拍动中翼展的动态变化以及蝙蝠翼拍动时翅膀的弓形变形均可显著增大升力。基于模式理论，发展了拍动翅气动力的简单估算方法，即二维拍动翼的半解析方法。对鱼类运动链和流体载荷引起的鱼体结构的黏弹性响应开展一体化研究，建立了鲫鱼"数字鱼"模型。发现对于2~4条仿生鱼组成的鱼群，有14种自发形成的稳定队形，在所有的稳定队形中，并列式队形所能达到的推进效率最高；质疑了流体力学界广为流传的"钻石型（菱形）队列效率最优"的论断。

2.3.3 动力学与控制

动力学与控制主要研究力学系统的一般原理、有限维动力学系统的建模、分析和控制。近年来，该学科与固体力学、流体力学、生物力学等产生交叉和融合，深入研究连续介质、多场耦合系统、生命系统的动力学与控制问题，尤其是非线性、不确定性、动态设计等问题。近年来，我国学者在动力学与控制的理论、方法和应用研究中取得一系列重要成果，在国际力学界的影响力显著提升，解决了国家重大工程中的若干科学技术难题。以下介绍若干主要研究方向的重要进展。

（1）分析力学

分析力学是经典力学乃至物理学的理论基础。它借助虚功原理，巧妙地将含约束力学系统约化为低维位形空间中的无约束拉格朗日系统或相空间中的哈密顿系统，进而研究变分原理、对称性等力学系统的基本性质。近年来，我国学者在该领域取得如下重要进展：在分析力学的理论体系方面，研究非完整力学、伯克霍夫力学、哈密顿-雅可比理论、可积性问题、摄动问题、量子化问题、拉格朗日子流形理论、分析结构力学、广义哈密顿力学、随机系统分析动力学等，取得了重要进展。在分析力学的现代研究方法方面，从传统的变分法和微分方程积分理论发展到整体分析和几何数值分析，进入几何力学和几何控制的新境界。在动力学控制方面，研究非完整系统的运动规划与控制，包括系统的可达性、可控性、路径规划、轨道跟踪、点集稳定化等；研究计算几何力学在系统控制中的应用，包括精确、高效、实时地控制航天器、潜器、机器人等；针对移动柔性/软体机器人，研究无穷维非完整系统的几何力学与控制；针对多刚体约束系统的运动规划与控制，研究对称约化理论、计算几何力学与控制算法；针对集群系统编队控制，研究在复杂环境条件下的智能决策、路径规划、编队控制、避撞和协同策略等问题；为解决工程实际问题提供了若干新方法。

（2）非线性动力学

非线性动力学研究非线性系统的各类运动模式和演化过程的规律，尤其是不同运动模式之间相互转换和系统长时间行为的复杂性，进而进行有效控制。近年来，我国学者在该领域取得如下重要研究进展：在高维非线性系统动力学方面，发现了新的全局动力学现象，揭示了高维非线性系统的分岔机理；丰富了时滞系统非线性动力学的分岔分析、内共振和能量传递规律分析、多时间尺度和跨空间尺度的非线性动态行为研究。在非线性动力学方法方面，发展了高维近可积自治和非自治系统的全局摄动法、高效全局分析数值方法、多场耦合作用下高维系统的全局动态行为和多脉冲混沌动力学的分析和计算方法、时滞系统分岔分析及控制方法、分数阶系统的线性化定理和分岔分析方法、基于系统输入/输出数据的非线性系统参数辨识、非参数辨识和数据驱动辨识。在非线性振动控制方面，提出振动系统的非线性设计和调控、非线性能量采集、非线性减振隔振设计方法，为解决航空、航天、船舶、机械、动力、土木等领域的工程问题开拓了新思路。在学科交叉与拓展方面，在研究神经系统疾病相关的网络动力学、多场耦合系统非线性和随机动力学、振动驱动的仿生建模与实现、认知系统动力学等方面取得了新进展。

（3）随机动力学

随机动力学研究动态系统在随机激励作用下的行为与控制问题。该学科形成于 20 世纪中叶对喷气噪声导致的结构疲劳等研究，此后研究重心从线性系统转向非线性系统，从低维系统转向高维系统，从光滑系统转向非光滑系统，从白噪声激励转向非白噪声激励。近年来，我国学者在该领域取得如下重要研究进展：在动力学分析方面，发展了具有随机激励、耗散的哈密顿系统理论体系，并拓展应用于多种非高斯激励的强非线性系统，能包含多种非理想因素；发展了基于大偏差理论及概率密度演化的非线性随机动力学分析方法。在控制策略方面，结合拟哈密顿理论体系和随机最优控制理论，建立以响应最小、稳定性最大及可靠度最大为目标的各类最优控制策略；发展建立最优控制策略的直接方法，得到了同时包含保守机制和耗散机制的控制策略；发展了随机系统的参数控制策略，适用于智能结构系统的控制问题。

（4）多体动力学与控制

多体系统动力学研究具有相对运动的多个物体构成的复杂耦合系统，揭示系统及其环境的相互作用动力学行为，研究相应的动力学建模、计算、设计和控制方法，发展计算软件与实验技术。近年来，我国学者在该领域取得如下重要进展：在动力学建模方面，重点研究柔性部件的大范围运动与大变形耦合问题、柔性部件的接触、摩擦等非光滑动力学问题，相继开展了包含刚体、柔体、液体、散体等在内的复杂系统动力学研究，提出多种动力学建模方法，如递推方法、传递矩阵方法等，发展了柔性部件的拓扑优化设计方法；在数值计算方面，重点研究描述上述多体系统的微分代数方程组求解方法，尤其是保结构的几何数值积分方法、非光滑系统的数值算法等。在计算软件方面，针对不同工业领域，研发了多种专用、通用仿真软件，并应用于航天器动力学、武器发射动力学、车辆动力学、机器人动力学、运动生物力学等领域，解决了若干技术难题。

（5）航天动力学与控制

航天动力学与控制针对空间运动体，研究其在飞行过程中的运动学和动力学规律，并以此为基础开展运动规划和控制研究。随着空间任务的发展，该领域日益关注强耦合、强非线性、多时空尺度的动力学等问题。近年来，我国学者在该领域取得如下重要研究进展：在轨道动力学与控制方面，研究编队和星座的轨道、空间交会轨道、地球附近的空间运动体临界轨道、绳系航天器与电磁航天器的轨道设计与控制，取得重要进展；研究深空飞行运动体的多天体飞越 / 穿越 / 周期 / 低能转移轨道、先进推进方式的深空飞行轨道设计与控制，取得若干具有国际影响的成果。在姿态动力学与控制方面，研究大尺度、大柔性、大充液比航天器的强耦合、强非线性系统动力学精细建模，研究姿态高精、高稳、快速机动的动力学、控制及运动规划，提出多种新理论、新方法。在多体航天器动力学与控制方面，发展了大型空间结构的精细建模、高效求解方法，解决了系统耦合特性分析、运动规划与控制等问题，已成功应用于大型索网结构的位形分析、展开锁定分析、空间机器人系统动力学分析任务。在航天器结构动力学方面，研究复杂模态下刚 – 柔耦合系统的微振动传递机理分析、减振隔振技术、精确指向控制等问题，为高分辨率遥感任务提供了关键技术。

（6）转子动力学

转子动力学研究以旋转运动为基本特征的机械系统动力学及其控制，包括旋转部件、轴承、定子及基础、转子与周围环境之间的相互动态作用，为提高旋转机械的效能、可靠和寿命提供技术支持。近年来，我国学者在该领域取得如下进展：在具有特殊结构、复杂载荷作用的转子系统方面，研究带有悬臂盘鼓的航空发动机转子及其复杂弹性支撑结构、燃气轮机拉杆转子、快速起停火箭发动机涡轮泵、超长稳定服役寿命核主泵等，其转子 – 支撑 – 基础系统的动力学建模和分析取得进展，基本满足了我国大型、高端旋转机械研制的工程需求。在转子系统单元的动力学建模方面，研究如何提高航天液氢 / 液氧润滑滚动轴承、滑动轴承、盘鼓 / 拉杆转子、挤压油膜阻尼器的模型精度，为航空航天动力系统设计提供了重要支撑。在转子系统动力学分析方面，研究具有非线性、不确定性、多场耦合的复杂转子系统动力学特性，取得较大进展。在转子动平衡方面，研究带弹性支撑的柔性转子动平衡、非稳态转子动平衡、采用动平衡降低复杂振动或振动突出问题，取得重要进展。

（7）神经动力学

神经动力学主要研究脑神经系统在电生理、信息和控制活动中呈现的复杂非线性动力学行为，为探究脑神经活动机制和认知功能的规律提供新的力学原理，并为寻求脑神经疾病发生机制与调控策略、研发类脑智能应用技术提供新思路和新途径。近年来，我国学者在该领域取得如下重要进展：在神经元系统的活动模式方面，结合电生理实验，研究神经元及其网络系统放电模式存在、转迁和分岔以及同步与共振的动力学机制，发展了一系列新的动力学与控制理论与方法。在神经信息的表现规律方面，提出神经能量编码理论，研究神经活动与神经信息处理的内在关联机制，给出了大脑智力探索的模型与计算方法。在神经疾病建模方面，基于癫痫和帕金森症的临床数据分析，建立了多种神经疾病动力学模型，发现了影响疾病关联的病态神经网络放电模式及其转迁的关键生理参数，提出了精准的癫痫灶定位与术后评估方法，给出了帕金森症优化的深脑刺激调控策略。

2.3.4 交叉力学

自20世纪中叶起，力学学科的基础理论、研究方法、学术风格逐渐拓展到其他科学与技术领域，形成一批带有多学科烙印的交叉研究领域，有些已经公认为交叉力学学科。目前，理论体系已经比较完善的交叉力学学科主要有物理力学、生物力学、环境力学、爆炸力学、等离子体力学等。这些交叉力学学科发展至今已有半个多世纪，逐渐形成了各自的特色，取得了许多突出成果。除此之外，交叉力学的另一类交叉是指研究对象、视野、属性、方法的交叉。例如，在研究对象上对介质的交叉，在研究视野上对物质层次和尺度的交叉，在研究属性上对刚性与柔性的耦合，在研究方法上对物质与智能的兼顾，等等。近年来，我国交叉力学学科的发展迅速，高水平研究成果不断涌现。以下仅以交叉学科为脉络，展述其发展背景和近期重要进展。

（1）物理力学

自1953年钱学森先生首次提出物理力学概念至今，物理力学的发展已经历了半个多世纪。物理力学从微观结构分析入手，研究介质的宏观特性和运动规律，其研究对象包括高温气体、稠密液体和固体材料。在钱学森先生的推动下，物理力学思想在国际学术界得到普遍认可，并深刻影响了力学研究的发展，带动力学领域的研究内容和研究方法逐渐走向微观化道路；与此同时，物理力学与物理、化学、材料、生物等学科交叉融合，渗透到科学和工程应用研究的各个领域。

近年来，我国学者秉承钱学森先生立足于微观结构和理论、处理宏观问题、服务工程需求的物理力学思想主旨，针对低维材料的力学性能、多场耦合与器件原理、材料结构性能调控、高温高压材料演化、激光作用、非平衡流体等领域等重要的科学问题开展了一系列深入系统的研究，取得了多项高水平研究成果。例如，发展了包括炸药爆轰驱动装置、轻气炮、高功率激光技术在内的完备的动态高压加载技术和快速增压大压机等静态加载技术；探讨了热障涂层等材料在高温或高压环境下的微观破坏机理；合成了超细纳米孪晶立方氮化硼和金刚石、玻璃碳等超硬材料，实现了超硬晶体设计的定量化；发现了光电半导体受应变、应变梯度和外场显著调控的柔性光电性能和氮化硼纳米结构的场致绝缘体－半导体－金属转变；研究了表界面黏附接触力学及其仿生黏附应用；研究了高超声速非平衡流作用下的气动力、热、辐射等问题；建立了低维纳米材料结构力－电－磁－热耦合的物理力学理论体系。上述部分成果为国防科技和经济社会发展做出了重要贡献。

（2）生物力学

生物力学研究始于20世纪60年代，源自著名华裔力学家冯元桢先生发现生物医学领域的各种力学问题并开展研究。从最初利用数学分析和实验方法研究血液循环、血管、血细胞等的力学特性和规律，到如今涵盖健康监测、医疗器械、病理、医药设计开发、生物力学建模等多个研究领域。近年来，生物力学发展迅速，新的研究领域不断涌现，新的研究技术与方法创新不断，其最新发展总体上分为力学生物学、生物力学建模及临床应用、分子生物学、生物材料力学等研究方向，研究内容包括细胞分子层次的力学机制、药物的设计开发，以及力学理论方法与技术在临床医学的应用等；特别在细胞力生物学、免疫应答、肿瘤转移等热点领域已经取得一系列重要的发现和研究成果。

我国生物力学的发展得益于20世纪70年代冯元桢先生的积极推动，早期研究集中在体液流变学、血液动力学和骨力学等领域。近年来，我国学者积极开展心血管、骨肌系统、器官、细胞分子等生物力学与力学生物学的研究，研究水平及其深度、广度均跻身国际前列。与此同时，我国学者正致力人工组织器官、康复辅具、生物医学诊疗仪器、生物材料力学与仿生学、新药设计研发等应用研究，包括利用生物力学理论和力学分析方法，进行人体防护、人机工程、个性化精准治疗与康复方案等的设计和医疗仪器的开发。此外，生物力学研究注重与材料学交叉，结合生物力学的特点及临床特殊要求，研究生物医学材料的设计与制备等。

（3）环境力学

环境力学研究大气、水体、岩土等介质运动规律以及人类活动和环境演化过程，包括研究气候变化、自然灾害、生态环境变迁等自然界中复杂介质的运动规律及工业化、城市化等人类活动对环境的影响，最终为应对自然灾害、改善环境提供科学合理的应对措施。从最初通过数学力学的研究方法预测天气变化和风沙流动，到如今涉及气候环境、生态、污染、灾害等诸多方面的研究内容，环境力学已经发展成为一支涵盖力学、生态学、生物、化学、地球科学、城市社会学等多学科领域的重要力学学科分支。

我国学者对环境力学的研究始于20世纪80年代，开展了干旱半干旱地区治理、自然环境多相复杂流动、风沙运动与治理等研究。近年来，我国的环境力学基本框架已经逐步形成，研究涉及土壤侵蚀、河口海岸泥沙运输、风沙（雪/尘）运动、泥石流、河沙泥沙运动、水体污染、城市污染等多个领域。例如，开展环境风洞和分层水槽实验，研究大气或水体中的污染物对流扩散，为核电厂设计、城市CBD规划、江河治理提供重要依据；

通过研究河口非恒定水流与泥沙输运的规律，为河口海岸工程提供技术支撑；通过建立二维坡面产流、产沙动力学模型研究土壤侵蚀，为西部治理提供科学依据；研究风沙流、风沙电场的基本规律，预测风成地貌发展过程及其主要特征，为固沙工程结构提供设计依据；通过湍流模拟优化气候模型以及数值模拟台风浪、风暴潮灾害等。

（4）爆炸力学

爆炸力学研究爆炸现象的发生、发展规律及其力学效应的利用、控制和防护等问题，兼具基础科学和技术科学属性。爆炸力学的研究领域可分为：炸药与爆轰机制、应力波与状态方程、材料或结构的动力学响应、爆炸 / 冲击实验加载及诊断技术、爆炸与冲击的数值仿真以及爆炸力学在工程实践中的应用。由于爆炸载荷的高强度、短历时、载荷与多相非均匀介质的耦合作用，爆炸力学问题的研究难度极大。

我国已形成一支高水平的爆炸力学研究队伍，自主研发并建成了一系列先进的试验平台，例如发展了基于二级轻气炮的三级变阻抗梯度飞片的超高速撞击技术，电磁驱动斜波加载的新型实验装置和精密物理实验技术，以及基于高能纳秒脉冲激光装置、同步辐射光源的冲击，斜波加载装置等多类型实验技术或装置。在新型含能材料研究方面，合成了室温下稳定存在的高能炸药全氮阴离子盐和共价型五唑铵盐，成功研发多种微纳米含能材料，建立起基于热点形成机制的细观反应速率模型等。在材料 / 结构动力学响应研究方面，对多种工程材料的动态响应、失效方式与宏 - 细 - 微观机理及其物理方程等进行了研究，完善了材料力学行为数据库，发展了统计细观损伤力学理论、非晶合金剪切带理论、动态破碎理论等；建立了二维长杆侵彻理论和正 / 斜撞击下陶瓷靶界面击溃的理论模型，提出了流体弹塑性内摩擦侵彻理论。在结构抗冲击方面，提出并发展了船舶拦截技术、舰船防护关键结构和技术、新型抗鸟撞结构以及公共防护复合材料结构等。在计算爆炸力学研究方面，提出了基于欧拉格式的伪弧长方法、高精度保正性计算格式、高精度边界条件计算方法、模糊界面算法等多种新的算法；发展了爆炸力学的拉格朗日型算法、SPH 无网格方法、CE/SE 算法等。

（5）等离子体力学

等离子体力学的研究对象是各种等离子体，包括高温、低温、空间与天体等离子体。高温等离子体一般指热核聚变反应中的等离子体，低温等离子体指大气压附近产生的电子温度与重粒子温度相近的热等离子体。空间与天体等离子体则分为空间等离子体和天体等离子体，空间等离子体指构成星球层内部的等离子体，而天体等离子体则指构成宇宙中绝大多数星体的等离子体。

在高温等离子体方面，自 2006 年我国正式参加 ITER 国际合作计划，至今已建成世界上第一个全超导托卡马克 EAST 和国内第一个偏滤器位形装置 HL-2A，同时建成并运行神光Ⅲ、强光一号等惯性约束聚变研究装置，启动国家点火装置的设计和建设。另外，以开展稳态氘氚运行，验证自持加热、氚循环技术和聚变堆材料性质为目标的 CFETR 装置已经完成了概念设计，正在进行初步工程设计。在低温等离子体研究方面，虽然我国开展了热等离子体层流长射流、分散电弧电极贴附以及等离子体离子注入、大气压脉冲和低气压等离子体放电演化过程等一些有特色的研究工作，但是总体上与国际先进水平仍有差距。在空间与天体等离子体方面，近年来国内外启动了一系列空间计划，试图揭示空间天气变化规律和建立"空间天气预报模型"，帮助人类更好地认识宇宙，为人类航天活动提供保障。至今，这些计划取得一定进展，包括获取磁尾和磁层顶磁重联的观测证据，建立磁层亚暴的全球物理过程模型以及揭示了辐射带高能粒子加速机制等。随着强激光技术的发展，实验室天体物理开始成为空间与天体等离子体物理研究的新前沿。国家重大科技基础设施空间环境地面模拟装置——空间等离子体环境模拟研究系统将在不久的将来投入运行。

2.4 社会服务

力学是工程科学的先导和基础，是技术创新和发展的重要推动力。力学学科在支撑国家重大工程和经济建设中发挥着重要作用，同时积极服务于社会发展和文化建设，面向公众普及科学和技术知识。

2.4.1 积极推动科技成果转化，服务国家重大工程和经济建设

（1）服务航空航天工业

航空航天工业根植于力学，力学是建设航空航天强国的基础。我国学者围绕航空航天工业发展中的关键力学问题，发展新理论、新算法、新技术，在我国高超声速飞行器、载人航天、月球探测、大型飞机、新型战机的设计与研发中做出了重要贡献。例如，大型风洞是培育高性能飞行器成长的"摇篮"，是航空航天领域的科研重器，属于国家战略资源。我国学者通过独创的反向爆轰驱动方法，建成了 JF-12 激波风洞，在国际上首次实现了马赫数 5.0~9.0 的高超飞行条件；我国已相继建成高超声速风洞、脉冲燃烧风洞等一批具有世界先进水平的空气动力试验设施，并应用于临近空间飞行器的气动力、热、辐射问题研究，为远程战略导弹、高超声速巡航导弹、反舰导弹以及临近空间远程机动飞行器等新型"杀手锏"武器的研发奠定了实验平台。又如，在飞行器流场测量中，通过纳米示踪粒子与激光散射、仿复眼成像等测试技术，突破了超声速流场与三维流场"看不见、测不出"的瓶颈问题，实现了流场、速度场、密度场等关键力学信息可视化测量，服务于我国大飞机研制以及重大型号关键部件气动优化设计。再如，解决了高超声速飞行器极端热环境下的测试难题，为航天部门多种类型号飞行器的气动热问题进行实验研究。此外，在运载火箭系统、载人飞船系统、载人航天器交会 - 对接、月球探测器着陆、柔性航天结构控制、飞行器结构完整性分析、飞机载荷谱实测等领域开展了系列工作，有力支撑了我国航空航天事业的快速发展。

（2）服务武器装备建设

武器装备的主要效能可通俗地概括为"打得远、打得准、打得狠"，提高这三项效能

都离不开力学。我国学者积极服务武器装备发展，在提升武器装备的效能上做出重要贡献。例如，在深侵彻战斗部研究中，通过对复杂介质与结构的高速侵彻规律、钝感高能炸药点火起爆、安全性设计与控制等关键力学问题研究，构建了我国深侵彻战斗部设计的力学理论体系，解决了斜侵彻抗跳弹、深侵彻规律、装药安全性设计和爆炸毁伤效能等关键问题，成果已应用于火箭军、空军、陆军的多种型号设计。又如，针对潜射武器所特有的力学问题，综合运用水动力学、多体动力学、振动控制的研究手段，建立水中兵器仿真计算和实验研究平台，研究潜射武器装备动力学、复杂海况下高速航行体动力学等问题，为武器装备的关键技术攻关做出了重要贡献。再如，通过结构优化提升武器装备轻量化与功能化设计水平，在高超声速飞行器、航母舰载设备、国产核主泵等研制中做出重要贡献。

（3）服务高端装备制造

动力是各种机械装备的心脏，也是我国装备制造业的软肋。我国学者勇于攻坚克难，为改变我国动力落后的局面做出贡献。例如，积极参与航空发动机与燃气轮机重大科技专项的论证和研究，在燃机高温叶片先进冷却结构设计、热障涂层失效机理、热障涂层制备工艺改进等核心技术领域取得一批重要进展，参与制定一批企业或行业规范与标准，并将研究成果用于我国 F 级重燃自主研发；建立了航空发动机服役环境下热障涂层的性能的表征理论、检测与评价技术，与企业合作构建实验平台，产学研协同创新取得显著效果。又如，与核电集团开展合作，对多种反应堆内不同构形构件的流致振动、稳定特性、核燃料组件安全、组件结构高温动态屈曲、控制棒落棒过程等核心部件的安全可靠性进行计算模拟或实验测试；开发了在水浸特殊环境下核电关键部件无损检测方法与检测装置，推动了我国核电、压力容器等国防装备可靠性评价与技术进步。

掘进机装备是地下设施建设的重型装备，我国曾缺乏掘进机装备的核心技术，长期依赖进口。我国学者在攻克掘进机核心部件的数字化设计、掘进载荷建模、刀具状态监测等关键技术中取得突破，参与了我国具有自主知识产权的首台复合式盾构和首台硬岩掘进机（TBM）的刀盘数字化设计工作，为国内掘进机制造龙头企业自主研发提供技术支撑，助力企业突破国外装备对市场的垄断，使国产掘进机市场占有率达到 80% 以上。

高速列车运行安全性与乘车舒适性是设计与运营必须解决的重大问题。我国学者基于动力学理论开展跨学科协同创新，率先创建了车辆－轨道耦合动力学理论体系，建立了高速列车－轨道－桥梁动力相互作用理论，开发了具有自主知识产权的大型铁路工程动力学仿真系统与安全评估技术，为我国铁路提速及高速铁路系统动态安全设计提供了先进理论和关键技术支撑，解决了轨道交通重大工程中的一系列实际难题。

海洋装备是国家安全发展战略中的新领域，我国学者参与深海潜水蛟龙号自主研制，参与大型舰船动力传动推进装置的设计制造，发展舰船装备核心部件数字化仿真算法与检测技术，在载人潜水器安全性设计、复杂环境下精准操控、大功率船舶动力推进系统动态仿真、高能效低激振优化等关键问题的攻坚克难中发挥作用，为实现深海等极端条件下装备安全服役贡献力量。

（4）服务基础设施建设

我国学者积极参与特大灾害治理、特大事故调查等工作。例如，参加汶川特大地震后的抗震救灾和灾后重建工作，利用破坏力学理论与检测技术，为灾后的房屋和工程结构的安全性进行勘察和定损；承担灾后部分受损公路、大桥和隧道等交通设施恢复重建中的检测和评估工作；开展地震废弃物混凝土再利用和结构加固修复等专项研究，协助地方政府制订灾害重建规划。又如，参与天津港瑞海公司危险品仓库特别重大火灾爆炸事故调查工作，利用自主研发的高精度爆炸计算软件对事故进行数值模拟，确定事故爆炸能量和着火物，为事故调查提供科学依据，得到了国务院事故调查组和国防科工局的高度评价。

我国学者积极参与西部大开发等重点工作，发挥力学学科的独特作用。例如，在我国西南地区基础设施建设中运用力学理论及重大地质灾害防控技术，在大型远程滑坡－碎屑流灾害早期识别、怒江流域高山运程泥石流预警、堆填及复杂场地深基坑支护技术、滇东北峨眉山玄武岩灾难性滑坡防控等一批基础设施建设工程中取得成果，为西南地区特殊地质条件下的公路与水利设施建设做出了贡献。又如，在我国西部沙漠边缘地区防治沙害工作中，采用力学在风沙领域研究成果，结合大量野外观测数据，通过数值模拟方法对沙障结构进行优化，提出了斑马线状的等施工模式，为地区防风固沙提供了指导。

我国学者积极参与国家的海洋工程、海岸资源开发等重大项目。例如，在海洋防灾减灾关键技术领域，提出深水 / 寒区海洋工程装备抗冰设计理论与方法，发展了海洋工程结构海冰风险预警技术，并应用于我国冰区海洋工程结构抗冰设计与安全保障，其中动冰载荷模型写入 ISO 19906 国际标准；研发海洋工程装备腐蚀防护与监测软硬件系统，并应用于“海洋石油 981”钻井平台。又如，开展海啸成灾机理与预警方法研究，对海啸生成、传播与成灾过程进行理论建模与数值模拟，开展基于多浮标观测的南中国海啸震源参数反演及预警方法等方面研究，为建立南中国海海啸预警系统发挥了重要的作用。再如，参与长江口深水航道工程、洋山港集装箱码头、长江口青草沙水库、环渤海地区的水资源保护等工作，发挥了特有的学科优势。

2.4.2　积极开展学术交流和科普工作，服务社会公众

（1）主办重要学术会议和高水平学术期刊

我国力学学科着力打造高水平学术会议，为学科发展搭建高端前沿学术交流平台，推动我国力学界的学术地位和国际影响力不断提高。近 5 年来，我国力学界举办各类学术交流活动 300 次以上，参会代表超过 47000 人次。第 23 届世界力学家大会、第 13 届国际断裂大会等国际力学界最具影响力的盛会先后在北京召开，极大地提升了我国力学的世界地位。我国力学学科积极开展学科发展战略研究，尤其是围绕学科发展前沿，组织高级讨论会和学科发展战略研究。通过研讨和研究，明确学科发展方向，推动学科合理布局，促进我国在高超声速空气动力学、稀薄气体动力学、环境力学等若干领域进入世界前列。

目前，我国力学学科主办 18 种学术期刊，其中 5 种为英文期刊。力学学科积极培育品牌期刊，推进学术期刊国际化。通过聘请海外著名学者担任共同主编、成立多种期刊联合运作的主编联席制度等方式，发挥这些期刊作为学术交流平台和科研成果展示窗口的作用，推进 5 种英文期刊迈向优质国际学术期刊。

（2）撰写和出版高水平科普丛书

我国学者组织撰写了面向高中生、大学低年级学生的科普丛书“大众力学丛书”。丛书选题不拘泥于传统力学本身，而是尽量扩展力学与其他学科的交叉范畴，着重力学与其他科学技术联系乃至人文科学的联系，以扩大丛书的社会影响力。与其他科普图书的不同之处是，部分内容具有学术深度。运用公式和适当的数学，通俗地解释力学原理，使读者可以追踪公式进入更深入的知识层次。2008 年，该丛书首批出版了《奥运中的科技之光》《拉家常 · 说力学》《诗情画意谈力学》《趣味刚体动力学》《创建飞机生命密码》等。至今，该丛书已陆续出版了 15 分册，内容涉及体育运动、爆炸现象、沙尘暴、音乐、潮汐、风雨天气、飞机制造等领域中的力学问题，还有以趣味的笔墨谈论刚体力学、固体力学、流体力学、力学史、日常生活中常见的力学现象等方方面面。这套丛书的问世，使力学科普读物实现了从无到有。

该丛书出版以来，产生了显著的社会效益，受到力学界、科普界和出版界的重视。中国力学学会三次为丛书作者授奖；丛书入选“十三五”国家重点出版规划项目；丛书的 1 个分册入选“2009 年向全国青少年推荐的百种优秀图书”；4 个分册陆续入选全国中小学图书馆推荐书目；多个科普新媒体、微信公众号的推送内容以及《十万个为什么》等科普丛书中有相当多的内容取材于该丛书。

（3）开设网上视频公开课

我国学者积极参与面向社会公众的科普教育工作，开设了《力学诗趣》《力学奥秘》《身边力学》《材料力学漫谈》《力学与生活》《现代力学与工程》和《力学概论》等一批网络视频公开课；为了适应社会多样化终身学习需求，深化教育教学改革，高校力学教师们建设了一批在线开放的《理论力学》《材料力学》《工程力学》《弹性力学》《结构力学》等力学课程，其中包括 27 门资源共享课类与 67 门大学慕课（MOOC）。

（4）主办全国周培源大学生力学竞赛

20 世纪 80 年代中期，我国力学界开始酝酿筹办全国周培源大学生力学竞赛，并于 1988 年成功举办第一届竞赛。目前该竞赛已发展成为全国高校中最有影响的学术竞赛活动之一。竞赛隔年举办，面向在校青年学生，每次参赛人数均超过 2 万人。

与全国周培源大学生力学竞赛相呼应，《力学与实践》开辟了三个有特色的栏目：一是教育研究栏，刊登与力学教学有关的课程内容改革、教学方法创新、教学经验介绍、教学难点和疑点问题讨论等论文；二是小问题栏，刊登饶有兴味、启发思想、简明又不失难度的力学小问题，以引起读者，特别是年轻读者的兴趣；三是《力学纵横》栏，以生动活泼、通俗易懂的语言，向大众介绍力学前沿、力学家、力学史话、力学方法探究、工程中的力学问题、身边力学趣话、力学书刊评介等，拉近社会公众与科学殿堂的距离。这三个栏目已成为力学教师教学创新和学生学习探索创新的园地，营造了开展“全国周培源大学生力学竞赛”的环境氛围。

（5）举办科技周活动，创建趣味力学科普展

科技活动周是经由国务院批准设立的大型科普活动，于每年 5 月的第三周在全国范围内举行。中国力学学会每年都举办主题鲜明、内容丰富的科技周活动，已使其成为力学学科规模最大的科普活动之一。近年来，随着公众对科学文化的消费需求迅速增长，中国力学学会每年均迎来上千人参加科技周活动。以 2018 年为例，通过科普讲座、主题展览、动手体验、实验室参观等活动项目，吸引了 3000 余位公众。

为了使科普工作更加日常化，中国力学学会创建了趣味力学科普展室，着力打造实体形式的力学科普基地，把优质科普资源面向公众尤其是中小学生开放。展室定期更新研发科普展品，不乏“高温超导磁悬浮”“3D 打印机”等公众感兴趣的高科技展品。

3 力学学科的国内外研究进展比较

对各国力学学科进行比较是极为困难的研究。这既有力学属于基础性学科，其研究成果需要历史检验的困难；又有力学与国防科技工业、国家重大工程密切相关，无法获得他国资料的困难。因此，本报告尝试进行定性和定量两个方面的概述，其中定量部分仅基于 Web of Science 数据库的信息，分析最具代表性的分支学科、研究机构的论文和引用情况。

3.1 国内外力学研究的定性对比

3.1.1 学科体系

我国是世界上为数不多具有完整工业体系的国家，对力学学科具有全面的、长期的、战略性要求。因此，我国具有完整的力学学科体系，研究领域覆盖力学的所有分支学科，可强有力支撑我国科技事业和教育事业发展，支撑我国建设世界强国。

相比之下，具有比较完整力学学科体系的国家只有为数不多的几个工业强国，包括美国、俄罗斯、英国、法国、德国、意大利等。虽然美国的大学中不独立设立力学学科，但其力学研究已深入和渗透到工程科学的各个分支，并且与生命科学、环境科学等深度交叉，力学学科体系非常完整。俄罗斯的力学学科体系比较完整，但在新兴和交叉领域的力学研究方面相对薄弱。上述其他几个工业强国，则因人口与工业规模等原因，不求力学学科体系完整，但求在某一领域领先。

3.1.2 发展态势

21 世纪以来，我国力学学科在科学前沿和国家需求两个方面驱动下，规模、结构、

质量、效益得到全面提升，在世界力学界的影响力不断提升。尤其是国家在学科设置、经费资助、条件建设等方面的大力支持，使我国力学学科的发展速度远超其他国家。例如，国家自然科学基金委员会将力学作为独立学科，长期予以支持。近年来，每年资助 1~2 项重大项目，16~19 项重点项目，1 项创新研究群体项目，5 项国家杰出青年科学基金项目，9~10 项优秀青年科学基金项目，约 380 项面上项目，近 350 项青年科学基金项目，20 多项地区科学基金项目等；年度经费约 5.97 亿元。这有力保障了我国力学基础研究的规模，推动了学术水平的不断提升。又如，我国设有中国科学院力学研究所、中国空气动力研究与发展中心等专门的力学研究机构，建设了世界一流的、完整的空气动力学风洞试验体系，有力推动了力学学科直接服务国家重大需求。

相比之下，上述工业强国对力学的需求和投入有所下降，发展速度减缓。例如，美国一度对制造业的重视程度下降，对相关力学研究的投入自然下降，促使许多学者转向与生命科学、人类健康相关的力学问题研究。英国、法国、德国、意大利等国家呈现类似倾向。俄罗斯的力学学科则因长期投入不足，学术队伍青黄不接，研究水平发展缓慢。

3.1.3 国际影响力

世界力学界的最高学术机构是国际理论与应用力学联合会（IUTAM），我国是该联合会的成员国。IUTAM 根据各国的力学综合实力和缴纳会费额度，将会员国分为五个等级。2016 年，我国成为与美国并列的最高等级会员国。目前，我国在 IUTAM 拥有 1 位资深理事、5 位理事、4 位专门工作委员会成员，比过去有了大幅进步。但与传统的世界力学强国相比，我国在世界力学界的话语权还不强，很难担任 IUTAM 主席、秘书长等重要职务。

由 IUTAM 组织召开的世界力学家大会（ICTAM）被誉为“世界力学奥林匹克”。2012 年，我国首次承办世界力学家大会，这是该系列大会首次在发展中国家召开，标志着我国力学全面走向世界舞台。该系列大会每四年一次，每次经世界著名学者组成的委员会投票，遴选 20 位著名学者作邀请报告，包括开闭幕式报告各 1 个、固体力学和流体力学获奖报告各 1 个、领域报告 16 个。在近 10 年来召开的三届大会上，我国学者作开幕式报告 1 次，领域邀请报告 4 次。虽然我国学者的邀请报告数量比过去大幅提升，但在世界力学界的占比仍偏低，尚无学者作获奖报告，表明在高水平研究和国际著名学者方面的差距。

3.2 国内外力学研究论文的定量比较

根据 Web of Science 网站提供的数据，现选择力学学科最具代表性的若干顶级期刊，对近 10 年来两个时间段（分别是 2010—2012 年和 2016—2018 年）国内外学者发表力学研究论文的情况进行定量分析，考察我国力学研究的大致水平。此外，选择国内外具有代表性的若干学术机构，对其在力学国际期刊发表论文的情况进行定量分析，进而考察我国代表性学术机构的力学研究大致水平。

3.2.1 在力学重要期刊上发表论文的数量比较

为了获得尽可能客观地比较结果，选择固体力学、流体力学这两个最具国际可比性的二级学科进行研究。分别在这两个学科选择 4 种学术水平公认度高、学科覆盖面宽的著名学术期刊，比较国内外高水平力学研究的情况。

（1）固体力学

在固体力学研究领域，选择的 4 种期刊是：固体力学顶级期刊 *Journal of Mechanics and Physics of Solids*（*JMPS*），固体力学中覆盖面最广、发表高水平论文最多的期刊 *International Journal of Solids and Structures*（*IJSS*），计算固体力学的顶级期刊 *Computer Methods in Applied Mechanics and Engineering*（*CMAME*），实验固体力学的顶级期刊 *Experimental Mechanics*（*EM*）。对比情况如下。

JMPS：2010—2012 年，我国学者发表论文的总数排名第四，落后于美国、法国和德国，论文总数约为美国学者的 20%；2016—2018 年，我国学者在该期刊发表论文总数排名第二，超越了法国和德国，仅落后于美国，发表论文总数上升为接近美国学者的 30%。

IJSS：2010—2012 年，我国学者发表论文总数排名第二，落后于美国，论文总数约为美国学者的 60%；2016—2018 年，我国学者发表论文的总数虽仍然排名第二，但论文总数达到美国学者的 67%。

CMAME：2010—2012 年，我国学者发表论文总数排名第四，落后于美国、德国和法国，美国学者发表的论文占比 33%，我国学者占比仅 9%；2016—2018 年，我国学者发表论文的总数已经排名第二，美国学者发表论文依然占比 33%，而我国学者发表论文占比 19%，份额提高了一倍以上。

EM：2010—2012 年，我国学者发表论文总数排名第四，落后于美国、法国和英国，论文总数约为美国学者的 11%；2016—2018 年，我国学者发表论文的总数已经排名第二，论文总数达到美国学者的 42%。

综合以上数据可以看到，近 10 年来我国学者在固体力学顶级期刊上发表的论文数量明显提升，已经超过除美国以外的其他国家，发表论文的总数正接近美国。表 5 给出世界上 8 个力学优势国家在固体力学顶级期刊发表论文数及占比数据。

表 5 力学优势国家在固体力学顶级期刊发表论文数及占比

期刊	*JMPS* 发表数（占比 %）		*IJSS* 发表数（占比 %）		*CMAME* 发表数（占比 %）		*EM* 发表数（占比 %）	
年份	2010—2012	2016—2018	2010—2012	2016—2018	2010—2012	2016—2018	2010—2012	2016—2018
中国	38 9.9%	114 16.5%	142 14.9%	221 18.7%	66 8.6%	250 19.0%	21 5.3%	58 16.0%

续表

期刊	JMPS 发表数（占比 %）		IJSS 发表数（占比 %）		CMAME 发表数（占比 %）		EM 发表数（占比 %）	
美国	204 53.0%	359 52.0%	255 26.7%	315 26.6%	252 33.0%	433 32.9%	170 43.0%	135 37.3%
英国	24 6.2%	59 8.5%	62 6.5%	111 9.4%	34 4.45%	81 6.1%	33 8.4%	44 12.2%
法国	60 15.6%	101 14.6%	139 14.6%	156 13.2%	113 14.8%	112 8.5%	43 10.9%	45 12.4%
德国	41 10.6%	66 9.6%	53 5.6%	93 7.9%	113 14.8%	195 17.8%	20 5.1%	19 5.3%
意大利	27 7.0%	53 7.7%	67 7.0%	81 6.9%	55 7.2%	117 8.9%	20 5.1%	13 3.6%
日本	4 1.0%	13 1.9%	29 3.0%	30 2.5%	11 1.4%	23 1.7%	19 4.8%	17 4.7%
澳大利亚	5 1.3%	14 2.0%	38 4.0%	37 3.1%	13 1.7%	49 3.7%	3 0.8%	12 3.3%

（2）流体力学

在流体力学领域，选择的 4 份期刊是：流体力学顶级期刊 *Journal of Fluid Mechanics*（*JFM*），流体物理领域著名期刊 *Physics of Fluids*（*PoF*），传热传质领域著名期刊 *International Journal of Heat and Mass Transfer*（*IJHMT*），燃烧学著名期刊 *Combustion and Flame*（*CaF*）。对比情况如下。

JFM：2010—2012 年，我国学者发表论文总数排名第九，远远落后于美国、英国和法国，论文总数约为美国学者的 10%；2016—2018 年，我国学者在该期刊发表论文总数排名第四，仅落后于美国、英国和法国，发表论文总数约为美国学者的 25%。

PoF：2010—2012 年，我国学者发表论文的总数排名第八，远远落后于美国、英国和法国，论文总数约为美国学者的 12%；2016—2018 年，我国学者在该期刊发表论文总数排名第二，超越了印度、英国和法国，论文总数接近美国学者的 80%。

IJHMT：2010—2012 年，我国学者发表论文的总数排名第二，落后于美国，论文总数约为美国学者的 80%；2016—2018 年，我国学者在该期刊发表论文总数排名第一，论文总数约为美国学者的 220%。

CaF：2010—2012 年，我国学者发表论文的总数排名第五，远远落后于美国，论文总数约为美国学者的 17%；2016—2018 年，我国学者在该期刊发表的论文总数排名第二，超越了德国、法国，论文总数上升为美国学者的 50%。

综合以上数据可见，近10年来我国学者在流体力学的研究中整体实力上升非常明显，在某些领域已经接近或超过美国，而在一些流体力学经典难题的研究方面（以*JFM*发表的论文为例）还需要进一步努力。表6给出世界上8个力学优势国家在流体力学顶级期刊发表论文数及占比数据。

表6　力学优势国家在流体力学顶级期刊发表论文数及占比

期刊	*JFM* 发表数（占比%）		*PoF* 发表数（占比%）		*IJHMT* 发表数（占比%）		*CaF* 发表数（占比%）	
年份	2010—2012	2016—2018	2010—2012	2016—2018	2010—2012	2016—2018	2010—2012	2016—2018
中国	69 4.1%	237 9.3%	72 4.8%	359 19.2%	342 17.0%	1871 42.0%	62 8.0%	234 19.6%
美国	644 38.6%	924 36.1%	618 41.1%	407 21.7%	467 23.2%	808 18.1%	376 48.7%	523 43.9%
英国	326 19.5%	542 21.2%	144 9.6%	187 10.0%	69 3.4%	162 3.6%	68 8.8%	62 5.2%
法国	265 15.9%	400 15.6%	243 16.2%	152 8.1%	112 5.6%	127 2.9%	83 10.7%	113 9.5%
德国	97 5.8%	187 7.3%	91 6.1%	107 5.7%	76 3.8%	136 3.1%	72 9.3%	127 10.7%
意大利	95 5.7%	112 4.4%	78 5.2%	52 2.8%	56 2.8%	99 2.2%	30 3.9%	35 2.9%
日本	58 3.5%	85 3.3%	63 4.2%	81 4.3%	82 4.1%	190 4.3%	33 4.3%	47 3.9%
澳大利亚	84 5.0%	215 8.4%	61 4.1%	69 3.7%	37 1.8%	94 2.1%	28 3.6%	58 4.9%

（3）国内外代表性机构的力学研究论文对比

本报告选择国内外若干具有力学研究传统的大学，基于Web of Science网站提供的数据，统计其内设力学研究机构在2016—2018年在力学国际期刊发表的论文数以及被引用数。通过对比，试图定量说明这些机构的研究成果相对分量。统计数据包括两部分：一是各机构在这三年中发表论文的总数对比，二是所发表论文的被引用数对比。由于所统计论文发表时间较短，论文引用数主要反映研究内容的受关注程度。

作为力学学科调研，本报告选择这些大学中从事力学研究人数最多的内设机构。例如，对于MIT，选择Department of Mechanical Engineering，这是该校从事力学研究人员最多的内设机构。表7给出国内外8个代表性研究机构在力学国际期刊上发表论文的统计数据。

表 7　国内外代表性研究机构在力学国际期刊上发表论文情况

力学研究机构	泰晤士报排名	2016—2018 年发表论文数	截至 2019 年 3 月 29 日（2018 年 12 月 31 日）被引用数	平均单篇被引用数
MIT，Department of Mechanical Engineering	5	1844	15115（12520）	8.2（6.8）
UCLA，Mechanical and Aerospace Engineering	15	303	1651（1387）	5.4（4.6）
Peking University，Dept.of Mech.and Eng Sci，Dept Aeronaut&Astronaut，State Key Lab for Turb&Complex System	27	679	3520（2849）	5.2（4.2）
Tsinghua University，Department of Engineering Mechanics	30	731	3538（2811）	4.8（3.8）
The University of Melbourne，Department of Mechanical Engineering	32	355	1487（1242）	4.2（3.5）
Georgia Tech，Mechanical Engineering	33	985	5366（4404）	5.4（4.5）
University of Manchester，School of Mechanical and Civil Engineering	54	652	2202（1801）	3.4（2.8）
RWTH University，Faculty of Mechanical Engineering	79	468	1305（1060）	2.8（2.3）

从 2016—2018 年发表论文的总数看：MIT 一枝独秀，大于 1800 篇；Georgia Tech. 次之，在 1000 篇左右；清华大学、北京大学、University of Manchester 属于第三梯队，均在 600 篇以上。

从 2016—2018 年发表论文被引用总数看：仍是 MIT 最高，Georgia Tech. 次之；北京大学、清华大学比较接近，距离 Georgia Tech. 不太远，属于第二梯队。

从上述机构发表论文的单篇引用频次看：MIT 最高，北京大学、Georgia Tech.、UCLA、清华大学、澳大利亚墨尔本大学依次组成第二梯队。值得指出的是，UCLA 的工程学科整体影响力与其综合排名不相称，但此数据与该校的综合排名比较接近。

4　力学学科的发展趋势与展望

自 20 世纪 50 年代以来，经过几代力学家的努力，我国已建立起完整的力学学科体系，在人才培养、科学研究、社会服务等方面取得了突出成就，成为世界公认的力学大国，并正在向力学强国迈进。力学学科作为工程科技的先导与基础，在国民经济和国防建设中发挥着关键作用。与此同时，力学学科不断与信息科学、材料科学、能源科学、生命科学等交叉融合，诞生了诸多新的学科生长点，并推动了相关学科的发展。本节将概述我国力学学科的最新发展趋势，展望若干值得关注的重点领域。

4.1 固体力学

近年来，固体力学不断开拓新的疆域，与物理学、化学、材料科学、生命科学、医学、信息科学等交叉融合，呈现出良好的发展态势。一方面，固体力学涌现出一些新兴研究领域，诞生了一系列新的理论、计算和实验方法，例如微纳米与多尺度力学、先进结构力学与设计方法、智能材料与结构力学、软物质与柔性结构力学、生物材料与仿生力学、材料与结构的力学信息学、多场耦合力学等。另一方面，固体力学不仅更加深入地融入航空航天、先进制造、新能源等领域，而且通过与生物医学工程、人工智能、脑科学等的交融产生了更多的应用领域。现对固体力学的若干重要研究领域展望如下。

微纳米力学的今后发展旨在从微纳尺度上认识材料变形与破坏的物理机制，揭示力学的新现象、新机理、新规律，发展微纳米力学的新理论、新方法和新技术，并为相关高新技术和产业提供基础理论支撑。需要深入研究的问题包括：①新型微纳米材料（如微纳米结构金属、低维材料、纳电子材料、微纳米超材料、高熵合金、微纳米复合材料）的性质与结构的关系；②材料变形与破坏的微纳米机制、力学性质的尺寸效应与尺度效应；③微纳米尺度的力－电－磁－光－热耦合的物理力学理论体系；④微纳尺度上表面界面力学行为（如表面浸润、粘附、接触、摩擦磨损）及其对微结构的依赖关系；⑤新型微纳米器件、结构与系统的力学分析方法、设计与性能调控方法。

软材料与柔性结构力学为柔性机器人、柔性电子、驱动传感、生物医疗等领域提供了新的发展途径，涉及一系列富有挑战的力学新问题。需要深入研究的问题包括：①发展力－生－化耦合的软材料本构理论与数值模拟方法，揭示其微纳结构、力学性质、多重功能、化学成分等诸因素之间的关联，探讨具有生命特征的软物质力学；②在力、生、化等各种激励作用下软材料的损伤、疲劳、断裂、波传播、表面失稳与形貌演化规律；③柔性结构与医疗器件的力学性能与调控、材料－结构－功能一体化设计及其在人体健康监测、疾病诊疗等领域的应用；④软材料的固－液界面、薄膜－基底界面的力学行为，研究界面结构对物理性质和功能的影响规律；⑤基于仿生原理的软材料、柔性器件与结构设计；⑥基于软物质变形特性的超材料与超结构设计。

多尺度与跨尺度固体力学的发展在于从宏、细、微观的多重尺度上认识材料变形与破坏的物理机制。需要深入研究的问题包括：①建立从第一性原理、分子动力学直至连续介质力学的多尺度固体力学理论与计算方法；揭示材料静动态变形与破坏的机理与规律；②针对金属、高分子、半导体及其复合体，探讨从原子到宏观结构的跨尺度固体力学理论与计算方法；③探讨不同物质描述层次之间互动式的建模方法；④建立可跨越不同物质描述层次的多场耦合理论；⑤可跨越不同时间尺度的有效算法；⑥多尺度耦合的冲击动力学理论与计算方法。

计算固体力学的发展呈现出与人工智能、先进制造、计算科学、脑科学等领域深度交叉和融合的态势，需要深入研究的问题包括：①基于机器学习的计算固体力学理论框架与数值方法；②兼具数理统计、深度学习和因果传递范式的混合增强式计算力学方法；③与先进制造技术（如增材制造）相关的计算力学研究；④与计算几何深度融合的结构分析与优化设计；⑤多重结构生命介质的可计算建模研究。

在实验固体力学方面需借助新的探测技术，需要深入研究的问题包括：①先进的观测手段与多场同步探测方法；②微纳米尺度的精确控制多场（力、电、磁、热、光、声、粒子轰击等）加载与电子云、原子图像的直接探测；③体视（三维）实验力学量测技术；④软材料、柔性结构与器件的静动态性能的多物理场实验力学与测量技术；⑤实验固体力学技术与高精尖工程量测（如精密加工、数字装配、深地掘进、纳电子的深度应变工程、表面与界面工程等）的整合式发展。

振动、冲击与波动力学需要深入研究的问题包括：①高维强非线性、跨尺度、刚柔耦合等复杂系统的振动理论与计算方法；②考虑力、电、磁、热等多场耦合的智能材料、器件、结构和微纳机电系统的非线性动力学与振动控制技术；③生物体和仿生飞行器的流固耦合振动和控制方法；④宏、细、微观相结合的冲击动力学实验方法和精密测试系统；⑤智能材料、软物质、生物软组织、复合材料等的波传播特性与理论模型；⑥高温、高压、真空失重、强冷热交变、高过载等复杂服役环境下重大装备关键振动研究与优化设计；⑦针对包含索网、框架及面板等构件的复杂结构系统的波动力学分析与控制方法；⑧具有奇异特性的超材料微结构设计机理、拓扑结构设计方法及其应用研究。

材料与结构的损伤、断裂与疲劳力学依然是固体力学中最具挑战性的难题之一。材料破坏过程具有高度的复杂性，需要深入研究的问题包括：①具有高强、高韧或其他优异性能的新型功能材料与结构的强韧化机理与优化设计；②材料破坏的宏微观机理、多尺度断裂力学模型；③智能材料与结构的疲劳与断裂的多场耦合损伤与破坏机理及其理论模型；④高温、高压、辐照等复杂环境与服役条件下材料的损伤、疲劳与断裂理论；⑤微纳米材料及其复合体的损伤与破坏力学；⑥基于人工智能等新方法的材料与结构的强度和寿命预测方法；⑦航空、航天、土木、水利等复杂工程结构在极端服役条件下的可靠性与结构完整性评价及其结构 - 功能一体化研究。

智能材料与结构技术涉及力学、材料学、机械科学、信息科学等众多学科，但智能材料与结构在其他物理因素作用下的力学行为是其基本特征。需要深入研究的问题包括：①压电、铁电、形状记忆合金、形状记忆高分子等智能材料与结构在多场耦合条件下的本构理论、损伤与断裂力学；②主动大变形复合材料与结构的力学行为，如非线性展开静动态强度、驱动与动力学分析、变形可重复性与衰减性、表面失稳与形貌演化等；③在力、电、磁、热等多场多氛围环境下智能材料的微纳米、多尺度力学测试与实验表征方法，以建立杨氏模量、强度、断裂韧性、蠕变、疲劳等参数与多场环境之间的关系；④基于智能材料的结构健康监测理论、弹性波与声波调控、变形－承载一体化；⑤自感知、自适应智能多功能材料与结构的设计方法。

复合材料技术在深度和广度上都处于迅速发展阶段，新的功能复合材料（如可充电电池的电极、传感、电磁波屏蔽、高导热、高导电等材料）、先进结构复合材料、绿色复合材料等不断涌现，在结构－功能－设计－制备一体化方面提出了许多新的力学问题。需要深入研究的问题包括：①在静态、动态、高温等不同服役条件下复合材料损伤、疲劳、断裂、波传播等的理论模型与预测方法等；②复合材料在多场耦合作用下的跨尺度材料－结构一体化力学理论；③复合材料在表面和界面的新理论和新工艺；④纳米复合材料、编织复合材料、功能梯度复合材料、绿色复合材料等的本构关系和结构力学模型；⑤复合材料预制体成型及复合工艺力学。

此外，固体力学在航天航空、先进制造、大型基础设施等领域中发挥着重要作用，需要深入研究的问题包括：①载人航天与探月工程、航空发动机与燃气轮机、新型飞行器等在设计、服役等过程中的关键科学问题；②航空航天等领域中大型复合材料结构的力学分析方法、实验测试技术、优化设计与制备方法；③桥梁、建筑、水坝、压力容器等工程结构的损伤评估、无损检测与寿命预测；④先进能源材料与结构的关键力学问题；⑤油气开采等领域的流－固耦合、力学－化学耦合等问题，尤其是与压裂、水平钻探、微纳米渗透、诱发地震监控有关的问题；⑥与新型制造技术相关的制造力学问题，如纳米制造、增材制造、柔性制造、数字制造、表界面增强、数字装配、新能源动力的传质容纳等方面。

4.2 流体力学

近年来，流体力学研究不断取得新的进展。随着理论分析、实验技术和计算机能力的不断提高，流体力学在航空、航天、船舶、能源、海洋工程、大气与水环境治理等领域发挥着越来越重要的作用。国家重大工程中遇到的关键问题则为科学研究起到牵引作用。现对流体力学的若干重要研究领域展望如下。

湍流是跨越几个世纪的力学难题，对航空、航天、船舶、能源等领域的发展具有重要影响。近年来，流体力学计算和实验的进步、大数据的积累等，为解决湍流难题提供了新机遇，迫切需要创建湍流结构新概念，开展聚焦湍流结构产生、演化法则的原创性探索。需要深入研究的问题包括：①湍流噪声；②高超声速流动的转捩机理；③建立和发展普适的湍流与转捩模型，以准确预测摩擦阻力和气动热；④基于湍流机理的流动控制方法；⑤基于人工智能等的湍流研究新方法。

复杂流动中涡波的产生、演化与控制的研究成果对于空天安全、超大型海面作战平台、深海采油以及大型飞机、水电、风电等重大国家需求项目有着重要意义。需要深入研究的问题包括：①复杂旋涡流动的稳定性与控制机制；②动边界及流固耦合的非定常流动特性及其控制；③多介质间界面的失稳与演化；④多场耦合下的流动分离与混合；⑤剪切、胀压与热力耦合的涡动力学基础理论；⑥旋涡与激波、声波的相互作用机制；⑦非定常流的主 / 被动、开 / 闭环控制；⑧高机动条件下的气动 / 飞行力学一体化分析与模拟。

计算流体力学和实验流体力学是提高我国科技自主创新能力的重要手段，与航空、航天、船舶、水利、环境等领域的发展密切相关。需要深入研究的问题包括：①大规模网格快速并行化生成技术；②高度"紧致"的计算格式；③隐式计算格式和加速收敛技术；④ RANS/LES 混合方法；⑤跨尺度计算方法；⑥三维实时、交互、并行式流场高效可视化技术；⑦高时空分辨率三维非定常复杂流场测量技术；⑧高超声速、高温高焓、超低温环境以及微小尺度下流动的实验测量技术；⑨声、光、电、核、磁等多技术手段耦合测量技术；⑩先进的流场显示、旋涡识别和模态分解分析方法。

高超声速技术是 21 世纪航空航天领域的制高点，先进高超声速飞行技术给流体力学带来许多挑战。需要深入研究的问题包括：①高超声速流动的燃烧动力学理论；②三维激波与边界层的相互作用；③高超声速混合与稳定燃烧控制方法；④高温气体流动规律与数学建模；⑤高温气体效应对转捩的影响；⑥飞行器气动力 / 热性能的预测；⑦高超声速流动的热化学反应机制模拟；⑧稀薄气体动力学模拟；⑨大型海上风力机的流体动力特性。

多相流广泛存在于自然界和人们的生产生活中，具有过程复杂、交叉性强等特点，必须针对复杂流场、复杂离散相、复杂连续相、复杂相间作用多相流开展研究。需要深入研究的问题包括：①多相流的稳定性、多相流的湍流封闭模式；②多相湍流的流动控制；③超声速气流与固相颗粒的相互作用；④微重力条件下的界面特性；⑤沙尘和污染物颗粒与高雷诺数大气表面层的相互作用机理；⑥污染物在水环境中的输运、沉积与控制；⑦离散相对连续相特性的影响以及离散相之间的相互作用。

在石油、化工和食品工业中遇到的各种复杂流体不断给非牛顿流体力学研究提出新的挑战，而在纳米载药、纳米毒性、新型能源等一系列新兴交叉学科领域亟须对微纳尺度的输运现象开展研究。需要深入研究的问题包括：①非牛顿流体的新型本构关系、流动稳定性与湍流机理；②非牛顿效应对生物流体的复杂流动和传热传质的影响；③分数阶微积分在黏弹性流体力学中的应用；④非牛顿流体的浸润、流动减阻和热对流；⑤微、纳尺度多相流机理和流控仿生芯片；⑥磁流体的稳定性与湍流行为；⑦发展考虑微观渗流机理的多尺度多物理场多相流体渗流模型。

水面和水下航行器的高速化是舰船技术发展的必然趋势，因此与高速航行相关的空化及复杂自由面流动日益引起关注。需要深入研究的问题包括：①计及微观群泡动力学特性的宏观空化模型；②空泡形态特征、流动结构以及作用在航行体上的流体动力特性；③机动运动状态下超空泡航行体的动力学模型；④复杂条件下航行体出水的流体动力特性、出水空泡溃灭和冲击载荷的变化规律；⑤航行体高速入水空泡演化模型和作用于航行体的水动力载荷模型，突破入水冲击载荷预示技术；⑥破碎波、液舱晃荡、甲板上浪和入水砰击等强非线性自由表面水动力学机理及流固耦合分析方法；⑦强非线性水波与破碎波的建模理论与分析方法。

4.3 动力学与控制

近年来，动力学与控制不仅更加深入地融入航空航天、先进制造、新能源等领域，而且通过与现代数学、人工智能、脑科学等领域的交融，产生了诸多新的交叉领域。现对动力学与控制的若干重要领域展望如下。

分析力学的理论体系随着现代微分几何、数值计算方法的发展而不断丰富，其研究实现了两个转变，即从局部分析到全局分析，以解析为主到解析与计算相互融合。需要深入研究的问题包括：①基于现代微分几何的整体分析方法，进一步完善分析力学的理论体系；②与对称性理论相结合，发展几何力学、几何数值积分方法等新方法；③与保结构数值计算方法相结合，形成新的几何数值积分方法；④与非线性控制相结合，在机器人、载运工具、智能集群控制等工程科学领域获得重要应用。

非线性动力学主要关注系统的运动稳定性、分岔、混沌、分形和孤立子等科学问题，已深入到对非光滑系统、时滞系统、分数阶系统、复杂网络等复杂非线性系统的动力学现象及机理的研究，解决工程中的非线性动力学问题或主动利用非线性动力学效应。需要深入研究的问题包括：①高维、无穷维系统的非线性动力学理论与方法；②非光滑系统的不连续特征理论分析；③分数阶非线性系统的分岔理论；④基于非线性动力学的结构动态设计和调控；⑤能量采集和减振、隔振新方法；⑥基于实验的非线性系统辨识；⑦非线性动力学理论和方法在工程中的应用。

随机动力学已从主要研究平稳高斯激励下的低维非线性系统，转向研究非平稳和非高斯激励下的高维非线性系统、非光滑系统、时滞系统等，并且与随机系统的动态控制融为一体，解决工程问题。需要深入研究的问题包括：①以哈密顿理论体系为代表的非线性随机动力学理论，揭示随机分岔等复杂现象的机理；②时滞、非光滑、分数阶等因素导致的复杂系统的随机动力学理论和方法；③非平稳、非高斯激励下的非线性随机系统动力学；④随机过程描述的新方法，包括小波分解、随机谐和函数、稀疏表达等；⑤固有不确定性与认知不确定性的量化与传播；⑥随机动力学与结构可靠性、最优控制等结合，进而解决工程问题。

多体系统动力学的发展与工业需求紧密联系。机械、结构轻量化催生了多柔体系统动力学，机器人等机电产品的动态设计要求多体动力学能精细、高效地揭示运动副间隙、摩擦、润滑等非线性因素的影响。需要深入研究的问题包括：①针对极端环境和多物理场耦合的大规模多体系统动力学，提出统一的理论框架和跨尺度的大规模计算技术；②针对复杂运动界面，研究跨越多个时空尺度的多体系统动力学；③针对包含不确定性因素的多体系统，研究高效的动力学描述和计算方法；④针对复杂多体系统，发展模型降阶和动力学控制方法；⑤与散体动力学相结合，发展复杂环境下的多体系统动力学；⑥与人工智能相结合，发展基于大数据的多体系统辨识方法、复杂传动链的精细化建模方法、柔体高速运动的高精度观测方法、多体系统的动力学实时仿真和优化方法。

航天动力学与控制的发展日益关注复杂系统、非线性系统、多耦合系统，动力学与控制的融合也更加深入，并且在轨道、姿态、多体、振动等方向各有侧重。需要深入研究的问题包括：①深空多目标探测的轨道优化、三体及多体系统低能量轨道的设计；②不规则形状天体引力场的表征；③弱引力天体附近周期轨道的搜索、稳定性分析与设计；④大型和巨型空间结构的刚－柔耦合非线性动力学精细建模和仿真；⑤针对空间飞行器在轨服务任务的非合作机动目标相对导航、自主交会逼近、旋转目标跟踪控制、轨道追逃博弈、机械臂遥操作控制等。

转子动力学已具有比较完善的理论体系，正与其他力学分支学科、测控技术等交叉和融合，应对航空发动机、燃气轮机等高端机电装备发展所提出新挑战。需要深入研究的问题包括：①转子系统的动力学建模和稳定性分析；②系统柔性、环境温度、摩擦与润滑等复杂因素对转子系统运行稳定性和运行寿命的影响；③柔性转子动平衡实验技术和分析方法；④基于大数据分析的转子系统故障分类及诊断方法；⑤基于动力学特性分析的转子系统主动控制方法。

神经动力学是非线性动力学和神经科学相互交叉产生的新领域，对深刻理解神经系统的生理结构和神经信号的传导机制发挥着重要作用。需要深入研究的问题包括：①神经元放电的分岔与混沌、神经元网络动力学行为及神经能量原理等的研究；②基于临床数据，利用复杂网络的理论和方法定量分析大脑结构；③建立与临床数据更为符合的生理意义的大脑神经网络动力学模型；④完善大脑结构功能图谱，发展临床神经疾病的诊疗理论和方法。

4.4 交叉力学

近年来，我国交叉力学的发展欣欣向荣，研究队伍的规模、学术影响力不断提升。许多学者既从事固体力学、流体力学、动力学与控制的某一研究领域，又积极开展交叉力学某个领域的研究。现对交叉力学的几个重要领域展望如下。

生物力学的发展既关注生命科学的最新进展，尤其是干细胞、癌细胞、神经与脑科学、多组学、免疫学等领域的研究进展，开辟新的研究领域；又积极与计算科学、人工智能、新材料、先进制造、机器人、微纳米技术、新的力声光电磁热测试技术等相结合，使力学与医学、生命科学、工程技术等的交叉融合日益广泛、深入。需要深入研究的问题包括：①在细胞分子的生物力学与力生物学方面，关注生命科学的纵深区域与最前沿地带，包括干细胞、神经科学与脑科学、免疫等的生物力学；②在疾病预防和治疗方面，研究心脑血管病、恶性肿瘤等非传染性重大疾病、慢性疾病诊疗所涉及的生物力学问题；③在细胞、组织和器官的多尺度生物力学方面，研究从分子、亚细胞、细胞到组织等不同空间和时间尺度的实验测量技术与理论模型；④在生物力学设计与健康工程方面，研究人工组织器官、康复辅具、生物医学诊疗仪器与新药、面向重大疾病与健康问题的仿生医用材料与器械；⑤在特殊环境的生物力学方面，研究微重力和超重环境对人体生理功能的影响及其防护、组织细胞响应微重力或超重环境的生物力学机理；⑥在生物材料力学与仿生学方面，研究天然生物材料的多尺度力学理论模型与计算方法，生物材料与细胞、组织交互作用中的力学问题，基于生物学原理的仿生材料、器件、结构与机械设计以及先进仿生制备技术等。

物理力学的发展既瞄准学科前沿，注重与材料科学、计算科学、物理化学的交叉融合，研究介质的宏微观力学性质和运动规律，发展跨时空尺度的理论和计算方法以及大型仪器设备，加强实验观测与大规模数值模拟的有机结合；又瞄准国家重大工程需求，着力解决核武器、激光武器、能源技术发展中的关键物理力学问题。需要深入研究的问题包括：①基于物理力学，从微观角度自下而上地设计具有特殊功能的新材料；②发展新型装备和大型计算方法，实现深海、深空等极端条件下的材料和器件服役性能模拟和服役可靠性保障；③发展更加精细可靠的非平衡流动仿真技术，实现高超声速飞行技术精细化设计、高超声速目标光电特性精细化研究；④解决薄片、光纤激光器等全固态激光器的光纤光暗化和光纤放电问题，设计纳米气体激光器等基于低维材料的更高效的激光器；⑤表面、界面设计等概念在先进材料、纳微系统、生物医学、新型机器等领域的应用，设计和制备低维材料、微纳结构新材料、新型软体智能材料、结构和器件等。

环境力学的发展既围绕国家经济和建设需求，又立足科学前沿；既注重学科交叉，又发挥力学优势；既解决实际问题，又注重机理研究、规律分析与防治措施的有机结合。需要深入研究的问题包括：①环境领域的共性力学问题，包括流动与输运的基本理论和方法，气、液、固界面的相互作用，多相、多组分、多过程耦合，环境力学中模型实验的尺度效应等；②针对西部和沿海经济开发、城市化进程以及重大工程中的实际问题，包括西部干旱环境治理（土壤侵蚀、沙尘暴、荒漠化治理等），河流、河口海岸泥沙、污染物输运及其对生态环境的影响规律，城市空气污染，重大环境灾害发生机理及预报（热带气旋，洪水、滑坡 / 泥石流、全球变暖）等。

爆炸力学的发展既注重解决传统爆炸过程带来的力学问题，又非常关注强激光、电磁场等多场耦合下的物质相互作用，与材料、物理、生物、信息等学科的交叉融合日益紧密。需要深入研究的问题包括：①非均匀炸药非理想爆轰理论及其爆轰波的精细结构，热和撞击作用下高能炸药起爆与感度控制的细微观机理；②基于同步辐射、中子散射等先进光源大科学装置，发展冲击加载装置及同步、超快、原位诊断技术，以及超强加载能力的电磁驱动、高能脉冲激光、强磁场等熵压缩等实验装置与诊断技术；③爆炸与冲击载荷下材料变形、损伤与破坏行为的宏、细、微观多时空尺度的关联机理与理论模型，适合于爆炸力学模拟的大规模原子尺度与宏观连续介质尺度的数值模拟技术；④通过人工智能、大数据等信息科学方法，解决爆炸力学的难题；⑤深空、深海、高铁、高速制造等重大工程中遇到的爆炸冲击问题。

高温、低温、空间与天体等离子体力学的研究呈现出良好的发展态势，在基础科学的前沿研究、重大实验平台的建设方面已经具备良好的基础。需要深入研究的问题包括：①高比压、高约束、高自举电流份额的磁约束等离子体物理过程和燃烧等离子体物理过程研究；②在热等离子体方面，研究新型等离子体发生器的工作过程、工作稳定性、能量转换效率与工作寿命，等离子体流喷射与其中的原料颗粒、工作气体、环境气体等之间的相互作用，热等离子体与材料表面的相互作用以及涂层或膜的形成过程，飞行器再入大气层的高温环境与热防护材料性能试验；③在大气压非平衡等离子体方面，研究其基本物理过程，特别是非平衡特性；④针对实验室天体物理的发展，研究在快磁重联、日耀斑爆发等重要空间和天体过程的等离子体力学。

参考文献

[1] 国家自然科学基金委员会，中国科学院．未来10年中国学科发展战略——力学［M］．北京：科学出版社，2015.

[2] 国家自然科学基金委员会数理科学部．国家自然科学基金数理科学“十三五”规划战略研究报告［M］．北京：科学出版社，2016.

[3] 中国科学院文献情报中心课题组．力学十年：中国与世界［R］，2018.

[4] 教育部高等学校力学类专业教学指导分委员会．力学学科专业发展战略研究［J］．高等理科教育，2004，57（5）：5-13.

[5] 杨卫．中国力学60年［J］．力学学报，2017，49（5）：973-977.

[6] 胡海岩．对力学教育的若干思考［J］．力学与实践，2009，31（1）：70-72.

[7] 庄逢甘，郑哲敏．钱学森技术科学思想与力学［M］．北京：国防工业出版社，2001.

[8] 白以龙．世纪之交对力学的回顾、展望和想象［C］// 力学2000．北京：气象出版社，2000.

[9] 白以龙，周恒．迎接新世纪挑战的力学——力学学科21世纪初发展战略的建议［J］．力学与实践，1999，21（1）：6-10.

[10] 李家春．现代流体力学发展的回顾与展望［J］．力学进展，1995，25（4）：442-449.

[11] 钱学森．论技术科学［J］．科学通报．1957，(2)：97-104.

[12] 钱学森．关于现代力学［J］．力学与实践．1979，1（1）：1-11.

专题报告

固体力学学科进展研究

1 近五年的研究进展

最近五年，固体力学学科取得了许多重要进展，在理论、实验、计算等方面都取得了新成果，同时在工程应用方面也取得了可喜进步。本报告从 11 个方面予以概括，包括微纳米力学、软物质力学、多尺度与跨尺度力学、计算固体力学、实验固体力学、振动冲击与波动力学、损伤疲劳与断裂、智能材料与结构力学、复合材料力学、能源力学、制造工艺力学。

1.1 微纳米力学

（1）学科内涵

微纳米力学属于前沿交叉学科，主要研究特征尺度为微纳米的材料和结构的力学行为及其对材料和结构的其他物理、化学等性能和行为的影响。微纳米力学的主要研究目标是发展微纳尺度力学理论、计算方法以及实验技术，解决传统连续介质力学在微纳米尺度所面临的挑战，发现材料和结构在微纳尺度所特有的力学性能和行为，推动力学学科的纵深发展，为高新科学技术发展和工程应用提供更加全面的基础支撑。

（2）主要研究方向

微纳米力学通过建立考虑微纳尺度效应的能量原理、本构关系及多尺度/跨尺度理论，发展和利用精细计算方法、微纳实验技术等研究手段，揭示微纳材料和结构中力、变形与运动之间的关系，及其微纳材料与电、磁、热、化学等作用之间的关联。微纳米力学最突出的特点是它的学科交叉性，微纳米科技已经渗透到人类生产生活的诸多领域，如材料、电子、信息、生物、医疗等，这给力学研究提供了广阔的交叉融合机会。其次，微纳米力学具有很强的尺度相关性，微纳尺度效应包括空间尺度效应和时间尺度效应，小尺寸、高速率都导致材料的力学响应表现出传统理论难于描述的现象，是力学拓展学科生长点的新契机。第三，微纳米力学中的多场耦合效应非常显著，材料和结构的微纳尺度力学行为不可避免地受到范德华力场、温度场、表界面应力场甚至电子结构等局部作用场的影响。

从研究方法上看，微纳米力学也涵盖理论、计算和实验三个主要方向。微纳米力学理论包括基于连续介质框架的自上而下理论和基于分子力学甚至考虑量子效应的自下而上理论。自上而下理论是在连续介质模型基础上引入考虑微纳尺度效应（如范德华作用、非局部效应、梯度效应、表界面效应等）的特征参数来刻画材料和结构的微纳尺度力学行为；自下而上理论是通过发展分子力学、晶格动力学、位错动力学等微细观理论构建微纳尺度力学行为的描述方法。微纳尺度计算力学和实验力学包含两个方面的内容：一是发展适用于微纳尺度力学分析的新的计算方法（包括多/跨尺度算法）和实验技术；二是利用成熟计算方法（如分子动力学、第一性原理等）或实验手段（如 AFM 等），系统深入揭示材料和结构的微纳尺度力学行为，发现新现象、新规律、新机理等。

从研究对象的角度看，微纳米力学的分支方向有材料力学、表界面力学、接触和摩擦力学、结构力学、器件力学等。随着微纳米力学的深入发展和纳米科技逐步走向应用，更多的分支方向不断萌生。

（3）近五年的发展概况

近年来，在新型纳米材料特别是合成纳米材料的陆续发现、高精尖装备越来越严苛的性能需求、前瞻性颠覆性技术革新的紧迫压力等因素推动下，微纳米力学取得了飞速发展。我国目前已形成了一支具有较大规模、有国际影响力的、稳定的微纳米力学研究团队，在跨尺度力学、微纳材料力学、微纳器件力学、纳智能材料的物理力学、纳尺度动力学、微纳尺度热力学、微纳米摩擦学、微纳尺度表界面力学、微纳米生物力学、微纳米计算力学、微纳米实验力学等领域取得了一系列重要进展。

1.2 软物质力学

（1）学科内涵

软物质（Soft Matter）是指处于固体和理想流体之间的复杂态物质，一般由大分子或基团组成，如聚合物、胶体、液晶、膜、泡沫、颗粒物质、生命体等。这类物质与普通的固体、液体和气体不同，除了柔软性和复杂性外，还具有对外界微小激励的敏感性。软物质科学涉及力学、材料、物理、化学、医学、生物等多个领域，被认为是 21 世纪的科学，近年来得到了国际上的普遍重视。软物质力学是当前力学学科的前沿分支，研究软物质及其构成的软体结构宏微观运动与变形的定性和定量规律。软物质力学旨在发展研究软物质力学问题的基本理论、方法和实验技术，为推动智能机器人、柔性电子、医疗健康、生物工程等的发展提供理论、方法和技术基础。

（2）主要研究方向

软物质蕴含许多尚未解决的基本力学问题，需要发展新的变形与失效理论、新的实验技术、新的计算方法，并用于解释软物质的变形特征、表征软物质的性能参数、描述软物质的变形规律等，用于指导新型材料、结构、器件和系统的设计与制造。

在理论研究方面，发展基于微观变形机制的软物质大变形本构理论；揭示复杂应力状态下软物质的损伤、失效与失稳机理；开展极端环境下软物质与柔性器件多物理场耦合力学研究；发展软薄膜 / 硬基底系统的界面力学与稳定性力学。

在计算方法方面，发展软物质多场耦合大变形数值计算方法，且能够处理黏弹性问题；发展针对软物质分子链运动与变形的分子动力学计算方法以及多尺度计算与模拟方法。

在实验技术方面，发展软物质具有大变形特征的变形与失效的多场耦合加载方法；发展获取软物质典型力学性能参数的实验测试技术；发展获取软物质基本构筑单元变形规律的微纳米实验表征技术。

在应用研究方面，开展与智能机器人、柔性电子等相关的以下研究工作：基于力学机制的软物质及界面强韧化设计；柔性器件的可延展柔性化设计方法研究；力学牵引的柔性器件制备与组装方法；共融软体机器人设计与优化等。

（3）近五年来的发展概况

近五年来，我国在软物质力学方向集聚了优秀研究力量，研究能力和研究水平均显著提升，在柔性电子、介电高弹体、水凝胶、液晶高弹体、生长失稳、表面效应、皮肤力学、组织力学等方面取得了出色的基础研究成果，在 *JMPS*、*IJSS* 等力学权威刊物以及 *Science* 和 *Nature* 及其子刊、*PNAS* 等多学科交叉领域的权威刊物上发表百余篇文章，在国际上处于前沿位置。代表性工作包括：智能聚合物复合材料的主动变形机理与力学行为（国家自然科学奖二等奖）；软材料与生物软组织的表面失稳力学研究（国家自然科学奖二等奖）。一方面，在软体机器人力学、软材料大变形本构理论与多场耦合失效机理、柔性电子器件力学、三维可变形电子器件力学等方面也取得了出色成果。另一方面，软物质力学也积极服务国家重大需求：柔性电子器件、生物电子器件在航空航天、高铁、医疗健康等领域获得了广泛应用，在信号的获取与调控方面发挥了关键作用；以智能凝胶、电活性聚合物为代表的智能软材料在医疗、航空航天和海洋领域也在发挥着重要作用。

1.3 多尺度与跨尺度力学

（1）学科内涵

多尺度与跨尺度力学主要研究外加载荷下固体在不同空、时尺度上的力学现象、行为及其相互关联，它是固体力学近年来发展的新方向，涉及固体力学、材料、物理、化学等多个学科的交叉。

在外加载荷下，固体的响应涉及不同尺度上物理过程的强烈耦合和跨尺度关联，呈现出典型的多尺度特征。在微纳尺度上，固体的变形行为呈现出离散性、非均匀等典型特征；在宏观尺度上，固体的变形、损伤和断裂在初始阶段常常表现为连续性和均匀性，但在后期阶段表现为局部性和灾变性。从微纳观尺度上的离散、非均匀变形行为到宏观尺度上的先均匀后局部、灾变行为，涉及 10^7~10^9 甚至更多量级的时空尺度跨越。在不同时空尺度上，主管固体变形行为的特征尺度不同，现有的基于单一尺度的理论、实验和计算方法难以胜任，简单的平均化思想也存在严重局限，需借助多尺度或跨尺度的理论、实验和数值分析方法，实现不同尺度上力学及物理过程的跨尺度关联。

（2）主要研究方向

多尺度与跨尺度力学研究的核心是建立材料或结构力学行为的多尺度关联。通过多尺度与跨尺度研究，寻求材料或结构的宏观力学行为背后在不同时空尺度上发生的物理过程及其机制，从而建立基于物理机制的多尺度变形与强度理论；另一方面，可以通过设计材料的组分和微结构，实现材料“组分 – 微结构 – 宏观力学性能”的一体化设计。

该领域的主要研究方向有：连续介质多尺度与跨尺度力学理论、多尺度与跨尺度力学计算方法与软件、多尺度原位实验测量方法与技术、多场耦合环境下固体多尺度变形与强度、非均质材料 / 结构动态多尺度力学理论、时 – 空非局部固体力学理论、先进材料多尺度强韧化机理与微结构设计、超材料与结构的多尺度力学与微结构优化、生物及仿生材料的多尺度力学、软材料 / 结构的多尺度力学、极端环境下材料与结构的多尺度力学、基于数据驱动的固体多尺度力学、“组分 – 微结构 – 宏观力学性能”构效关联及其多尺度调控等。

（3）近五年来的发展概况

近五年来，在固体多尺度与跨尺度力学方向，我国学者的研究能力和水平迅速提升，在多尺度与跨尺度力学理论、数值计算方法、实验测试原理与技术等方面取得了一批重要成果，如连续介质跨尺度力学理论、多场耦合环境下的多尺度力学、多场耦合环境下的原位测试原理与方法、离散 – 连续多尺度计算方法、先进材料的强韧化机理、智能材料与结构的多尺度力学、软材料与结构的多尺度力学、生物仿生材料的多尺度力学、超材料 / 结构的静 / 动态多尺度力学等方面的研究呈现出勃勃生机。同时，在先进材料与结构在极端环境下的多尺度研究等方面取得了重要进展，在服务国家重大需求和国民经济主战场中发挥了重要作用。先后承担了三项国家自然科学基金重大项目和一批重大、重点仪器专项项目。近五年来，在固体材料与结构的多尺度力学理论、数值计算方法和实验三个方面的多个前沿领域，取得了令人鼓舞的成果，有效地服务和支撑了多个领域的国家重大需求。

1.4 计算固体力学

（1）学科内涵

计算固体力学是以固体力学理论为基础、以计算机为工具，发展并利用先进数值方法，研究固体材料与结构的力学行为并解决工程实际问题的一个重要力学学科方向。计算固体力学不仅为力学定量化分析提供了理论和方法支撑，而且（以有限元法诞生为标志性事件）直接推动了计算物理、计算化学、计算生物学等其它科学、技术以及工程领域定量化研究的快速发展和广泛应用。基于计算固体力学理论与方法发展起来的数值仿真软件还极大地提升了运用力学原理解决复杂实际工程问题的能力。当前，几乎所有重大工程建设、重大装备设计、军工产品研制都离不开数值模拟方法和软件工具的支撑。随着计算科学、信息科学、数据科学以及人工智能技术的快速发展，以计算固体力学为重要支撑，集理论建模、数据采集、信息互联、数值模拟、可靠性评估、智能控制为一体的先进材料、重大装备以及工程结构的全新设计、制造以及运维范式正在形成，由此必将推动计算固体力学理论体系、数值方法、软件系统研究的不断深化。目前，计算固体力学不仅是固体力学学科中面向数字化、信息化、智能化时代最具活力、最具前景的分支之一，也是固体力学与其它学科交叉最为活跃的重要分支，未来必将在服务国家经济建设和社会发展、保障国防安全等方面发挥日益重要的支撑作用。

（2）主要研究方向

计算固体力学理论、方法及相关数值仿真技术和软件是重大工程结构、高端装备结构力学分析与创新设计的核心工具，是解决众多重大基础力学问题的重要手段。当前计算固体力学研究的主要特点是：研究对象复杂性不断提升，先进结构与材料服役环境日趋极端，更加重视计算精度、效率及时空分辨率等。主要研究方向包括：面向新材料和新结构的设计及力学行为分析，考虑不同时间和空间尺度上物理机制的跨尺度关联以及多物理场的耦合作用，发展多尺度和多场耦合的力学理论与计算方法；考虑固体破坏的变形局部化、微裂纹萌生、演化以及汇聚、宏观裂纹出现再到其快速扩展的全过程，面向强烈的材料、几何非线性以及自由边界特征，发展固体材料和结构破坏过程数值模拟的连续和离散计算方法；面向航空航天、机械制造、土木工程、交通运载等领域的重大工程结构的大型化、复杂化和服役环境的极端化发展，发展高效高精度的大规模动力学分析方法；面向不同材料/结构体系、建造过程、制备工艺以及服役环境中蕴含的不确定性，并综合考虑非线性、时变性、跨尺度、多物理场等复杂因素作用，发展不确定性的精确量化表征方法及结构优化设计方法；针对结构的高效、准确与快速设计以及 CAD 和 CAE 的无缝连接，发展与计算几何深度融合的计算固体力学理论与方法；加强固体力学与人工智能、数据科学的交叉融合，发展大规模复杂固体力学问题分析的数据驱动和高性能计算环境相结合的计算力学范式与方法；针对重大工程结构和高端装备结构的力学分析与创新设计，研发计算力学软件系统。

（3）近五年来的发展概况

在前沿科学问题和应用需求的双重推动下，计算固体力学研究近年来呈现出快速发展态势。目前，所关注的焦点已由单一尺度问题扩展为多尺度/跨尺度问题；由均匀经典连续介质拓广至带有微结构与内部自由度、非局部相互作用显著的非均匀复杂介质；由准静态、线弹性、小变形、单一机械力场问题转变为强瞬态、多重非线性、超大变形以及多场耦合问题；从假定参数精确可知的确定性问题提升至需要考虑参数分散性和观测误差的不确定性问题；从单纯对固体材料或结构的力学行为进行预测，发展为对其进行优化设计甚至控制。计算固体力学的进一步发展还将更加重视高性能计算平台上并行、可扩展、分布式计算方法的研究，与其它学科的交叉也会进一步深化。

1.5 实验固体力学

（1）学科内涵

实验固体力学是一门将固体力学与光、电、声、磁、热、射线、图像和信息等多学科技术交叉的，研究与力学基础研究和工程应用相关的测量方法、技术、设备及其应用的技术性学科，其特点是固体力学与新型测试技术紧密交叉，除了具有力学研究的基础性外，又具有技术性与工程应用的特点。实验固体力学是力学学科最早形成的学科分支之一，对于力学学科体系的形成和发展起了重要的推动作用。

（2）主要研究方向

实验固体力学的发展规律体现在两个层面，其一是发展新的实验方法、技术和设备，用以定量测量材料、部件、结构（包括生物组织）的力学响应和各种力学参数，验证新的力学原理，发现新的科学现象和规律；其二是从实验入手，结合理论分析或数值计算，进行基础和工程应用研究。因此，实验固体力学的研究，一方面，与力学学科的发展密切相关，另一方面，依托物理学、微电子、数字图像处理、计算机和信息等诸多学科的新原理、新知识和新技术，发展新的测量方法和技术手段。

（3）近五年来的发展概况

我国的实验固体力学工作者在开发新方法和技术以及完善已有方法和技术、开展学科基础研究、拓宽工程应用等方面取得了很多突出进展。例如，开展了多场多尺度下材料和结构力学行为实验研究，揭示了新材料和结构的力学响应规律；发展了多种新型力学测量方法和技术，有效地解决了微 / 纳米材料和微电子器件等领域许多重要科学问题。此外，在力学测试系统和设备研发方面也取得了显著进展，为国民经济和国防建设做出了重要贡献。例如，基于光学图像和计算分析相结合的原创技术，研发了多种设备，并应用于靶场基地目标运动三维姿态、大型舰船变形以及航天材料与结构高温性能等的测量，为国防和航天航空高端装备的服役可靠性评价提供了有力支撑；将显微技术、光学技术、MEMS 技术等有机结合，建立了基于光学和多种扫描显微技术的微纳米力学测试系统，能够实现从亚毫米到数纳米尺度范围内的高精度力学测量。特别是自主研制的基于 MEMS 与探针的测试系统，目前已成为微纳尺度物性表征以及力学响应测试的基本平台，可以对微纳尺度样品进行有效操纵、夹持、传感和检测，为微纳米力学研究提供了重要的实验设备。实验固体力学还与其他学科广泛交叉融合，研究对象和范围不断拓宽，仪器设备研发能力不断提升。例如，基于 MEMS 制作技术研发的非致冷红外成像系统，其温度分辨率处于国际先进水平；研制的云纹干涉系统、电子散斑干涉系统、数字图像相关系统等已占据了国内主要市场份额，其性能指标已完全可以和国外同类仪器相媲美，在一些关键指标上甚至超过了国外产品。另外，实验固体力学在与生物医学工程、土木工程、材料等学科的交叉研究方面也取得了许多重要成果。

1.6 振动、冲击与波动力学

（1）学科内涵

振动、冲击与波动力学是研究固体材料与结构动态力学行为的分支学科，其力学现象蕴涵深刻的物理机理，动态过程伴随复杂的能量流动与转化。近年来，随着理论研究的深入及应用技术的发展，跨学科交叉研究的趋势逐渐显现，这对振动、冲击和波动力学学科的进一步发展提出了新的挑战，产生了诸多亟待解决的基础理论问题。同时，国民经济与国防科技中的关键技术与工程需求也持续地为振动、冲击和波动力学的发展提供强大动力。在理论创新和工程实际需求双重驱动下，振动、冲击与波动力学学科必将迎来更大的发展。

（2）主要研究方向

振动是一个理论与应用并重的研究领域。复杂的振动行为往往伴随着动力系统不同物理现象之间的能量转换，蕴涵着丰富的物理机理，并表现为非线性、多物理场耦合等特点。因此，在振动理论研究方面，主要开展复杂振动系统理论、随机激励下的强非线性系统振动与控制理论、高维非线性 / 非光滑振动系统的高精度计算理论、多场耦合环境下振动控制理论等研究。考虑到近 20 年来先进装备和工程系统的飞速发展，振动研究的新问题不断出现，也对振动控制技术提出了新要求。因此，在应用研究方面，主要发展高端精密结构振动控制方法、极端环境下的重大装备减隔振技术、大型空间结构复杂非线性振动控制方法等。

冲击动力学是研究爆炸、碰撞等各类强冲击载荷作用下材料与结构的运动、变形和破坏规律的力学分支学科，起源于 19 世纪，快速发展于 20 世纪中叶。强动载荷具有高强度和短历时等特征，导致冲击问题具有强惯性效应、热力耦合、波动效应、应变率效应及破坏模式多样等特殊性和复杂性。冲击动力学主要研究范围包括：应力波理论、材料的动态力学行为、结构的动态响应、冲击实验技术等，还包括冲击动力学在工程中的应用，如冲击效能研究、冲击防护研究等。与传统力学学科相比，冲击动力学表现出短历时、高强度、非线性等学科特点。

波动力学是研究弹性体在外界扰动下能量传播规律的学科，属于经典力学范畴。波动力学以弹性力学、材料力学和结构动力学等学科为基础，利用偏微分方程、张量和数学物理方法等数学理论，着重研究材料或结构中波传播规律、操控及应用等问题。在波传播方面，主要研究有材料各向异性、非均匀性、有限变形和非线性弹性等条件下波传播的规律；在波操控方面，主要研究有根据波传播功能的材料微结构反演与优化、弹性波调控新机理、基于主动机制的波调控、宽低频波控方法以及弹性波变换理论等；在应用方面，研究主要包括波隐身技术、宽低频减振降噪技术、结构健康检测与监测、地质构造反演、波动能量收集等。

（3）近五年的发展概况

近五年来，我国在振动研究领域中的随机非线性振动理论、非光滑非线性振动系统的高精度数值算法、振动智能控制、微机电系统动力学与振动能量收集、减隔振功能结构一体化设计等研究方面取得了显著的成果，为我国高铁设计、大型动力装置设计制造、精密仪器制造、大型空间结构及关键功能部件的振动与控制提供了关键理论与方法支撑。特别是在国家重大工程需求的牵引下，近五年来振动领域的研究获得了一系列国家级与省部级奖励，如“高速运动刚柔相互作用系统非线性建模与振动分析”获 2017 年国家自然科学奖二等奖，“汽轮机系列化减振阻尼叶片设计关键技术及应用”获 2018 年国家科学技术进步奖二等奖，“卫星多源激励微振动宽频控制技术”获 2016 年教育部技术发明奖一等奖。

在学科前沿和国家工程需求的驱动下，我国冲击动力学研究取得了长足的发展，已形成了一支稳定、高水平的研究队伍，建成了包含 Hopkinson 杆、一 / 二 / 三级轻气炮、火炮、轨道炮、低 / 高能短脉冲激光装置、电磁驱动强脉冲电流装置等完善的试验平台。我国冲击动力学 / 爆炸力学学科的奠基人和开拓者王泽山院士、钱七虎院士分别获 2017 年度和 2018 年度国家最高科学技术奖。“飞机典型结构抗鸟撞设计、分析及试验验证技术”获 2018 年中国力学学会科技进步奖一等奖。

近年来，我国在波动力学方向的研究能力和水平得到显著提升。围绕波动力学学科前沿形成了若干有影响力的研究团队，在波动超材料和波传播操控及应用研究等方面取得了一批具有国际水平的研究成果，获批了相关国家自然科学基金重大项目资助。有关研究成果获得了国家级奖励，如“声子晶体等人工带隙材料的设计、制备和若干新效应的研究”获 2015 年度国家自然科学奖二等奖，“工业智能超声检测理论与应用关键技术”获 2017 年度国家科技进步奖二等奖。波动力学在拓展学科前沿和服务国家重大工程需求方面均取得了实质性进展。

1.7 损伤、疲劳与断裂

（1）学科内涵

固体材料与结构的损伤、疲劳与断裂研究是固体力学的一个重要方向，其研究内容涉及固体材料与结构的损伤与破坏机理，主要探究和分析固体材料与结构在服役环境下的损伤形成与演化、疲劳失效机理以及裂纹的萌生与扩展行为，并给予定量表征，进而对固体材料与结构的服役行为和服役寿命及可靠性进行合理评价，指导固体材料与结构的抗疲劳和抗损伤设计。

（2）主要研究方向

固体材料与结构的损伤、疲劳与断裂的研究内容涉及材料与结构的损伤机理、演化规律以及疲劳失效与断裂行为的实验表征与理论模型，不仅涉及从原子尺度到宏观尺度高达 10^7~10^9 的空间尺度跨越以及从皮秒、纳秒到小时、年的时间尺度跨越，而且还涉及热、电、磁、声、光、化学、生物学等和力场的多场耦合作用，同时也面临日益涌现的新型材料和工程结构服役条件更趋苛刻的挑战。因此，该方向的主要研究内容体现在以下三个方面：

材料的损伤、疲劳与断裂：材料的损伤、疲劳与断裂分析是工程结构疲劳与断裂分析的基础，一直受到力学研究者的广泛关注，该方面的研究主要针对各种结构材料和功能材料，揭示其在服役过程中的损伤形成机理和演化规律，在此基础上建立多种疲劳失效和断裂过程的表征理论和分析方法。

结构的损伤、疲劳与断裂：该方向密切结合工程实际需求，结合各类材料损伤、疲劳与断裂方面的研究成果，揭示结构的损伤演化、疲劳失效机理和裂纹扩展规律，在此基础上建立结构损伤和疲劳失效寿命的基本理论和预测方法，包括确定性结构疲劳与断裂分析和不确定性结构疲劳与断裂分析两个方面。

生物材料的损伤、疲劳与断裂：生物材料大多由纳米尺度的硬组分相交错排列在柔软的有机质中，这些生物纳米复合结构在获得良好力学性质的同时，兼具诸多方面的生物学功能，因此，生物纳米复合结构的损伤、疲劳与断裂研究也已构成了损伤、疲劳与断裂研究的一个新兴交叉方向。生物材料不仅具有精巧的多层次形貌，也富含复杂而有序的从分子、纳观、微观到宏观的多尺度多层级结构特征，不同尺度和层级间的协同作用，为研究生物材料良好刚度、强度和韧性匹配形成机制提供了研究切入点，也为多尺度 / 多层级生物材料损伤、疲劳与断裂研究开辟了一个新的研究方向。

（3）近五年的发展概况

材料的损伤、疲劳与断裂方面的发展具体可体现在两个方面：①从材料类别角度来看，目前已在高性能合金材料的损伤、疲劳与断裂理论、高温复合材料的断裂机理和寿命预测、金属玻璃及其复合材料的破坏机理和增韧机制、点阵轻质材料的失效机理和断裂理论、软材料（如凝胶、介电高弹体等）的疲劳与断裂、压电 / 铁电材料的断裂力学理论、准晶材料的断裂理论、形状记忆材料的变形机理和疲劳失效行为、金属材料的超高周疲劳失效行为、准脆性材料（岩土、混凝土等）的损伤与断裂行为、高强高韧双态纳米结构金属材料的断裂行为等方面取得了可喜的进展。②从不同尺度和多场耦合的层面来看，已有研究在固体材料的微观变形机理、损伤尺度效应及其机理（表界面和应变梯度理论等）、多场耦合断裂力学理论、热致损伤模型和热弹性断裂力学、热 / 力 / 氧化与热 / 力 / 电耦合失效行为、高温 / 高应变率下的损伤机理与断裂力学、氢脆机理及氢致界面失效新机制等方面也取得了突破性进展。

结构的损伤、疲劳与断裂方面的发展也体现在两个方面：①确定性结构疲劳与断裂分析。结构疲劳与断裂问题的研究由来已久，许多学者致力于该领域的研究，并构建了大量的疲劳失效模型，包括应力 – 寿命模型和应变 – 寿命模型，这两类模型又各自包含许多不同形式的经验模型；同时提出了多种宏观疲劳累积损伤理论，包括线性疲劳累积损伤理论、修正的线性疲劳累积损伤理论以及双线性疲劳累积损伤理论等；还提出了 Paris 公式、Walker 公式和 Forman 公式等裂纹扩展模型；建立了相应的试验方法和加速寿命试验技术。②不确定性结构疲劳与断裂分析。工程结构构件在服役过程中存在多源不确定性，这些不确定性对结构疲劳寿命分析有不可忽略的影响，因此有必要在不确定框架下对结构疲劳寿命的统计特征进行预测。目前常用的疲劳寿命不确定性分析方法有概率断裂力学方法、非概率凸集合理论、概率 – 非概率模型混合分析方法等，基于这些方法开展了载荷、模型参数、初始裂纹尺寸以及断裂韧度等多种不确定因素对结构寿命的影响研究并取得了一定的进展。

生物材料的损伤、疲劳与断裂方面的发展主要体现在两个方面：一是通过宏、细、微观尺度材料损伤与断裂过程的实验研究，揭示了多类生物材料的强韧化机制；二是发展了多种理论模型与数值方法对生物材料的损伤与断裂进行定量分析与模拟。这些新发展不仅可以深化对生命奥秘的探索，而且对于仿生材料与结构的强韧化设计具有重要价值。

1.8 智能材料与结构力学

（1）学科内涵

随着科学技术的进步，涌现出许多新型材料及其结构，其中包括通过感知外部环境变化并做出响应的智能材料与结构。智能材料与结构集传感、控制、驱动与执行等功能于一体，按照功能组成划分其由以下部分构成：基体材料，结构承载；传感功能，感知环境变化；信号处理与触发，依据材料与结构自身设定的判断条件，发出作动信号；作动功能，在接收到触发信号后，产生力或变形等行为变化。

智能材料主要包括压电 / 铁电材料、铁磁材料、形状记忆合金、形状记忆高分子材料、电磁功能软物质、凝胶、PH 致伸缩材料等，其构想来源于仿生学，目标在于研制具有类似于生物功能的“活”材料，具有感知、自主判断、反馈、控制、驱动和自修复等功能，可实现结构功能化和功能多样化。这其中的几种关键材料的主要特性如下：压电材料具有双向的力电耦合作用，在力作用下可以产生电荷或电压，在电场作用下可以产生变形或力；铁电材料是具有自发极化，且自发极化能够随电场转向的压电材料；铁磁材料是具有自发磁化，且磁化能够随外加磁场转向的材料，铁磁材料通常都具有磁致伸缩效应，即在磁场作用下，材料发生线伸缩或体伸缩；形状记忆材料能在外界环境条件（温度、光、电、磁、溶液等）的刺激下，实现材料和结构的形状记忆和回复；电活性聚合物可在外加电场诱导下能够改变形状或体积，不施加电场时又恢复到原来的形状或体积；电 / 磁流变体是一种可以在外加电场或磁场作用下实现固态 – 液态相互转变的一种材料；凝胶是由溶胶或溶液中的胶体粒子或高分子在一定条件下互相连接形成空间网状结构，结构空隙中充满了作为分散介质的液体。由于智能材料和结构的独特性质，目前已经广泛应用于航空航天、土木工程、医学、仿生机器人等方面。多功能材料与微系统力学是一门交叉科学，涉及学科多，发展潜力大，应用前景广阔，已成为航空航天相关领域的一个研究热点。

（2）主要研究方向

由于智能材料和结构优异的力学特性和功能特性，目前已经广泛应用于航空航天、医学、仿生机器人等方面。《中国制造 2025》不仅提出将大力发展包括智能材料在内的新材料领域，更把智能制造技术列为五大技术之一，大力开发智能产品和自主可控的智能装置并实现产业化，为智能制造产业链的蓬勃发展迎来了新的良机。智能复合材料被列为中国科协发布的 60 个“硬骨头”重大科学问题和重大工程技术难题。目前主要研究方向包括新型智能材料及其复合材料的合成与研发、智能材料的力学行为研究、智能结构力学行为研究、智能结构设计研制与初步应用、集传感驱动控制等功能一体化的智能自主系统设计等。

（3）近五年的发展概况

在新型智能材料及其复合材料力学方面，合成了多种新型形状记忆聚合物 / 复合材料、液晶弹性体、凝胶等智能软材料，揭示了形状记忆复合材料的热 / 电 / 光 / 磁等多物理场作用下的驱动机理，发展在多场耦合作用下智能软材料及其复合材料本构理论，研究了铁电、铁磁及磁电材料的非线性力学行为、刚性增强体 / 柔性基体复合材料的大变形行为、多场耦合动态跨尺度力学行为等。

在智能结构力学行为研究方面，研究了基于宏纤维压电纤维复合材料的振动控制系统，可以应用于飞机机翼的控制、仿生类扑翼等智能多功能结构的研发。

在智能结构研制与应用方面，设计并研制了多种智能空间可展开结构和锁紧释放机构，实现结构承载、自锁定、展开驱动、结构保持的结构与功能一体化，具有结构简单、重量轻、展开冲击小等特点。突破了可变形可承载自适应蒙皮的设计技术、高性能压电泵驱动技术和自适应机翼技术，并进行了多次的可变形飞行器的飞行试验，验证了相关变形技术，使其可以根据不同的飞行任务和飞行环境改变自身形状，获得最佳的气动性能。

在基于多功能材料与微系统的智能微系统方面，构建了能量自供给、自储能、自传感和自响应的多功能微系统。此外，自修复系统、自愈合材料与结构的研究也方兴未艾。

1.9 复合材料力学

（1）学科内涵

从 20 世纪 60 年代至今，随着先进复合材料逐渐在国内外大型商用客机、直升机、大型运载火箭、卫星等航空航天领域重要结构中的广泛应用，作为固体力学的分支之一，复合材料力学变得越来越重要和活跃。众所周知，复合材料由一种或多种增强物和基体组成，具有明显的非均匀性和各向异性性质，这是复合材料力学性能的重要特点。复合材料力学主要研究由两种或多种不同性能的材料，在宏观尺度上组成（多数为物理结合）的多相固体材料的力学性能。复合材料的微观和宏观力学特性包括复合材料的刚度、强度、破坏机理、断裂、疲劳、冲击、损伤、应力集中、边界效应、环境响应和力学测试等。当然这主要是针对单纯的结构复合材料而言。对于近年新出现的功能复合材料或结构 / 功能一体化复合材料而言，在关心材料本身的力学性能的同时，很多研究还涉及多场耦合（如压电复合材料、压阻复合材料的力电耦合问题等），主要关心力场与其他物理场（如电、热、磁、声等）之间的相互影响和作用、材料功能性特色的发挥效率以及与结构性能的结合 / 互补效率。由于复合材料中增强相是否发挥其优异的力学性能决定了复合材料整体的力学性能，而外部施加的应力和应变是否能高效地从基体传递到增强相主要是由增强相与基体之间的界面力学性能所决定，同时多层次复合材料还存在其他界面，如各局部组成单元（如层压材料的各层）之间的界面等，也对复合材料的整体力学性能影响巨大，因此界面问题始终是复合材料力学界所关注的热点问题。

（2）主要研究方向

20 世纪 60 年代发展起来的以玻纤和碳纤（长纤维、短纤维、连续纤维）或颗粒增强的树脂基、陶瓷基、金属基复合材料为代表的先进复合材料体系，主要以结构复合材料为代表，它们已经在航空航天、船舶、汽车、土木、能源等重要工业领域广泛应用，到 20 世纪 80 年代，围绕这类传统的先进复合材料的力学性能研究已日趋成熟，推动了结构复合材料的应用和该体系内新型复合材料的研发。由于这类复合材料的增强相主要为微米尺度的纤维和颗粒，从理论上讲，复合材料力学主要的研究方向集中在基于连续介质力学框架下的细观力学理论、有限元等计算力学方法上。近年，随着复合材料种类的多元化和新型化，如智能或功能复合材料、结构 / 功能一体化复合材料、纳米复合材料、超材料、绿色复合材料等新材料的出现，复合材料力学的研究方向和研究范围逐渐扩大，研究手段也逐渐外延，变得日益丰富和多元化，涉及多场耦合、多尺度（或跨尺度）、多学科交叉等诸多新兴方向，如随着纳米增强相（人工材料，如纳米碳管、石墨烯；生物质或绿色复合材料中的天然的纳米增强相，如纤维素）的广泛使用，结合分子动力学（以及第一性原理）和连续介质力学的跨尺度（或多尺度）等研究手段，研究材料的力学性能已经变得较为普遍。

（3）近五年的发展概况

随着材料科技的飞速发展，复合材料领域在深度和广度上都有非常大的飞跃。传统的以连续纤维增强的结构复合材料领域正在向功能材料（充电电池的电极材料、传感材料、电磁波屏蔽、高导热 / 高导电等）、先进结构复合材料、绿色复合材料等领域快速拓展，并且在结构/功能一体化方面已经形成了崭新的研究趋势，涉及多场耦合、多尺度、多学科融合交叉等各个方面。面对这样的新趋势，传统复合材料的基础理论、性能评价、加工制备等多方面都面临着新的力学问题。

1.10 能源力学

（1）学科内涵

能源是人类社会赖以生存和发展的重要物质基础，攸关各国国计民生。人类文明的每一次重大进步都伴随着能源的重要变革。能源作为人类从事生产活动和日常生活所需动力的来源，有光、热、电、化学、机械能等多种存在形式。能源开采、转换和储存所构成的能源产业是国民经济的支柱和社会发展的基石。力学作为自然科学和工程技术间的桥梁，已经在能源相关科学和工程问题中发挥了非常重要的作用。随着非常规能源开采、可再生能源开发和利用等新兴能源技术蓬勃发展，相关科学和技术问题更加复杂，新的力学问题不断涌现，力学在解决此类复杂问题中将起到关键或主导作用。

（2）主要研究方向

能源力学作为新兴的力学学科分支或方向正在孕育和形成当中，其研究内容和范围在扩充的动态变化中。能源力学的主要特征为：研究能源开采、能量转换和能量储存中亟待解决的关键力学问题，同时也是前沿力学问题，并为发展能源新技术提供指导和解决方案。

（3）近五年的发展概况

新型能源开采、能量转换和能量储存技术受到了世界各国的重视，美、日、欧等发达国家纷纷出台了国家级能源发展国家战略，我国近年来也出台了多项国家级规划和战略支持新能源技术的发展。在这些战略计划的推动下，新能源技术近年来进入了高速发展阶段，一方面，在基础研究方面学术论文数量大幅增加、质量显著提高，对机理性问题有了更清晰的认识；另一方面，应用层面均已有了一定的商业应用。然而，对于能源力学的问题，现还处于初步研究阶段。国内外学者正逐渐认识到力学对新能源技术开发的重要性，制约效率、使用寿命等关键问题的解决还有待力学研究的突破。

近五年来，我国在能源开采、能量转换和能量储存等各个方面均取得了一系列优秀成果，涉及能源力学领域的多个研究方向。

在能源开采方面，目前已取得的主要进展有：基本掌握复杂条件下（高温高压、低温高压、非均质各向异性）储层岩石力学性质、行为规律及其微观机理；基本揭示了储层岩石力学破裂、造缝机理与演化规律；建立了热-流-固多场耦合力学稳定性分析模型。

在能量储存方面，目前已取得的主要进展有：确立力学在锂电耦合问题以及新型储能技术开发中的关键地位；力学损伤过程与电池性能劣化过程的定性关联得到广泛认可。

新能源转换技术中的力学问题已逐渐受到力学工作者的重视，目前已取得的主要进展有：建立多物理场耦合的基本热力学、力化学模型；将传统的力学方法应用于能源转换材料的测试中，例如将压电 / 铁电的理论 / 实验方法应用于新型热点光伏材料钙钛矿材料的研究中；提出力学参量在能源转换技术中的调控作用，例如发现可通过应力 / 应变对热电性能进行调控；发现力学失效行为是对能源转换材料及能源转换结构的主要瓶颈之一，例如发现燃料电池电堆结构中由热 – 质 – 电 – 化 – 力耦合产生的应力对电堆性能与寿命影响不能忽略；采用分子动力学及多尺度模拟方法对多场耦合机理、确定宏观模型所需材料和环境参数进行了初步研究。

1.11 制造工艺力学

（1）学科内涵

制造工艺是指将原材料加工并装配成最终产品的各种方法，它使产品获得必要的形状和性能。制造工艺包括成型与改性技术、加工技术两大类。成型与改性技术是采用物理、化学等方法使材料转移、去除、结合或改性，从而高效、低耗、少无余量地制造优质半成品或精密零部件的加工方法，由铸造、连接、塑性加工、热处理、表面处理等单元或复合技术组成；加工技术是将原材料或毛坯加工成为预定的形状，包括切削、磨削等传统机械加工方法及高能束加工、电加工、水切削、微型机械加工等非传统加工方法。制造工艺力学是一门应用性科学，对力学基础和工程背景要求较高，对国家、社会的政治经济意义重大，尤其对“制造大国”到“制造强国”转变，节能环保、产业结构调整方面有积极意义，是国家应该投入支持，提供学科深度融合、交叉的平台，这样制造工艺力学才能在大制造系统下发挥，为制造业的竞争力的提升提供强劲的动力。

（2）主要研究方向

制造工艺中的许多环节都有力学问题存在，这些力学问题与其他工程领域的力学问题不同，因加工对象、加工方法、加工工艺和手段的不同而变化。因此，制造工艺力学不是离开工艺讲力学，也不是离开力学讲工艺，而是力求从力学理论与制造工艺实践相结合的角度去说明制造中的力学问题，基于具体的制造工艺过程，阐述其中的力学表现，提示其力学机理，通过深入的力学分析，建立工艺过程力学模型，构造其有效解法，开发模拟仿真软件，评估预测工艺的合理性，使制造工艺由技艺走向科学，由“经验”走向“定量分析”，为工艺的改进、完善、创新提供相应的理论支持和技术指导。

由于制造工艺的多样性和复杂性，使得制造工艺力学以多姿多彩的形式存在。如在激光加工、金属连铸连轧、复合材料成型及多层微结构的封装等工艺中，需要考虑热、光、电、相变、固 – 流耦合变形等多种效应的变化和耦合，而对于将带来全球技术革命的MEMS、NEMS、增材制造技术而言，则需要研究加工过程中及制品的细观力学及智能行为，进行可靠性分析，最终设计出满意的制造工艺和产品。

（3）近五年来的发展概况

近年来，国内外重点开展了复合材料制备工艺过程的力学建模与仿真，通过建立工艺参数与复合材料力学性能的映射关系，将对编织复合材料工艺方案设计和产品质量控制起到关键作用。与传统减材制造工艺相比，近年来出现的增材制造技术具有很多独特优点，其工艺过程涉及热传导、材料相变、热应力以及移动熔池内流固耦合相互作用等复杂力学问题，亟待发展综合考虑制造过程、微观组织、力学性能的多尺度、多物理场耦合分析力学模型和计算模拟方法，建立热源功率、扫描速率、扫描间距、路径规划、打印层厚等工艺参数对产品的热致变形和缺陷分布的影响，探索打印堆积方向对精细结构外形尺寸、残余应力、力学性能的影响规律，从而为增材制造技术的广泛应用提供坚实的科学基础。此外，与激光制造等相关的工艺力学问题近年来也受到了广泛关注。研究重点在于如何建立高置信度的工艺力学模型，以描述激光与材料相互作用产生的热熔融、诱导相变、光子选择吸收等效应对产品制备、改性过程的影响。

2 国内外发展比较

2.1 微纳米力学

国际上较早的微纳米力学研究工作包括梯度理论、粗粒化计算、微纳材料力学特性测试等。20 世纪 90 年代初，我国学者将分子动力学与连续介质力学相结合研究了多尺度断裂、利用分子动力学模拟研究了裂尖位错发射机制，从此开启了我国微纳米力学研究，之后逐渐形成了一支较为稳定的研究队伍，陆续取得了一批高质量成果，为微纳米力学学科的发展做出了重要贡献。

（1）国际微纳米力学的主要研究进展和发展趋势

国际上微纳米力学前沿研究热点主要有新型微纳米材料的力学性能调控及其与微结构之间的关联、微纳米结构金属 / 合金的塑性变形和断裂及疲劳机理、低维纳米材料的优异力学性能和行为、基于力学原理的微纳米力学超材料设计和制备、微纳尺度摩擦及其机理、微纳流固界面相互作用、微纳生物材料和结构的力学行为、微纳器件系统的力学原理及设计制备等。

经过数十年的发展，微纳米力学逐渐呈现出从粗放到精细、从简单到复杂、从零散到系统的发展趋势。理论方面，多尺度耦合、多场耦合、流固耦合等复杂效应得到越来越多的关注；计算方面，高效算法发展、超大规模计算、全新现象模拟、新概念器件原理等依然是研究重点；实验方面，从单纯依赖与其他学科通用的实验技术和设备逐渐向开发力学研究专用的技术和设备发展。

（2）我国微纳米力学研究的国际地位、优势和差距

我国的微纳米力学研究水平处于国际前列，在某些领域如晶体塑性变形机制、可压缩梯度理论、范德华器件、纳尺度力电磁耦合、微纳米摩擦学等的研究处于国际引领性地位。

较为稳定的研究队伍（其中不乏优秀的青年后备力量）、相对优渥的科研条件和千帆竞发的科研氛围，使得我国的微纳米力学研究在基本理论、数值模拟等方面具有显著优势。然而，虽然在算法研究、软件开发、实验技术研发、实验设备研制等方面取得了一些重要成果，但总体上和发达国家仍存在一定差距。

2.2 软物质力学

国内外软物质力学发展呈现出两个明显的特征：一是从以力学为主向以力学主导的多学科交叉研究发展，除了关注强度、韧性等力学性能，还关注变形与物理、化学性能的耦合；二是从以材料力学性能研究为主向以材料力学性能和结构设计并重发展，更加重视新的软体结构、新的柔性器件设计与优化。

（1）国际软物质力学的主要研究进展和发展趋势

近年来，国际上软物质力学的主要研究进展体现在以下几个方面：①软材料多场耦合力学。建立了软材料多场耦合大变形热力学理论框架以及基于微观变形机制的黏弹性、损伤和应力状态依赖的软材料大变形本构理论，为介电高弹体与水凝胶等软材料的研究奠定了理论基础；进行了软材料力–电耦合失稳、力–化耦合扩散与疲劳断裂的物理机理研究。拓展了非线性固体力学理论与分析方法。②新型水凝胶与器件。发展了高强韧水凝胶、多功能水凝胶（磁响应、pH 值响应、温度响应等）；利用水凝胶离子导电特性制作了大变形、高透明、高韧性的离子导体，研制了全透明软体的高速大变形作动器及扬声器等水凝胶新型器件；基于以智能水凝胶为代表的智能软材料设计了人工肌肉、人工神经、人工皮肤、柔性电子传输器件、柔性电致发光器件等一系列新型柔性电子器件；发展了水凝胶和高弹体、水凝胶和硬材料之间的粘结方法。③软材料 3D/4D 打印。发展了多功能水凝胶、强韧水凝胶、可编程水凝胶、形状记忆聚合物等软材料的 3D/4D 打印方法。④软体机器人。以介电高弹体、形状记忆聚合物、磁性水凝胶等智能软材料作为驱动材料，发展了全软体介电高弹体爬行机器人、电驱动软体机器鱼、磁驱动软体机器人、热驱动软体机器人、多自由度柔性臂和柔性抓手等。⑤柔性电子器件力学。基于力学原理原创出可延展无机电子器件的分形互联导线、硅应变隔离设计等新概念，创立了定量化设计理论和制备方法，使功能无机材料在器件大变形时保持很小应变，实现高器件延展率，极大拓展了器件应用范围。⑥三维可变形电子器件力学。发展了基于力学屈曲引导的三维结构组装方法，开创了三维可变形电子器件力学方向。

国际软物质力学发展趋势体现在以下三个方面：一是更加注重宏微观结合研究材料的性能，并基于微观材料力学机理设计高强、高韧、快响应、高可靠性的新型可编程软物质；二是更加重视力学与化学、高分子等学科交叉融合，发展新型多功能软材料及其制造加工技术；三是更加注重其在医学、航空航天等领域的应用，发展力学主导的高性能柔性生物智能器件和软体机器人。

（2）我国软物质力学研究的国际地位、优势和差距

国内软物质力学研究是通过前期与哈佛大学锁志刚研究组、George Whitesides 研究组、美国西北大学黄永刚研究组、John Rogers 研究组等的合作，在软材料多场耦合力学、表面失稳力学、软体机器人设计与优、柔性电子器件力学和三维可变形电子器件力学理论等方面的研究已基本和国际同步，但是在新型水凝胶与器件、软材料 3D/4D 打印技术、柔性智能器件的实验和应用方面的研究与国际先进水平还有一定差距。

2.3 多尺度与跨尺度力学

近年来，多尺度与跨尺度力学研究呈现出蓬勃的发展态势。下面从研究方法论、体系公理化、动态波传播和多尺度数值模拟等几个方面简要介绍该领域的主要研究进展。

（1）国际多尺度与跨尺度力学的主要研究进展和发展趋势

在方法论上，固体多尺度力学的研究主要有“自上而下”和“自下而上”两种研究方法，它们分别从连续介质跨尺度力学理论（应变梯度理论、非局部理论、表界面力学理论等）表征和从微观离散力学体系模拟（第一原理计算、分子动力学模拟等）出发，研究先进固体材料的跨尺度力学行为。通过建立连续介质跨尺度力学理论、多尺度与跨尺度力学计算方法、力学行为尺度效应的实验测量方法与测量技术，对固体在不同尺度上的力学行为进行深入、系统的研究并实现其彼此关联。目前国内外的主要研究进展包括：针对纳米结构材料的微结构演化特征、微结构破坏机制以及功能纳微器件的工作原理等，开展了系统的量子及分子动力学模拟研究；针对纳米晶、纳米孪晶、梯度纳米材料、纳米复合材料等的微结构演化及其对力学行为的影响机制，开展了系统的实验观察和测量研究；在连续介质跨尺度力学理论方面，建立了应变梯度理论、考虑表界面效应的表界面力学理论、协同考虑了应变梯度效应和表界面效应的跨尺度力学理论，发展了相应的有限元计算方法，开展了非局部理论及其应用于刻画纳米结构复合材料力学行为尺度效应的研究。这些研究成果在航空、航天及国防等领域先进材料的力学行为表征及优化设计方面获得了应用。

在体系公理化上，传统连续介质力学理论建立在一系列假设和公理基础之上。近年来，从多个尺度上设计制备的具有微结构的各种固体结构和器件不断涌现，对复杂微结构及其伴生的对各个尺度上力学信息的定量表征对传统连续介质理论带来了挑战。首先，如何实现不同尺度上力学行为的强耦合关联？固体小尺度上的某些无序性细节在非线性演化过程中可能被急剧放大，变成大尺度上的显著效应。传统的均匀化思想抹掉了局部信息以及敏感信息，不能给出材料在各个尺度上的力学表现，无法为材料设计和性能预报提供准确、完整的指导。其次，跨越多个尺度的信息如何降维处理？目前，将所需要的物质性能、力学变量等从微观尺度传递到宏观尺度从而实现最终产品的设计和宏观性能评估仍难以实现，为此，可利用固体材料具有明显的尺度分离的特征，将多尺度上的高维信息降维，发展简单易行的模型和理论，给出易于实验表征的材料参数。最后，如何建立面向材

料 – 结构一体化的跨尺度理论和计算方法？解决这些问题，为发展多尺度与跨尺度理论和计算方法提供了新机遇。

固体中波传播行为的多尺度研究是一个重要的课题，具有广泛应用背景。动载下，由于微结构与波长（频率）的新尺度关系介入，固体动态多尺度与跨尺度研究变得更为复杂，目前相关研究较为分散且未体系化。近年来，伴随着弹性波超材料、声子晶体等新兴材料设计和波动控制概念的发展，动态多尺度理论需要涵盖亚波长微结构、频散和非常规动态有效性质等，对固体的动态多尺度理论提出了新挑战。目前，该领域的研究主要集中在动态均匀化、新型弹性波超材料设计、波传播控制一体化设计等方向，呈现出多样性。为描述非均质材料不同频段和波长组合下的行为，从不同出发点形成了多种动态均匀化理论。弹性波超材料通过微结构设计在动态条件下可实现大范围连续变化材料属性、高度各向异性、负值属性等。Willis 介质在 20 世纪 80 年代被提出，该理论认为动态下非均匀材料的宏观应力 / 应变与动量 / 速度之间存在交叉耦合，且等效密度是二阶张量。这些特性与新近提出的弹性波超材料性质十分吻合；同时，Willis 介质在曲线坐标变换下具有形式不变性，是弹性波完美调控的理想介质。目前虽普遍认为 Willis 介质是非均匀材料在波动条件下动态有效性质表征的理想框架，但对该理论的研究还十分有限。

多尺度计算与模拟是该领域发展最快的研究方向之一。在过去的几十年里，多尺度建模方法得到了较大的发展。这些多尺度计算方法粗略地分为串行法和并行法两类。在串行法中，信息是从精细尺度模拟（如分子动力学等）中提取并作为高阶粗尺度模型的输入。相比之下，并行法在单一模型中直接结合了原子和连续体。固体的多尺度算法虽取得了长足的进展，但都存在不同程度的局限性。其根源在于，不论是串行法还是并行法，其核心思想都是：将材料在微纳尺度上的粒子化描述（如分子动力学模型）直接对接材料在宏细观尺度上的连续体描述（如有限元模型）。但是，不论采用如何复杂、精巧的算法，这种简单的离散粒子 – 连续体对接很难做到无缝。协调它们是多尺度计算亟待解决的关键科学问题。

（2）我国多尺度与跨尺度力学研究的国际地位、优势和差距

与国外多尺度与跨尺度力学研究相比，我国在此领域的研究稍晚，但目前基本上与国际同频共振，在某些研究方向上形成了自己的特色和局部优势。

近年来，随着大批本土培养的学者的茁壮成长和海外学者的加盟，在我国高校和科学院系统，聚集了一批从事多尺度与跨尺度力学研究的学者和团队。与国际相比，我国从事该领域研究的学者规模持续扩大且呈现出年轻化的态势，显示出较强的人才优势。在研究方向方面，我国学者的研究涵盖了理论、实验和计算模拟等各个方面，呈现出良好的学术生态。在应变梯度理论、表界面理论、先进材料的强韧化机理等方面取得了有国际影响力的成果。随着在科研领域投入的持续增加，我国在实验设备研制、测试手段改善及超算能力等方面的领先优势日益凸显，推动了我国在多尺度与跨尺度力学实验、计算模拟方面的

进步，一批有国际学术影响的多尺度与跨尺度实验、计算模拟研究成果不断涌现，在国际学术界的显示度日益凸显。此外，与国际研究相比，我国学者更加关注国家重大需求中亟待解决的各种多尺度与跨尺度力学问题的研究，呈现出鲜明的特色。在学术交流方面，我国学者在国际著名学术会议上做大会邀请报告的人数越来越多，在国内，召开了多次全国性的多尺度与跨尺度力学学术会议或论坛，有力地推动了该领域的国际、国内合作研究和学术交流。

近年来，尽管我国在多尺度与跨尺度力学研究方面的队伍人数多、规模大，发表学术成果数量多，质量也逐步提升，但与国际领先水平尚有一定差距，有广泛影响力和重要显示度的原创性重大成果不多。为此，应加大对多尺度及跨尺度核心科学问题的研究，如多场耦合环境下固体广义连续介质跨尺度力学理论、非均质介质波动多尺度问题、固体多尺度实验方法及信息的定量表征、固体跨尺度计算方法及框架构建、极端环境下固体材料与结构的多尺度等问题的研究。另外，要进一步发挥我国学者在解决国家重大需求中多尺度问题研究方面的特色和优势，解决一批制约我国战略需求的“卡脖子”问题。

2.4 计算固体力学

当前，针对材料和工程结构的日趋复杂化、大型化和智能化，计算固体力学理论和方法得到了进一步的发展，并与越来越多的学科不断交叉融合，在材料和结构变形规律和机理分析及创新设计中发挥了不可替代的核心作用。

（1）国际计算固体力学的主要研究进展和发展趋势

随着对固体材料和结构力学行为的多时空尺度关联和耦合程度的深入认识，基于信息传递的层级多尺度方法以及基于物理模型强耦合的并发多尺度分析方法研究方面已取得了重要进展，发展了诸如计算均匀化方法、变分多尺度方法、拟连续计算方法、桥接/桥连多尺度方法、多尺度有限元方法等。围绕大规模工程结构的瞬态问题的高效与准确分析，在多重多级动力子结构方法、数值多尺度分析方法方面取得了实质性的进展，并在固体结构动力学行为、热力耦合行为、随机振动等方面获得了应用。针对具有不确定性的结构分析与优化研究不断取得新的突破，例如，考虑强度和刚度等性能的复杂多物理场系统不确定性传播和量化、考虑结果可置信的结构不确定性优化模型和方法、大规模非线性结构的随机动力响应和可靠度分析方法等。新的固体连续/不连续变形的破坏过程数值分析模型和计算方法不断被提出，例如，基于弥散裂纹描述的相场断裂模型、基于非局部描述的近场动力学模型及其与网格类和无网格方法的耦合算法等。在CAD和CAE无缝连接方面，已形成了以等几何分析方法为基础的与计算几何深度融合的计算力学方法，并应用于梁、板、壳及实体结构静力、动力与非线性问题的高效、准确与快速分析与优化设计等。此外，计算固体力学不断与数据科学和人工智能相融合，逐步发展了基于符号回归、稀疏学习等人工智能技术的数据驱动计算固体力学范式和方法，并应用于控制方程自动构建、离散本构建模、材料多尺度行为分析、结构优化等。

计算固体力学研究虽然取得了很大的进展，但随着研究对象和服役环境的复杂性的不断提升，目前在多尺度 / 跨尺度计算方法、强非线性问题分析模型和方法、复杂结构动力学分析高效算法、考虑不确定性的结构分析、基于数据驱动的计算固体力学理论与方法等方面仍然还面临着众多的挑战，存在许多亟待解决的问题，还有大量的研究工作需要开展。计算固体力学作为固体力学理论解决实际工程问题的核心手段，未来必将在重大工程结构和先进结构的分析及设计中发挥越来越重要的作用。

（2）我国计算固体力学力学研究的国际地位、优势和差距

我国学者曾在计算固体力学的多个领域上做出过重要贡献。在变分原理、分析固体力学辛体系、高性能有限元方法等方面取得过重要成果，被广泛引用、应用。近年来，我国计算固体力学研究队伍不断壮大，研究人员规模在国际上位居前列，国际计算力学界的影响力日益彰显，国际学术交流与合作日趋活跃。我国学者在计算力学国际著名期刊上的发文数量处于国际领先水平，体现了很强的整体研究能力和水平；论文引用数以及高被引论文数量也呈逐年快速增长的强劲态势，发展势头喜人。目前，中国计算固体力学工作者在多个相关国际学术组织中分别担任了执行主席、副主席、执委等重要职位；多人次担任了多个重要国际学术期刊的主编、副主编等。近 5 年就有多人次应邀在业界最高水平的世界计算力学大会上做大会 / 半大会报告。

我国学者在计算固体力学基础研究方面具有很高的水平。其中结构优化研究的整体水平处于国际领先位置。有关结构拓扑优化奇异最优解的研究成果公认为是“里程碑”式贡献，产生了重要学术影响。近年来提出的基于显式几何描述的结构拓扑优化新框架开辟了具有引领性的研究方向。此外，在基于辛体系的计算固体力学新框架、高精度 / 高稳定性有限元构造、考虑不确定性的结构分析与优化、与反问题、微尺度计算塑性力学、聚合物制造数值仿真及工艺优化、多尺度计算力学、爆炸 / 冲击动力学数值仿真、近场动力学等方面均取得了具有国际领先水平的研究成果。在应用研究方面，我国计算固体力学工作者面向国家重大需求，运用计算固体力学理论、方法和工具在神州飞船、新型运载火箭、高速列车、海洋平台、尖端国防装备、大型基础设施等的设计和建造中做出了重要贡献。

尽管取得了很大成绩，但是应该看到我国与计算固体力学第一强国美国相比在整体水平上尚有差距。主要表现为还缺乏更多数量的原始创新成果，还有待开辟更多由中国学者主导的、具有引领性的研究领域方向，尚未形成具有鲜明辨识度的计算固体力学中国学派。此外，在相关国际学术组织中的领导力和话语权仍有待加强。

2.5 实验固体力学

实验固体力学所涉及的知识面广、交叉性强、研究难度大。目前，国际上实验固体力学的研究更关注光测力学方法与技术、微纳米实验力学方法与技术、专门化实验力学方法

与技术。与国际上的发展趋势相比，国内实验固体力学的发展除了关注重要的前沿科学问题外，更加注重以国家重大需求为牵引，具有鲜明的双力驱动特征。

（1）国际实验固体力学的主要研究进展和发展趋势

材料科学中新材料和结构的不断涌现、材料和结构加工制造新方法和新工艺的发展、材料服役环境的复杂性和多样性，以及生物工程、土木结构、航空航天等领域对力学精细化测试的需求不断牵引和促进实验力学测试技术的发展。

在测试技术理论研究方面，以数字图像相关方法为代表的基于数字图像分析的非干涉光测力学方法在成像原理、算法理论和应用范围等方面继续快速发展，并不断与各种先进（光学、体）成像设备结合，在测量空间尺度、时间尺度、测试环境等方面继续向边界突破。国外公司在学术界的协助下，已建立多种实用高效的测试系统和软件，深刻理解了测试环境和技术的影响，比较完美地解决了常规环境的测试问题，在多种场合已可替代并超越传统的应变电测技术。

在应用研究方面，实验固体力学方法与日新月异的先进成像技术结合，在不同领域展示了强大的生命力。如通过 TEM 成像和卫星图像实现的纳米尺度和数百公里尺度的变形测量，通过超高速相机实现爆炸过程的运动跟踪和变形测量，利用超稳定光学系统实现材料蠕变和工程结构的长期位移监测。与特殊的滤波成像结合实现超高温环境变形测量，与高分辨微纳 CT 或同步辐射 CT 结合实现材料内部变形的精细刻画等。在具体应用对象方面，已从常规金属材料拓展到低维纳米材料、高强合金、3D 打印材料和结构等新材料、血管、细胞、皮肤等生物组织、混凝土、岩石、桥梁等工程材料和结构上。此外，与反演识别方法结合，实验固体力学测试技术获得的全场位移和变形数据还可用于材料本构参数和模型的高效识别。

在今后的研究中，显微尺度的高精度标定和测量、室外现场环境大型工程结构变形的强抗干扰和高效、高精度测量、航天航空领域极端环境测试需求以及超稳定精度的超高精度测量、生物组织生长过程的原位或活体的内部运动和变形测量等方面仍然存在着巨大挑战，这些需求无疑将推动实验固体力学测试技术理论和方法的进一步发展。

（2）我国实验固体力学研究的国际地位、优势和差距

通过对实验力学相关论文的统计分析发现，一方面我国实验力学论文总量位于世界第二，但反映论文质量的篇均被引频次则低于世界平均水平。我们需要进一步提升学术科研的理论水平和应用价值，注重多出成果的同时更要注重多出高质量成果，提高学术影响力；另一方面，近些年在基金委科学仪器类项目资助下，实验仪器设备研制方面取得长足的进步。但我国尚处于起步阶段，大量仪器设备仍然依赖进口。一方面在核心器件设计制造方面落后于发达国家，需要进一步发展高精尖仪器的科研和应用；另一方面我国自主知识产权的仪器设备绝大多数也未能实现产品化和大范围推广应用，需要完善相应的政策和运行机制。同时需要看到，我国快速发展的高铁、航母、大飞机、风力发电、微纳材料等

国民经济和国防重大工程，对实验力学技术都有着迫切的需求，这为国内实验力学的发展提供了很好的机遇。在国际实验力学，我国实验固体力学的作用和地位正日益彰显。近十年来，中国实验力学专业委员会多次举办大型国际会议，多人次在各个期刊担任主编、副主编、编委，并在多个国际学术组织中担任理事、副主席、执行委员等重要职务。

总体上看，我国实验力学无论在人员规模、论文数量与引用、实验力学国际学术会议大会报告，还是在基础研究和工程应用成果方面均处在国际先进水平，尤其在光测力学中的时序散斑干涉、高灵敏度云纹干涉、数字图像相关方法以及摄像测量技术方面；在微纳米实验力学方面的仪器化压入力学测量技术、微拉曼光谱力学测量技术、微纳米力学测量技术、探针力学测量技术；在专门化实验力学测量方法与技术中的超声检测技术、生物实验力学方法与技术、实验力学传感器技术、智能材料与结构实验力学、冲击动力学实验技术、疲劳和断裂测试方法和技术、识别与反演测量与分析技术等方向已处于国际领先水平。但也要看到，在整体研究质量来看，我国和世界第一科研强国的美国还有差距，特别是新研究方向的开拓以及实验力学测试技术的仪器化方面，可喜的是这些差距已在逐年缩小，在某些方向已处于国际领先地位。目前，国内实验力学界和国际实验力学界的联系和学术交流越来越频繁，并在不同的组织机构中有中国实验力学方向的研究者参与其中，大幅提升了中国实验力学在国际同领域的话语权。

2.6 振动、冲击与波动力学

在学科本身发展和应用需求推动下，振动力学得到了进一步的发展。一方面，非线性振动理论和方法的发展使得分析高维复杂系统的动力学演化及振动响应规律成为可能；另一方面，新材料和新结构体系的涌现为精细化动力学建模、降阶、求解及构造新颖控制策略带来挑战。在冲击动力学方面，国内外近年来的研究重点在于先进的试验和测试方法、数值仿真方法以及对冲击动力学理论的研究和发展上。在波动力学方面，国内外研究呈现两个明显趋势，一是与材料科学、控制科学以及信息技术等学科的交叉融合；二是更加面向国家重大工程需求。

2.6.1 主要研究进展和发展趋势

（1）振动力学

在理论研究方面，精细化建模方法及降阶技术不断完善，已经能够处理多场耦合作用下，考虑几何非线性和材料非线性、含有时变及时滞、非光滑等因素的高维复杂振动系统。基于数值连续技术的非线性正则模态分析得到了进一步的发展，提出了解决高维非线性/非光滑系统的稳态振动响应的快速算法，建立了非线性模态与随机激励下系统振动响应的定量关系，并成功应用于航空航天飞行器关键部件的非线性模态分析及非线性振动响应预测。此外，基于分岔及混沌的弹性波整流设计的研究成为振动与波动交叉融合的典型范例。

在应用研究方面，非线性振动理论已经融入新材料及新结构的设计研发体系中。例如，结合薄膜理论及非线性共振原理，可通过实验实现二维材料的物理参数反演；利用折纸结构的多稳态及主动控制技术，设计仿生飞行器。借助共振捕获机理设计高性能非线性减振器已得到初步应用。应用各类共振原理的振动能量采集系统的设计、分析及实验已成为振动力学领域的热点之一。结合机器学习技术进行非线性系统参数识别也为振动力学的研究注入了新的活力。此外，高维非线性 / 非光滑多场耦合系统的振动力学理论研究也将极大地促进了先进航空发动机核心技术攻关、高超音速飞行器高可靠性设计、航天器轨道 – 姿态 – 结构一体化设计等重大工程领域的发展。

在今后的研究中，借助几何力学方法对非线性 / 非光滑多场耦合的振动系统进行理论及数值分析将显著增强对复杂系统内在演化规律的认识。这方面欧美有扎实的用于研究天体力学及轨道动力学的理论基础。同时，考虑微结构的先进材料跨尺度振动力学性能表征、响应特性及逆向设计，智能材料与结构在多场耦合作用下的强非线性随机振动，超材料 / 结构的非线性设计及调控等是亟待解决的科学问题，具有广泛的工程需求。

（2）冲击力学

应力波理论：应力波主要包含弹性波和塑性波，细分又可以分为线弹性波、粘 – 弹性波、弹 – 塑性波、粘 – 弹 – 塑性波、弹 – 粘 – 塑性波等。19 世纪 20 年代，国外学者最初建立了弹性波基础理论；100 多年后的第二次世界大战期间塑性波理论也建立起来。当前的研究方向之一是非均质材料（如复合材料、超材料等）中的应力波传播问题。近几十年来，应力波理论在工程领域的延伸取得了较大进展，如地震、爆炸加工、爆炸合成、超声技术、兵器、防护装备、天体撞击等。

材料的动态力学行为：材料动态力学行为的研究大致可分为两类：冲击载荷较低时材料的剪切强度不可忽略，采用“畸变律”描述；冲击载荷远大于材料强度时固体材料可近似按流体处理，采用“容变律”描述。应变率较低时，对于材料动态力学行为的研究主要集中在本构模型、失效模型、破坏机制等方面。本构和失效模型的研究方向一方面是基于物理机制，从材料层面尽可能准确地描述其力学行为；另一方面也发展了基于经验的模型，用尽可能少的参数来近似描述力学性能，其中后者在数值仿真中得到了大量应用。近年来，考虑复杂环境效应的模型成为研究热点，如应变率、温度、应力状态等条件耦合效应。破坏机制方面的研究也取得了进展，如韧性失效的微孔洞生长和桥连机制、绝热剪切破坏机制、非晶材料自由体积软化、材料失效的韧脆转变等。应变率极高时，畸变律可以忽略，材料的本构关系简化为单一容变律，此时主要研究固体的高压状态方程。此外，如何能够合理衔接不同阶段的本构模型，建立能够描述材料从准静态、低速到高速条件下的统一本构模型和失效模型一直是研究者努力的目标。

结构动态响应：国外学者针对飞机、舰船、建筑、车辆等重要对象和人体的爆炸防护需求，开展了大量研究工作。并基于长期研究获得的动态下材料力学行为和本构模型，在聚脲抗爆涂层、纤维、非金属泡沫等防护材料结构的防护机理方面进行大量研究，并应用于国防和民用领域的防护装备中。

冲击动力学实验技术：冲击动力学实验技术包含加载技术和测量技术两个方面。在加载技术方面主要有基于液压动力的高速拉伸试验技术、霍普金森杆技术、高速气炮技术等；测量技术主要包括应变测量、速度测量、载荷测量等。在测量技术方面，主要研究趋势包括先进光测方法、高时间分辨率、高空间分辨率测量技术、二维/三维原位测量技术等。

数值仿真方法：近年来，冲击动力学数值仿真技术也得到了迅速发展，除传统有限元方法外，还发展了物质点无网格法、SPH 无网格法、CE/SE 算法等。此外，分子动力学和第一原理计算也被广泛应用于材料在冲击载荷下原子尺度的变形、剪切带形成、损伤与破坏、相变等的计算中，从而对实验难以实现的亚皮秒、亚纳米尺度的细观和微观动力学图像进行数值的原位诊断。宏观尺度的有限元方法、物质点法与原子模拟方法（如分子动力学方法）耦合的多尺度模拟方法也是目前的一个热点。

（3）波动力学

在理论研究方面，基于连续介质力学理论，深入开展了材料、结构中新的波动现象及其机理研究，如：考虑微结构效应材料中的波动现象、机理、表征和控制等。与物理学科交叉融合，发展了新的波动控制技术，如：借鉴量子力学中的拓扑绝缘效应，在弹性体中实现拓扑绝缘单向传输现象；基于光波、电磁波等波动的非互易机理，实现弹性波的非互易传播等。与智能材料、控制技术结合，发展智能可控弹性波操控手段，如基于压电材料和可编程数字电路实现实时可控的禁带，利用磁性材料和微结构设计，获得可重构智能超材料等。与机器学习、人工智能等新兴技术结合，实现弹性波超材料的优化设计、反向设计等。

在应用研究方面，随着人们对波动与振动、噪声之间联系的深入了解，通过操控波来达到减振、隔振以及降噪等效果越来越得到工程界的认可。特别是弹性波力学超材料的出现，为解决重大装备中宽低频振动噪声控制的瓶颈问题提供了新思路。另外，利用弹性超声波、弹性导波等手段来实现结构健康监测持续受到国内外研究者的关注，研究主要包括波与缺陷的作用机理、特种波激发与检测技术、高保真高效数值仿真技术以及波动信号处理等。波隐身一直是波动力学的永恒的主题，针对远距传输的低频波探测，发展相关的波动控制技术和实验测试手段是今后的发展趋势。

在今后的研究中，进一步加强波动力学与其他学科的融合，探索新的波动操控机理，发展能够描述波动时空非局部特性的连续介质力学框架；另一方面，充分考虑实际工程中的各种限制条件，推动波动力学在解决实际工程问题中的应用。

2.6.2 国际地位、优势和差距

在振动理论研究方面，我国学者在非线性振动、混沌与分叉、转子动力学等方面取

得了重要进展，缩小了与国外的差距，特别是在考虑具有高维强非线性行为的实际工程问题中，发展了具有跨尺度、刚柔耦合等复杂特征的非线性振动理论和方法，促进了非线性振动理论的实际应用。在振动技术应用研究方面，我国学者的研究水平与国际同行日趋同步，在微纳机电系统、仿生飞行器等新兴应用领域以及极端环境下航天器、大型动力装置等重大装备关键振动控制研究上，我国学者的部分研究工作具有很强的创新性和鲜明特色。

近几十年来，应力波理论在工程领域的延伸取得了很大进展，如地震、爆炸加工、爆炸合成、超声技术、兵器、防护装备、天体撞击等，我国学者主要集中于工程应用方面，在各个研究方向上都取得了明显进展，与国外并无显著差距。低应变率时材料动态力学行为的研究主要集中在本构模型、失效模型、破坏机制等方面，我国学者多集中于适用于工程仿真的唯象模型的研究，对于基于物理的模型和破坏机制的研究较少。在结构动态响应方面，国外学者在企业和军方的大力资助下，针对飞机结构抗鸟撞、坠撞等问题开展了较为系统的研究，相比而言我国在这方面的研究才取得初步进展。在实验加载技术方面国内与国外并无明显差距，尤其是在霍普金森杆技术等方向处于国际先进水平，在测量技术方面，如基于高能 X 射线的动态微细观尺度的变形原位观察等个别方向上还存在差距。

近年来，随着材料制备技术及新材料设计的快速发展，国内固体波动力学研究主要偏重于新材料的波动特性及其应用探索，如电磁耦合智能材料的波动规律、复杂人工周期结构禁带特性、超材料设计与波动调控等。尽管经过 200 多年的理论发展，固体波动力学理论仍存在一些经典问题悬而未解，如各向异性非均匀介质矢量波方程的数学求解，有限变形矢量波动方程的求解、强非线性矢量波动方程波解的存在性和数学性质，以及经典反问题根据波传播信息反推材料属性亦未解决，这一课题在地球资源勘探、缺陷无损检测等方面具有重要的应用。随着机器学习、人工智能、大数据等技术的发展，上述反问题有可能在应用层面得到很好的解决。除此之外，由于工程设计中非均匀多尺度微结构材料和结构的应用，一些尺度效应、动态非局部效应开始凸显，这类特性需要在更广义连续介质框架下才能揭示，但各种广义连续介质模型的适用性和材料参数的确定仍然需要进一步研究。

2.7 损伤、疲劳与断裂

固体材料与结构的损伤、疲劳与断裂研究发展至今，国际和国内均在基本理论和基本方法以及多学科交叉与融合、解决重大工程中的迫切需求等方面取得了长足的进步，彰显了固体力学学科对其他工程学科的重要支撑作用，尤其是在我国重大工程建设中的重要作用。主要呈现出如下几个主要趋势：发展复杂载荷以及高温、腐蚀等因素耦合作用下的多轴疲劳准则及损伤演化模型；重视不确定性因素，发展结构疲劳断裂可靠性相关理论与方法；促进损伤、疲劳与断裂理论与工程实际的结合，推动相关技术方法在复杂工程结构中的应用。

（1）国际损伤、疲劳与断裂的主要研究进展和发展趋势

随着各种新材料与新结构的不断涌现和固体材料与结构服役环境及服役条件的日趋苛刻，固体材料与结构的损伤、疲劳与断裂研究也体现出材料范畴不断拓展、空间尺度不断深入、多尺度多层级多场耦合问题日渐凸显的发展趋势，并在基础理论、分析方法和工程应用等方面取得了众多新进展。

在新材料方面，目前已经针对一些新型材料的损伤、疲劳与断裂行为进行了系统的实验表征和理论预测，包括纳米梯度结构材料、高熵合金、金属玻璃及金属玻璃基复合材料、高性能高温复合材料、多铁性材料、形状记忆材料以及软材料、3D 打印材料等；进而在多场、多尺度和多层级条件下材料的损伤、疲劳与断裂基本理论和分析方法等方面取得了丰硕的研究成果，呈现出良好的发展势头。

在结构方面，主要针对日趋苛刻的服役条件和服役环境，结合重大工程需求，开展了不同结构的服役行为和服役安全性评价，考虑到结构响应的确定性和不确定性以及多尺度、多场耦合响应引起的结构可靠性评价的复杂性，对一些极端环境和条件下工程结构的建造和维护提供了理论依据。

在生物材料和仿生研究方面，较充分地揭示了生物材料损伤、疲劳与断裂的多层级和多尺度特征，并在此基础上建立了相应的理论分析模型，为了解生命体的抗损伤、抗疲劳和抗断裂行为以及各类仿生结构设计提供了理论基础。

（2）我国损伤、疲劳与断裂研究的国际地位、优势和差距

损伤、疲劳与断裂研究一直得到了我国固体力学界的广泛关注，在基础理论研究和分析技术开发等方面能够与国际同行同步进行，经过国内相关研究学者的不懈努力，目前在固体材料与结构的损伤、疲劳与断裂的某些研究方向上已经形成了自己的研究特色和优势，一些代表性的优势研究叙述如下：

材料的损伤、疲劳与断裂方面，包括：双剪统一强度理论；高性能合金材料的宏微观强度理论；新型材料的损伤、疲劳与断裂理论；高温复合材料的断裂机理和强度理论；金属玻璃及金属玻璃复合材料的破坏机理和增韧机制；点阵轻质材料的失效机理和强度理论；软材料的强度和破坏；压电、铁电材料的断裂力学基础理论；准晶材料的裂纹扩展与断裂理论；形状记忆材料的变形机理和疲劳失效行为；准脆性材料的损伤与断裂行为；高强高韧双态纳米结构金属材料的断裂行为及强韧化机制。

结构的损伤、疲劳与断裂方面，包括：复杂服役环境条件下结构疲劳裂纹扩展规律；结构疲劳裂纹扩展模型修正方法；结构疲劳关键部位日历寿命和疲劳寿命评定方法；对数正态平稳随机裂纹扩展模型；裂纹随机扩展理论；概率损伤容限分析技术和耐久性技术；高周和低周疲劳寿命的区间估计方法；区间损伤容限分析方法；非概率疲劳可靠性分析方法；含裂纹结构的概率 – 区间混合可靠性分析方法。

生物材料的损伤、疲劳与断裂方面，包括：生物复合材料、手性生物材料、生物纤

维材料等不同类型天然生物材料的损伤与断裂机制。例如：基于贝壳珍珠母等生物复合材料独特的微纳观多级结构与材料组成特征，清华大学、北京理工大学研究了典型生物复合材料的微结构（如硬组分的交错排布、特征长度及其桥联作用、有机组分大变形、耗能机理、软硬组分界面的强度设计等）对生物复合材料断裂力学行为的影响，建立了相应的断裂力学理论模型，揭示了其中的尺寸效应、表界面效应等关键机制；基于蜂窝等生物复合材料与结构，北京大学通过实验与理论研究，揭示了天然蜂窝宏观结构形成机理、微观多级结构特征以及对应组成物质的强度与断裂力学性能；基于手性生物材料，清华大学与天津大学从微纳结构 - 力学性能 - 生物功能关联的角度，以挺水植物的扭转叶片、攀附植物的螺旋卷须和高分子片晶扭转为例，建立了手性生物材料的多尺度力学理论，研究了手性生物材料的生长策略与力学行为，发现了手性形貌形成的新机制与新效应；基于生物纤维材料，清华大学系统研究了蚕丝、蚕茧、蜘蛛丝等生物纤维材料的从纳观、细观到宏观尺度上的多级结构与强韧化机制，并提出了天然生物纳米纤维的制备新技术。

尽管我国在损伤、疲劳与断裂研究方面已经取得了许多国际领先的研究成果，但是，与国际同行开展的相关研究相比，我们的相关研究还存在如以下不足之处：

在新材料的强度与破坏的研究方面相对薄弱，比如材料的动态断裂理论；复合材料的强度与破坏理论；材料强度与破坏的实验分析技术和设备；低维材料的强度与破坏；超常环境下材料的强度与破坏；脆性材料灾变破坏模式与机理；高分子材料的损伤与失效机理；高熵合金的强度与破坏；电极材料的强度与破坏；纳米梯度结构材料的疲劳与断裂；核燃料材料的强度与断裂；薄膜材料和涂层的失效机理。

在结构疲劳与断裂研究方面，基于现有经验模型及其修正模型的研究不足，难以准确预估结构的疲劳寿命；对适用于小样本情况的非概率模型研究还处于起步阶段，尚未能很好地解决基于随机模型的结构疲劳寿命数值模拟方法对样本数据依赖性大的问题；针对不确定性非线性问题的数值计算方法尚需进一步发展，以期解决疲劳断裂问题中的强非线性大幅加剧的不确定性影响。

我国学者在生物材料的损伤与断裂理论的积累等方面仍相对薄弱，与美国等国家相比，在原创性成果上尚有差距，尤其在基于生物材料强韧化机制及其先进仿生材料与结构的制备与应用转化方面仍待加强。

2.8 智能材料与结构力学

（1）国际智能材料与结构力学的主要研究进展和发展趋势

智能软材料本构理论及其力学行为研究方面，哈佛大学 Whitesides 研究组和锁志刚研究组在介电弹性体、凝胶等典型软材料的热力学理论、软体机器人及其相关转换器件设计等方面取得了若干开创性成功。伊利诺伊大学香槟分校 John A. Rogers 研究组和西北大学黄永刚研究组在 *Science*、*Nature* 等高水平杂志上发表了多篇关于柔性电子器件方面的论文。Pelrine 等建立介电弹性体的静电学模型，给出麦克斯韦应力的表达。Tobushi 等根据线性的黏弹性理论先后提出了形状记忆聚合物黏弹性线性分析模型。Qi 建立了三维有限变形的形状记忆聚合物的热 – 力学模型。

智能聚合物材料在多场耦合作用下的力学行为研究方面，Mohajir B E 等研究了铁电聚合物薄膜的拉伸力学行为。Bharti 等得到了残余极化强度随温度等参数的变化曲线。Hilczer 等对掺入陶瓷粉末的复合材料薄膜的非线性介电行为进行了研究。

智能结构设计与应用方面，美国 AFRL、JPL 等设计了多种基于高应变复合材料的空间可展开结构，实现结构承载、自锁定、展开驱动、结构保持的结构与功能一体化，并研制出多种空间可展开结构，包括能纵向延伸的卷曲管状可展开梁，用于驱动展开卫星的柔性太阳能电池板，以减小在展开过程中对航天器产生的冲击，并且利用形状聚合物复合材料使空间可展开结构具有记忆和变刚度特性，早已将形状记忆材料用于天线结构的展开，CTD 公司开发了基于形状记忆聚合物复合材料的可展开天线。国外研究机构还设计出多种智能软材料驱动器、能量收集器和传感器结构，将其应用于软体机器人、人工肌肉和航空航天等领域。

（2）我国智能材料与结构力学研究的国际地位、优势和差距

铁电、铁磁及磁电材料的非线性力学行为研究方面，兰州大学提出了能准确描述铁磁材料在低磁场下的力电耦合行为、可重现在高磁场下的饱和现象的五参数铁磁材料力磁耦合本构模型。北京大学提出了能准确描述磁控电、电控磁的非线性响、磁电薄膜的尺寸效应的双非线性层状磁电材料本构模型。

多场耦合和动态跨尺度力学行为研究方面，由于多功能材料与微结构具有多场耦合和多场调控的性能特点，其应用离不开力 – 磁 – 电 – 热等耦合作用的复杂环境。如何表征其多场耦合性能成为新的研究方向。多功能材料与微结构的多场耦合和动态跨尺度力学研究是固体力学领域的一个迫切和重要的研究方向。

基于压电 / 电磁超声换能器的导波结构健康监测研究方面，北京大学提出了一系列可激励单模态、非频散 SH 导波的压电换能器，开辟了基于非频散 SH 波的结构健康监测新时代。北京工业大学研制了 Lamb 波双模态的电磁超声换能器。西安交通大学研制了柔性电磁超声换能器，可探测曲面结构。

自给、自感知与自适应智能结构研究方面，基于多功能材料与微系统的智能微系统，可以构建能量自供给、自储能、自传感和自响应的多功能微系统。如利用埋置于飞机机翼结构中的压电传感器等构成智能蒙皮，通过作动器适当调节蒙皮表面变形状态，有效控制湍流状态，可减小阻力，提高气动性能和飞行效率。

智能材料可变形结构应用方面，哈尔滨工业大学设计了多种智能复合材料可变形结构，在航空航天领域进行了初步验证。研发了可以驱动太能电池阵模型展开的形状记忆复合材料可展开铰链。突破了智能蒙皮承载和变形技术，完成了地面验证。可变形技术可以

使飞行器实现减小阻力，提高机动性能，在整个飞行包线上保持综合性能最优等。

2.9 复合材料力学

（1）国际复合材料力学的主要研究进展和发展趋势

从世界范围来看，自 1873 年 Maxwell 从理论上预测复合材料的宏观导电性能以来，复合材料理论取得了巨大的进展，20 世纪发展的各种模型和理论为当代复合材料的大规模工业应用奠定了坚实的基础。迄今，对于具有统计均匀的微观结构的复合材料，在统计均匀的准静态外场作用下，其线性宏观性能（包括弹性、导热、电磁、扩散等）的模型和理论比较成熟，但是对于一般情况下的损伤过程和宏观强度的预测还在发展之中。近年，具有微结构的超材料展现出前所未有的新奇特性，复杂微结构的存在及其伴生的对各个时间、空间尺度上力学信息的需求给复合材料理论带来了前所未有的挑战和机遇。

先进结构复合材料是以高性能纤维，如碳纤维、凯夫拉纤维为增强相，先进的树脂、陶瓷为基体的一类复合材料统称，它是一种多相材料，含有增强相、基体相和界面相，为克服传统层合复合材料弱剪切强度的缺点，一般将连续纤维制成 2D、3D 织物结构形式，因此具有高比刚、高比强的诸多特点，作为轻量化主承力结构被广泛应用于航空航天等领域。该材料的强度和破坏非常复杂，是一个典型的多尺度力学问题。

随着功能纳米材料的制备、研究和应用不断深入，使得先进纤维增强复合材料的结构功能一体化成为可能。纳米材料可以更好地赋予传统纤维增强复合材料增强增韧、导电、导热、表面超疏水、防覆冰、结构自修复、自感知、隐身、吸波等多种功能特性，从而拓展了先进复合材料的应用领域和特性。

一维碳纳米管和二维石墨烯是功能纳米材料的典型代表。碳纳米管是目前已知强度最高的材料，单根碳纳米管的拉伸强度可达 100 GPa 以上，据报道利用超长碳纳米管制备的管束强度可达 80GPa 以上，远超任何其他纤维材料。石墨烯因其低质量密度和极高的模量成为纳米机械电子系统的理想材料，其能量耗散品质因子可高达 10^6；对于微米尺度以上的二维材料，无论是自上而下从块状材料中剥离，还是自下而上通过化学方法生长，通常存在着大量的空位、位错、晶界等缺陷，对其力学性质有重要影响。纳米材料中大部分原子都暴露在表面，将其应用于功能复合材料，可通过物理、化学的方式进行修饰与改性，其缺陷力学行为至关重要；与体相材料相比较，纳米材料中的缺陷在其中产生的预应力场更加非局域化，从而影响其力学响应；在功能复合材料应用中，纳米材料的结构稳定性及其在外场作用下的力学响应至关重要。

以人工纤维为增强相的先进复合材料已在航空航天、轨道交通、建筑、汽车等领域得到越来越广泛的应用，但生产人工纤维材料要消耗大量的自然资源及能源，其增强复合材料服役期后的废弃物的回收和处理问题目前未很好解决。植物纤维具有天然生长、可回收、更轻质等特点，可减小对操作人员带来的健康问题（如皮肤刺激等），回收时能够采用降解或焚烧处理，用作增强材料，可制备环境友好的绿色复合材料。

（2）我国复合材料力学研究的国际地位、优势和差距

围绕传统复合材料的力学问题和上述国际上复合材料的新领域和新方向，其对应的复合材料力学问题也在国内开展了大量研究工作。特别是随着先进结构复合材料在中国航空航天、交通运输、汽车等工业领域内日趋广泛的应用，中国在复合材料领域的整体进步令人瞩目，为我国复合材料力学领域的研究提供了广阔的空间。借助我国在力学、特别是固体力学领域的优势，我国在复合材料力学研究领域的工作无论从量还是质都有非常快速的提高，特别是在传统的细观力学领域、新兴的智能与功能复合材料的多场耦合、纳米复合材料的多尺度（跨尺度）领域的研究成果不断涌现、优势日益突出。因此，在近年，我国已经成为国际复合材料力学领域一支最重要的研究力量。

至于我国在复合材料力学方面的总体发展态势与主要差距，这里仅以从复合材料的一个传统期刊 *Composites Part-B* 在 2019 年的统计数据为例予以说明。2019 年，我国学者在该期刊的总投稿数量为 1522 篇、被接受 252 篇，远高于第二位的伊朗（投稿 537 篇、接受 89 篇）、第三位的印度（投稿 390 篇、接受 84 篇）、第六位的美国（投稿 154 篇、接受 72 篇），但中国复合材料科研论文和产业界的结合度较低，仅为 1.5% 左右，远远低于英国的 8.2%、日本的 7.7%、韩国和美国的 6%、巴西的 2.5%。这从一个侧面反映出我国复合材料力学研究的一个主要劣势，即：国内不少高校和研究院所等的研究方向和题目未能紧密围绕工业界需求，与工程实际有所脱节。

2.10 能源力学

能源力学作为新兴的力学学科分支，其研究内容和主要特征正在扩充和变化中。总的来说，能源力学以力学理论和方法作为基础，以能源产业的前沿问题作为依托，与其他学科广泛交叉融合。

（1）国际能源力学的主要研究进展和发展趋势

美国在页岩气方面占得先机，改变了世界能源格局。我国的非常规天然气具有储量优势，近年来产量快速提升，但采出程度仍较低，在技术上仍需不断升级。此外，地热能储量大、分布广，且清洁环保、稳定可靠，是一种现实可行且具有竞争力的可再生能源。美国近年来聚焦地热能的相关技术，我国也在地热能利用方面发展迅速。在储能技术方面，我国是锂离子电池世界制造大国，具有先发优势，但技术积累不及日韩。美国虽然较早开启储能技术的力学研究，但是距离产业基地较远，无法与产业结合，发展出现颓势。新能源转换技术方面，国外先进发达国家在以燃料电池为代表的高效清洁能源转换技术方面的研究起步较早，以固体氧化物燃料电池为例，目前在发电效率、性能衰减及使用寿命等方面均显著优于国内水平。但总体上来说，在力学方面对能源转换技术的研究较为零星，还

未形成系统，特别是其中与力学相关的多尺度多物理场耦合问题还有待深入研究。

（2）我国能源力学研究的国际地位、优势和差距

在常规天然气开发日益枯竭的今天，非常规能源特别是非常规天然气已成为当前政府、企业和科研单位关注的重点。目前在我国一次能源消费结构中，煤仍然占比很重，达60% 以上。2016 年国家发改委和国家能源局发布了《能源生产和消费革命战略（2016—2030）》，要求到 2050 年天然气在一次能源消费占比要达到 15% 左右，初步构建现代能源体系。然而目前天然气占比还在 6% 左右，而且 2017 年我国天然气对外依存度接近 40%，是全球天然气最大进口国。此外，2017 年 1 月《地热能开发利用“十三五”规划》的发布，标志着国家首次将地热能写入五年规划，并将地热资源开发放在重要位置。不管是非常规气藏还是地热，都来自地球岩石圈层。尽管储量大，但储层往往孔渗低、力学行为复杂，因此如何安全高效开采是非常规能源开发面临的最主要挑战。针对这一挑战，目前最主要的措施是对储层进行改造和控制，以增加渗流通道、换热效率并降低开发风险。如页岩气和煤层气开发常采用压裂造缝方式，水合物采用热激降压结合乃至挖掘方式，而干热岩通过构建人工地热储进行。无论哪种改造和控制方式，都是基于地质力学、岩石力学、土力学等固体力学原理和方法如断裂力学、损伤力学、流变学，同时与流体力学如渗流力学耦合进行分析和设计。

新能源汽车和大规模储能的发展对储能材料和技术的要求日益提高。锂离子电池、固态锂电池、锂硫电池、钠离子电池等作为代表的储能技术，其力学问题是近年兴起的研究热点。这些储能技术中的力学问题存在共性，主要体现在力学与多物理化学过程的相互耦合，例如：①储能活性材料的电化学过程与力学耦合，例如应力与离子传输耦合、应力与电化学反应耦合等；②耦合失效，即力学损伤过程与电池性能劣化过程之间存在关联。经过国内外力学工作者近年来的不懈努力，力学在储能技术领域的重要性日益凸显，并逐渐受到其他学科的认可和赞赏。

不同能源形式间的转换是能源产业链条中的关键一环，在新能源革命的推动下，以光伏、热电、燃料电池等代表的清洁环保的能源转换技术成为研究热点并推动了国民经济的发展。这些能源转换技术中基本科学问题存在共性，即包括光、热、质、电、力、化等多物理场的耦合。此外，能源转换材料的力学失效行为、连接件的封装技术与连接材料的力学行为又与可靠性、寿命密切相关。

2.11 制造工艺力学

发展强大的装备先进制造技术是促进我国由“制造大国”向“制造强国”转变的必由之路。大型飞机、高分辨率对地观测系统、载人航天与探月工程、核聚变等国家重大科技专项和重大科学工程项目的成功实施，都需要先进制造技术做为基础保障。事实上，做为先进制造技术中重要组成部分的高精度数字化制造、高品质注塑成型、高能束与特种能场

制造、微纳制造等，其工艺过程中所涉及的许多关键科学问题都与力学密切相关。因此，开展面向先进制造的工艺力学研究不仅可以为我国高端装备制造技术的跨越式发展提供理论基础和技术源泉，而且对于整个制造业自主创新能力的提升也具有重要意义。

（1）国际制造工艺力学的主要研究进展和发展趋势

铸造及锻造宏观模拟在工程应用中已是一项十分成熟的技术，已有很多商品化软件，如 MAGMA，PROCAST，DEFORM 等，并在生产中取得显著的经济及社会效益。目前，模拟仿真技术已能用在压力铸造、熔模铸造等精确成形加工工艺中，而焊接过程的模拟仿真研究也取得了可喜的进展。铸件凝固过程的微观组织模拟以晶粒尺度从凝固热力学与结晶动力学两方面研究材料的组织和性能。20 世纪 90 年代铸造微观模拟开始由试验研究向实际应用发展，国内的研究虽处于起步阶段，但在相场法研究铝合金枝晶生长、用 Cellular Automaton 法研究铝合金组织演变和汽车球墨铸铁件微观组织与性能预测等方面均已取得重要进展。

冲压成形的力学过程及成形影响因素非常复杂，是一个集几何非线性、材料非线性、接触和摩擦于一体的强非线性问题。冲压工艺力学研究的主要任务就是要解决好冲压过程中板料不同部位之间材料的协调变形问题，既要避免局部区域过分变薄甚至拉裂，又要避免起皱或在零件上留下滑移线，还要将零件的回弹控制在允许范围内。近十年来，板材成形的有限元数值模拟技术突飞猛进，研究的广度和深度都大大提高了。目前，板料冲压过程的计算机分析与仿真技术（非线性有限元分析技术）已能在工程实际中帮助解决传统方法难以解决的模具设计和冲压工艺设计难题，如计算金属流动、应力应变、板厚、模具受力、残余应力等，预测可能的缺陷及失效分析，如起皱、破裂、回弹等。国内外流行的专门的冲压分析软件有 DYNAFORM，PAMSTAM，OPTRIS 等。国内如湖南大学、吉林大学、大连理工大学和华中科技大学等单位近几年来对汽车覆盖件冲压过程中的工艺力学问题进行了系统而深入的研究，取得了许多可喜的成果。

在塑料加工制造方面，研究领域涉及固体输送、熔融、熔体输送、流动、结晶、固化、分子取向、纤维取向、翘曲变形等。塑料注塑成型宏观模拟技术应用已十分广泛，从上世纪 60 年代的一维流动和冷却分析到 70 年代的二维流动和冷却分析再到 90 年代的准三维流动和冷却分析，其应用范围已扩展到保压分析、纤维分子取向和翘曲预测等领域并且成效显著。流行的注塑成型模拟软件有 Moldflow 和 Modex3D。目前研究的重点是粘弹性、复杂三维流动模拟；分子取向、结晶、残余应力的分析和预测；宏微观结合的跨尺度数值仿真分析。国内对塑料注射成型模拟技术也已开展了系统而深入的研究，郑州大学和华中科技大学等都相继取得了可喜的成果，如郑州大学开发了注塑成型分析软件 Z-MOLD，华中科技大学推出的塑料注射成型仿真系统 HSCAE。

增材制造（Additive Manufacturing，AM）技术是通过计算机软件控制采用材料逐层累加的方法制造实体零件的技术，相对于传统的材料去除 / 切削加工技术，是一种“自下而上”材料累加的制造方法。近年来，增材制造技术取得了快速的发展。增材制造原理与不同的材料和工艺结合形成了许多增材制造设备，我国高校和科研机构在增材制造技术领域的研究起步较早，早在20世纪90年代初，清华大学、西安交通大学等就开始了对增材制造的研究。其中华中科技大学侧重选择性激光烧结技术，清华大学侧重熔融沉积成型技术，北京航空大学和西北工业大学主要集中对金属材料的研究，西安交通大学重点研究立体光固化成型技术。此外，大连理工大学、南京航空航天大学、中北大学以及中科院深圳先进技术研究院、自动化所等科研机构在设备研制、软件开发、产品制造和材料研发等领域开展了一系列的研究。

铸造、锻压、焊接、注塑等成型制造过程的工艺力学问题研究已较深入、机械加工、特种加工及装配、增材制造等制造过程的工艺力学问题研究尚需进一步深入。顺应工业4.0的发展趋势，基于制造工艺力学的模拟仿真技术正在向虚拟制造成型与智能制造的方向发展，成为分散网络化制造、数字化制造及制造全球化的技术基础。

（2）我国制造工艺力学研究的国际地位、优势和差距

我国学者围绕冲压制造中的关键力学问题，发展了能够合理描述金属材料有限变形下弹塑性行为的拟流动角点本构理论。基于该理论可以有效模拟剧烈塑性变形诱导的材料各向异性、随动强化以及变形局部化等现象。同时，借助所发展的板材冲压成型大变形有限元方法，为解决板材冲压过程中起皱、回弹和拉裂等工艺力学难题提供了有效方案。针对注塑成型制造中的工艺力学问题开展了深入研究，揭示了不同高聚物体系的流变学行为与其微结构演变及流动机理之间的关系，建立了注塑成型高聚物产品性能预测的多尺度力学模型，研发了注塑成型过程数值模拟软件系统，发展了面向制品结构形态和性能控制的注塑成型工艺以及模具优化设计理论与方法。这些成果不但在国际上产生了重要学术影响，而且为促进相关制造工艺实现由“经验定性”到“科学定量”的转变提供了力学理论支持和技术指导。

3 我国固体力学学科的发展趋势与研究重点

3.1 微纳米力学

我国的微纳米力学研究虽然起步晚于科技发达国家，但近几年得益于国家科技投入的持续增加和对学术前沿探索的高度重视，研究质量稳步提高，高水平成果不断涌现，发展趋势良好。

（1）微纳米力学理论、计算方法和实验技术

在微纳米力学理论、计算方法和实验技术方面，我国学者做出了在国际上有引领作用的重要贡献。理论方面，发展了低阶应变梯度理论用于刻画微颗粒增强金属基复合材料界面区域的应变梯度效应，发展了基于表界面密度的纳米材料弹性力学理论及有限变形框架

下的表界面弹性理论，并表述不同构型下表面应力，发展了考虑曲率等非局部效应的高阶 Cauchy-Born 准则。计算方法方面，在国际上率先将分子动力学与连续介质力学相结合对断裂行为进行多尺度研究，利用离散原子系统与宏观桁架 / 刚架结构的相似性发展了原子结构力学，将传统有限元的连续介质框架改为离散原子框架并获得了原子有限元方法，将物质点法与分子动力学的计算思想相结合发展了时空多尺度计算方法，发展了高效计算方法预测大分子链在热作用下的运动变形行为。实验技术方面，基于同步辐射光源研制了微纳米空间分辨率的同步辐射原位力学测试平台，实现了材料失效过程内部变形损伤演化过程的百纳米分辨率（165nm）三维在线精细测量；基于光学和扫描电子显微镜发展了多种微纳米测量系统，可实现力 – 热、力 – 电等多种耦合力学测量；基于透射电子显微镜发展了四自由度纳米操纵系统；发展了力电磁多场耦合的微纳米压入测试实验技术；研发了超高温纳米压痕仪器；发展了基于扫描探针的纳米调控与多场耦合原位测量系统；发展了原子力显微镜磁悬浮微力标定装置及二维材料厚度侦测的光学方法；研发了微尺度光谱力学实验系统，将显微偏振拉曼、荧光等光谱技术与探针显微、力 / 电加载相结合，解决了多光路 / 探针原位表征、协同 / 协异偏振控制等技术问题。

（2）新型微纳米材料力学

过去 20 多年，随着材料制备技术和工艺的不断发展，许多新型微纳米材料（如微纳米结构金属、低维纳米材料、非晶合金、微纳米力学超材料、高熵合金等）不断涌现。这些新型微纳米材料由于其组成单元的特征尺寸介于微纳米尺度，因此表现出非常优异的力学性能。我国学者在相关领域取得了具有重要国际影响的研究成果：在微纳米结构金属 / 合金方面，设计并制备了多种具有梯度晶粒或梯度孪晶的金属以及新型高熵合金，克服了传统金属强度与韧性的相互制约，同时借助原位电镜技术和发展的多尺度模拟方法，揭示了新型微纳米结构金属 / 合金的塑性变形、断裂及其疲劳的微观机理，并建立了材料力学性能与微结构之间的尺度律模型；在低维纳米材料方面，构建了低维材料结构力 – 电 – 磁 – 热耦合的物理力学理论体系，建立了石墨烯晶界力学性能与微结构的理论模型，发现了纳米金刚石的超弹性行为；在微纳米力学超材料方面，设计并制备了多种可控的且具有奇异行为的电磁 / 声波 / 弹性波超材料、具有手性微结构的金属玻璃超材料以及兼具高强度和良好可恢复性的纳米点阵材料。

（3）微纳结构力学和器件力学

在微纳结构力学领域，国际前沿研究热点包括界面相互作用、表界面效应、流固耦合效应、微纳米摩擦、微纳生物力学等，我国学者在相关方向成果显著。在微纳界面相互作用方面，系统揭示了壁虎类生物黏附组织微纳单元导致的微观黏附力学机制，提出了利用温度梯度、应变梯度、曲率梯度、刚度梯度、浸润梯度等非均匀外场作用实现定向输运的新概念；在微纳表界面效应方面，揭示了北极熊表皮毛发中微米孔道封装空气阻碍热对流的保温机理，通过在陶瓷表面生成不规则纳米鳍状微结构延缓热对流速度，实现了超高温防护功能；在微纳流固耦合效应方面，发现了二维材料的水伏效应并开辟了水伏学方向，揭示了微纳结构表面特征对荷叶、蛛丝、水黾腿等生物表面浸润性能及鲁棒性影响，揭示了超疏水微结构表面在水下浸润状态的稳定性和减阻效应，提出了极端疏水概念，解决了Huh-Scriven 悖论，发现了二维石墨烯通道内的层状水、单层室温二维冰等特征受限结构；在微纳米摩擦方面，通过发展拉曼力学测试方法获得了低维材料内部分子层间及其与基底接触界面的摩擦力，通过发展磁悬浮侧向力标定技术实现了摩擦力在原子力显微镜上的直接标定，实验证实了微米尺度固体结构超润滑行为的存在并实现了大气环境下石墨/石墨、石墨/MoS_2、石墨/BN 等结构微米和亚毫米尺度的超润滑，揭示了二维材料黏着褶皱效应和原子尺度接触质量对表面摩擦的影响机制，提出了若干摩擦微观调控策略如利用基底刚度、异质结构和表面改性等实现摩擦性能的优化和调控；在微纳生物力学方面，研究了生物材料（包括珍珠母、蚕丝、骨骼、牙本质、竹子、剑麻、昆虫壳等）微纳米结构与其强韧性能之间的关联并揭示了力学机制。

3.2 软物质力学

国内软物质力学的发展主要历经三个发展阶段。2010 年之前处于初步发展阶段，在这一发展期，主要是国内的清华大学、浙江大学、西安交通大学、哈尔滨工业大学等院校，跟随国际上几个著名的软物质力学和柔性电子器件研究组开展研究。2010 年至 2015 年处于快速发展阶段，在这一发展期，中科院力学所、上海交通大学、华中科技大学、中山大学、大连理工大学、华南理工大学、复旦大学、同济大学、北京航空航天大学、西北工业大学等多所院所，开始进入软物质力学和柔性电子器件力学这一方向。2015 年以来，处于软物质力学学科发展的新时期，在这一发展期，更多的高校和学者开始进入这一方向，2018 年中国力学学会成立软物质力学工作组，对于推动我国软物质力学的发展起到了重要推动作用。经过十余年的发展，国内在软物质力学领域取得了丰硕的研究成果。

在未来 5~10 年里，我国软物质力学的重点研究方向和内容包括以下方面：

（1）软材料多场耦合力学

软材料多场耦合力学的挑战性科学问题有：基于材料微观结构变形行为的软材料宏观大变形本构关系；软材料黏弹性和损伤本构模型；软材料复杂应力状态下多模式失效机理与抑制；智能软材料力电耦合相变与失稳理论；极端环境下软物质与柔性器件多物理场耦合力学；软材料多场耦合大变形数值计算方法；软材料力电耦合非线性振动分析方法；软物质力学分子动力学计算方法以及多尺度计算与模拟方法。

（2）新型水凝胶与器件

在该方向，重点开展以下研究：超韧超强的自愈合水凝胶、温敏水凝胶、磁性水凝胶、导电水凝胶等的制备与性能表征；基于多功能水凝胶的可拉伸器件设计与性能优化；

软材料原位粘接方法；软材料多级可控变形方法；以多功能水凝胶为代表的软材料 3D 打印原理与技术；多功能水凝胶的编程 /4D 打印技术。

（3）软体机器人

在软体机器人方向，重点开展软体机器人驱动 / 传感 / 控制的仿生力学、新型软体机器人驱动机理及其性能优化、软体机器人控制机理及技术三方面的研究，研发具备传感和制动功能的可控仿生软材料、结构及系统，在不同尺度上发展性能可控的新型软体机器人乃至相关的新概念、新方法和新技术。

（4）柔性电子器件及系统

围绕柔性电子器件及系统，该方向重点开展以下研究：柔性电子器件多场耦合力学研究；软薄膜 / 硬基底系统的界面力学与屈曲力学；电子器件的可延展柔性化设计；柔性电子器件的高效转印集成方法；力学屈曲引导的三维结构组装方法；可穿戴柔性原型医疗系统设计及其性能优化；柔性能量采集系统设计及其性能优化。

3.3 多尺度与跨尺度力学

固体材料与结构的力学行为都呈现出多尺度特征。在过去的十余年里，经过我国固体力学工作者的努力，在固体多尺度理论、实验和计算模拟等方面取得了显著成绩，该领域的主要发展趋势包括：

（1）多场耦合环境下固体广义连续介质跨尺度力学理论

针对非均质介质，我国学者开展了一系列广义连续介质力学理论研究，建立了基于协同考虑应变梯度效应和表界面效应的连续介质跨尺度力学理论与基于原子尺度模拟的关联；提出了确定跨尺度力学参量的新途径和新思路，为进一步建立力学行为标准规范打下了坚实基础。在未来几年内，需要在多场、多尺度耦合方面开展更加深入、系统的研究工作，特别是极端多场耦合环境下固体多尺度理论的构建，以便更好地服务国家重大战略需求。

（2）固体跨尺度计算力学方法

在多尺度计算方面，我国已有较好的研究基础，特别是在微观原子尺度、介观离散缺陷尺度和宏观连续介质尺度上，我国学者已开展了较多的算法研究。但固体的跨尺度模拟不仅需要发展不同尺度下的计算方法，更重要的是如何在理论上统一材料的粒子化和连续体描述。为此，亟待发展时空多 / 跨尺度、多场耦合问题的高性能计算方法和软件。

（3）固体多尺度实验方法及信息的定量表征

固体多尺度理论和计算方法的构建离不开对固体在不同尺度上发生的力学现象的观察和定量表征。我国在微纳多尺度先进实验技术测量方面做出了显著的成绩，但仍需在高精度、高分辨率、高通量、复杂环境微纳实验测量技术及方法等方面投入更多的研究力量和资源。

（4）非均质介质波动问题的多尺度研究

波动条件下的尺度关系通常会导致材料与结构间的界限变得模糊，在实际实现减震降噪、波动路径调控等功能结构时，需要考虑材料－结构－功能一体化设计的波动问题研究，目前，这方面的研究才刚刚开始，亟待解决的力学问题主要有：亚波长、宽频适用的时空非局部动态均匀化理论框架；复杂微结构的解析和数值 Willis 动态均匀化方法及材料设计；宽低频减振降噪及波动控制（超）材料动态性能表征及设计理论；动态多尺度问题高效计算方法；弹性波超材料在工程中的颠覆性应用等。

总之，固体多尺度研究呈现如下发展趋势：更加注重多场、多过程、强非线性、非平衡、非均匀、多物态等超常复杂问题的研究；越来越多的研究将投向多场耦合 / 极端环境下高非均匀介质的多尺度理论、材料－结构－功能一体化多尺度表征方法、基于大数据驱动的多尺度建模方法、高通量多尺度实验方法与测量技术、时空多 / 跨尺度及多场耦合高性能计算、多物质强瞬态 / 强非线性多尺度建模等热点问题。

3.4 计算固体力学

当前计算固体力学已经与固体力学的各分支充分融合，相关研究十分活跃并呈现出如下特点：

（1）与计算几何、计算数学、最优控制、信息技术等学科的深度交叉。

如近 10 年来受到广泛重视的直接利用计算机辅助几何设计中表示几何模型的非均匀有理 B 样条等作为插值基函数、基于结构精确几何的等几何分析；基于辛数学思想，利用计算力学与现代控制论之间的对应模拟关系建立的计算固体力学求解新体系；依据微分几何中有限覆盖上单位分解思想发展起来的数值流形方法等。

（2）各类非线性问题是研究的热点也是难点。

为了模拟结构断裂失效过程，发展了包含增强位移场的扩展有限元及光滑粒子动力学、离散元、近场动力学及物质点等粒子法；为了解决结构损伤破坏模拟中的网格依赖性问题，引入了包含场变量高阶梯度信息的正则化技术；发展了基于数学规划列式的接触非线性问题高效算法；针对相当广泛一类材料非线性问题，基于建立了与热力学理论自洽的本构框架以及相应的本构积分算法，发展了能够保证算法二阶收敛率的一致性切线刚度阵技术。

（3）先进结构优化设计理论与方法

尺寸优化和形状优化已相对成熟，作为结构创新设计重要辅助工具的拓扑优化近年来得到了很大发展。先后提出了变密度法、进化法、水平集方法以及基于移动可变形组件 / 孔洞的显式拓扑优化方法等。材料－结构并发多尺度优化设计的研究也是方兴未艾。

（4）如何考虑不确定性成为关注的焦点之一。

为了定量评估和有效规避各种不确定性给结构安全以及服役性能带来的潜在风险，考虑不确定性的结构分析与优化近年来受到了广泛关注。计算力学方法是对不确定性进行量化、表征以及传播分析的重要手段之一。目前在结构随机有限元、结构随机动力响应分析的高效算法、结构可靠度的高效分析与优化、结构鲁棒性分析与优化等方面均已取得了重要进展。

（5）更加注重模型的确认和计算结果的验证。

早期计算固体力学研究偏重于关注给定数学模型下数值计算的精度和效率，对模型本身的适用性研究不多。近年来随着计算固体力学研究对象日趋复杂，人们开始关心数学模型是否真正反映了力学问题的物理本质，并尝试总结行之有效的模型选择规则和结果验证手段以提升数值仿真对力学行为的预测能力。这方面的研究近年来发展迅速。

（6）高性能计算日益受到重视。

一方面大型电子计算机的出现为高性能固体力学计算模拟提供了坚实的硬件基础；另一方面超高、超大复杂工程结构以及服役于超常（甚至极端）环境下重大装备的设计研发对高性能计算的需求也日趋迫切。目前已在高性能计算环境下发展出一批计算固体力学并行算法、可扩展算法、智能优化算法；通过整合分布式计算资源，面向超大型结构与区域结构的复杂力学行为（如强风、强地震作用下的结构弹塑性时程分析、失效破坏等）仿真的网格计算、云计算研究也在不断深化。

（7）多尺度、刚柔混合结构、多物理场耦合问题研究是前沿方向。

实际工程中层级结构、高度非匀质结构的大量涌现，带动了多尺度计算固体力学的发展以及多尺度有限元、渐进均匀化等方法的研究。随着大型空间展开结构、智能机器人、智能软结构等研究的深入，还需要发展针对刚柔体耦合结构的高效数值计算方法，由此可能催生出全新的计算固体力学理论体系。大规模集成电路、复杂超导装备、大型核工业结构等研制的重大需求，使得机械力场与电场、热场、磁场等多物理场之间耦合问题数值分析的理论与算法研究越来越受到重视。此外，声场与结构耦合作用、流体与结构耦合作用数值分析也逐渐成为重要研究方向。

新型结构、新型材料的大量涌现给计算固体力学不断提出新问题、带来新挑战；现代力学、数学、控制理论、计算技术、信息技术的最新成果是计算固体力学持续发展的动力之源。作为计算力学的一个重要分支，计算固体力学必将在固体力学问题研究以及实际工程应用中发挥越来越重要的作用。未来的重点研究方向包括：极端环境下强非线性、含有多种物质形态、复杂动力学问题的高效数值算法；考虑不确定性的计算固体力学；与物理实验相结合的数值模拟；刚柔耦合系统计算固体力学；结构优化设计；基于高性能计算环境的大规模多场、多尺度耦合固体力学问题的数值模拟；大型结构与复杂装备设计的数字孪生技术；计算固体力学与数据挖掘、机器学习、人工智能等的交叉融合；大型计算固体力学软件研制等。

3.5 实验固体力学

（1）先进实验力学方法和技术

现代测控技术、数字图像技术和大数据传输与处理技术的发展将开拓新的实验手段，而信息与微电子技术的飞速发展对先进实验力学设备的研制起到了巨大的推动作用。在新的发展形势下，实验力学首先立足于发掘新的实验力学测试理论和方法，注重基于新物理效应的测量原理研究，将实验力学学科的传统内涵与创新方向结合，构架学科的知识创新体系，创立新的学科方向；其次，力学研究对象发生了极大的变化，微小尺度、极端条件、多场耦合、生命活动等给力学测量带来了巨大的挑战，实验力学需要结合先进的数字与微电子技术，在进一步改进和提高已有的检测方法和技术的同时发展新一代系统化、专门化的实验力学方法和技术。微纳米实验力学、高温实验力学、智能材料与结构的实验力学、多场耦合与跨尺度实验力学方法、生物实验力学、谱线与射线实验技术等将成为今后研究的重点。

（2）先进实验仪器的研制和开发

随着计算机技术、微纳米技术、光电技术、材料科学等现代科学技术的不断进步，力学实验测试设备在很大程度上满足了现代工业发展的需要，但面对深海工程、大型土木工程、国防重装设备、高速铁路等一大批现代工业的进一步发展，以及前沿基础研究的需求，又不断对力学测量仪器与设备提出新的需求。实验力学在继续提高已有的检测设备的性能的同时，要着力解决诸如高温、高压、强磁场、超高速、腐蚀氛围等极端环境下的力学测量仪器，以及残余应力等材料内部力学参数的分析与测量仪器的研制。同时，面对跨尺度、多参数同时测量、大型复杂结构力学参数的综合测量，则不仅需要研制新型的测量仪器设备，更需要构建和集成大型的力学综合测量系统与分析平台。

（3）实验数据的识别与反演分析方法

实验数据的识别与反演分析是将实验检测数据和力学理论与数值模拟方法结合，揭示实验数据与众多力学参量的内在联系，以及材料或结构的多种力学响应和行为规律等，是实验力学研究揭示问题本质、反映深层次规律的重要环节。随着各种高空间、时间分辨成像设备的不断问世，复杂系统与过程中传感器将输出巨量数据。因此，在未来十年中实验数据的可视化技术、识别与反演分析方法会快速发展，并将在实验力学应用研究中处于重要的位置，在新材料力学性能表征、多尺度、多场耦合、极端环境变形测试及材料和结构力学实验参数反演识别等诸多领域得到应用。

（4）多学科交叉的实验力学

实验力学的学科特点是将力学与光、电、声、磁、热、射线、数字图像和计算机等技术相交叉的与基础研究、工程应用和生产实践相结合的学科。这一特点决定了实验力学学科的发展必须不断进行跨学科的交叉，一方面，吸收外学科的新成果，发展新型实验力学方法和技术；另一方面，实验力学是力学学科驱动的实验科学，应该与理论研究、数值模拟等兼容并包，开展问题导向的联合攻关，形成更加开放、包容和富于进取的实验力学研究态势。

3.6 振动、冲击与波动力学

（1）振动方面的发展趋势与研究重点

针对大型空间航天器、高超速飞行器等重大装备，研究在多场耦合状态下的精确动力学模型以及振动诱发机理，包括：多场耦合下的非线性动力学模型与分析方法，大型空间可展开结构、大型空间航天器的轨道 – 姿态 – 振动耦合建模与仿真技术，高超声速飞行器振动响应的高精度数值计算与测试方法；建立能够考虑复杂工作环境以及特定频宽的振动控制方法与减隔振策略，主要包括：微纳机电系统的振动控制与能量收集，全寿命周期航空发动机叶片、轮盘等高速转子部件及整机振动与减振策略，水下装备低频振动控制，大型机械装备及精密设备振动控制及优化；随着动态功能设计在先进材料与结构的需求日益凸显，关注轻质化隔振材料，减隔振功能一体化结构以及超材料 / 超结构的设计，可促进动力学与固体力学两个学科的交叉融合。

（2）冲击方面的发展趋势与研究重点

建立能够全面考虑复杂加载环境（温度、辐射、电场、磁场等）的材料动态力学行为表征方法、本构模型、失效模型以及相关数值仿真方法，真实再现固体由变形、微观损伤的萌生演化、宏观裂纹的出现直至破坏的全过程，推动固体本构与变形方向的进一步发展；另一方面，建立能够准确描述材料动态力学行为的唯象模型，推动其在工程中的应用。在冲击动力学实验技术方面，加载方法从一维到三维，加载环境从常规环境到多场耦合，测量方法从单点测量到全场测量、从表面测量到内部测量等。在航空航天、公路交通、轨道交通、船舶、国防装备、民用建筑等行业中，仍有部分领域虽然面临冲击问题但在设计时并未考虑，未来装备设计发展的重要方向是轻量化、精细化、高可靠性等，因此冲击动力学在这些领域的推广和广泛应用是必然趋势。

（3）波动力学方面的发展趋势与研究重点

波动力学基础理论：弹性介质动态非局部理论及波动解的研究；各向异性非均质弹性介质波传播数学求解；有限变形非线性波动力学数学解；强非线性波动矢量波解的存在性和特性，以及结合机器学习、人工智能技术的弹性波物理参数反演算法。

智能材料波动力学：力电磁等多物理场耦合智能材料的动态本构关系建立与参数表征方法；智能材料波动新现象发现、机理揭示及其应用研究；智能可调波动控制材料设计与仿真方法。

电子电磁器件波动力学：微尺度电磁器件高频振动精确分析方法；微尺度电磁器件结构非线性振动分析理论和方法；复合材料和结构的振动分析解与结构功能参数预测。

超材料波动力学：超材料微结构设计机理与拓扑优化设计方法；弹性波调控的理论机理、材料设计和工程实现；建立基于时变、主动等手段的拓扑材料设计和力学表征方法；波动力学的工程应用：基于波动的结构健康监测；宽低频吸声材料与结构；重大工程装备的噪声控制等。

3.7 损伤、疲劳与断裂

材料的损伤、疲劳与断裂：尽管在材料的损伤、疲劳与断裂方向已经取得了丰硕成果，但是，由于相关问题的复杂性、多样性以及不断涌现的新材料和不断变化的新环境和新条件所提出的新挑战，目前还存在诸多尚未解决的重要问题。这些问题涉及多尺度、多场耦合、微结构与宏观性能的关联以及强烈非线性、非平衡和局部失稳等方面，具体包括：

（1）材料的微观结构演化和宏观破坏行为的关联

材料的损伤、疲劳和断裂行为实质上是一个复杂的跨空间、跨时间演化过程，每一个环节的变化都会对材料最终的破坏行为产生重要影响。因此，材料破坏行为和微观结构演化的关联问题一直是研究者重点关注并期待有所突破的问题。尚需在材料破坏过程的跨尺度原位观察技术、微纳尺度下缺陷形成和演化的统计力学分析、材料变形和破坏事件的跨尺度关联（包括时间和空间）、跨时间尺度的实验观测和理论表征、“内 / 外”不同尺度下材料的变形机理等方面加以突破。

（2）智能材料的损伤、疲劳与断裂多场耦合分析

近年来，智能材料向柔性化、大变形、多功能、小型化、活性方向发展，在力、热、电、磁、化学等多场耦合作用下，其损伤、疲劳与断裂失效过程呈现出复杂的多场、多尺度、多过程相关性和尺寸效应。目前，智能材料的损伤、疲劳与断裂研究方兴未艾，但大都停留在常规的实验观测阶段，缺少对其在复杂多场耦合环境下变形和失效机理及过程的细致观测和全面把握，缺乏对其损伤演化和失效行为的定量描述。尚需在多场耦合作用下智能材料损伤与失效机理及定量表征方法和理论、不同尺度下损伤演化及其多尺度关联、大变形 / 非平衡 / 非稳态条件下智能材料的变形与破坏理论等方面实现突破。

（3）极端服役环境下材料的损伤、疲劳与断裂理论

随着现代科技的发展，材料常常面临高温、高压、辐照、氢等极端服役环境，在服役过程中材料会产生原子级的空位、间隙原子、层错四面体、位错环、孔洞等不同维度的缺陷，定量描述极端服役环境下材料不同维度缺陷之间的相互作用过程是损伤、疲劳与断裂理论研究中亟待解决的关键问题，主要包括材料中不同维度缺陷（点 / 线 / 面 / 体等缺陷）间相互作用的动力学过程及其机理、材料损伤与破坏过程的多尺度 / 高通量实验技术与方法、材料在不同尺度下的损伤机理与多尺度关联等。

（4）软材料的损伤、疲劳与断裂

软材料特有的大变形、黏弹性和自恢复等特点，使得该类材料的变形、损伤及失效行

为更加复杂，需要从实验技术、理论模型、计算方法等方面深入研究，获得软材料损伤和破坏的宏观演化规律，揭示软材料损伤和破坏的微观机制和缺陷尺寸效应。尚需解决的科学问题包括软材料宏微观损伤和失效理论、表面效应和环境因素对软材料损伤和失效行为的影响机理、软材料的疲劳失效机制和寿命预测模型等。

结构的损伤、疲劳与断裂：尽管我国学者已经在结构疲劳与断裂问题方面奠定了深厚的研究基础，但是随着结构设计技术的进步以及新型工程结构的出现所引起的服役环境的变化，结构疲劳断裂的新问题和新难点不断涌现，目前依然存在以下亟待解决的难点：①确定性结构疲劳与断裂分析模型的发展与完善。需建立多因素作用下疲劳寿命模型的高精度修正方法、更真实反映实际损伤演化历程且能适用于实际工程结构的疲劳损伤累积理论、能充分模拟真实载荷环境的试验加载方法、更高效的加速疲劳寿命试验方法、高精度的加速寿命试验统计分析技术、三维裂纹扩展预测模型及其工程应用方法等。②不确定性结构疲劳与断裂分析模型的构建。主要包括：复杂结构疲劳问题不确定因素具有多源性和强非线性特点，疲劳寿命预测较困难；基于概率模型的结构疲劳寿命数值模拟方法对样本数据的依赖性大，对不确定参数较多的工程结构进行分析时，随机模型的计算公式复杂、计算量大，且可靠度对概率信息敏感性高；适用于小样本的非概率模型研究仍处于起步阶段，亟待发展计及非概率因素的结构疲劳寿命响应界限的准确预估方法；传统的非概率不确定性传播分析方法多适用于处理线性情况，对于服役环境复杂的结构，非线性不确定性疲劳问题的分析仍存在困难；不确定源较多时，用随机方法研究不确定性裂纹扩展计算公式复杂，计算量大，基于小样本的随机方法得到的结果可信度差；裂纹扩展速率区间的估计还不够完善，仍存在许多需深入探索的问题；结构的裂纹扩展过程由多个阶段组成，因此结构裂纹扩展寿命的数值预测需要综合考虑多种模型，存在一定难度；传统的区间不确定性传播分析方法多适用于线性情形，复杂结构构件的裂纹扩展过程具有强非线性特征，这种非线性加剧了裂纹扩展过程的不确定性，使得裂纹扩展的数值预测存在极大困难。

生物材料的损伤、疲劳与断裂：尽管生物材料的损伤、疲劳与断裂分析已经取得了长足的进步，但是，由于生物材料的多样性及其力学行为的复杂性，目前还有许多关键问题需要深入研究。主要包括：生物材料的损伤、断裂与失效行为与界面强韧化机制，及其与材料成分、受载模式、结构形式等之间的关系；基于连续介质力学框架下的生物材料损伤和断裂力学模型，如何预测具有复杂界面特征的生物材料界面变形特征和破坏过程；考虑力学、生物学、化学等因素耦合并计及生物材料的自修复、重塑等独有特性的生物材料损伤、断裂与疲劳理论；生物材料在不同尺度上静态与动态损伤行为与结构演化的实验表征方法；考虑生物材料的复杂组成成分、多层次和多尺度结构特征及力生化耦合的计算模型及其高效计算方法。

3.8 智能材料与结构力学

新兴智能复合材料结构研究涉及力学、物理、材料、化学及机械等多学科综合交叉，具有几何大变形与材料非线性的特征，响应机理和工作环境上具有多场耦合的特点，尺度上具有从微观结构到宏观大变形的跨越，需要进一步考虑多学科相互关联的新的力学研究，是力学领域中具有挑战性的前沿研究方向。

（1）主动大变形复合材料及其结构的力学行为研究

主动大变形材料在外界物理或化学信号激励下，能够产生主动、大变形行为，是一类典型的多功能材料。将其与增强相复合后可以得到智能多功能复合材料，兼具了智能主动大变形材料的多功能特性以及复合材料的较好综合力学特性。主动大变形复合材料结构力学及应用是一个具有较大学术研究和工程应用价值的方向。

（2）智能复合材料结构的力学性能和失效行为表征

建立多场耦合变形和断裂破坏理论模型，发展多场耦合计算方法，提出多场耦合力学性能表征方法，对于研究微纳米尺度材料在外场作用下的力学性能测试具有重要意义，为新的多功能材料与微系统的设计、制备与应用提供指导。开发互不干扰的多场多氛围环境耦合加载与屏蔽技术，以及多场多氛围环境微纳米力学测试表征方法尤为重要。

（3）基于智能材料/结构的结构健康监测及弹性波/声波调控

压电材料和磁性材料的很大的应用领域是用作声学或弹性波换能器。基于导波的结构健康监测技术是目前学术界和工业界研究的重点。发展柔性、轻薄、可无损植入的导波传感器是目前该领域的主要研究方向。近年来弹性波/声波的主动调控成为学术界的研究热点。

（4）变形/承载一体化、变刚度的智能多功能材料与结构

变形/承载一体化、变刚度多功能材料的典型研究对象是飞机智能蒙皮微系统。飞机智能蒙皮微系统是保证飞行器气密性和良好气动布局的关键，作为变体飞行器的蒙皮不仅保证足够的面外刚度承受气动载荷，而且还要有较低的面内刚度随结构变形。智能蒙皮微系统实现变形/承载一体化是未来变体飞行器蒙皮结构发展的一个主要方向，变刚度蒙皮结构也是未来研究的重要方向。

（5）自感知、自适应智能多功能材料与结构的设计与研制

自主、自适应多功能材料与微系统的研究涉及热、电、力、光、磁等物理量，覆盖物理、化学、力学、信号处理、传感器、现代控制理论等学科，各学科的基本理论、分析、试验和工程化方法已经成熟，其基本科学依据充分，基本研究工具和手段成熟。自主、自适应多功能材料与微系统亟待攻关下列关键技术：多物理场耦合作用下的理论体系需要完善；传感、信号触发和作动的性能有待提高；面向实际应用的工程设计方法和流程有待完善。

3.9 复合材料力学

（1）复合材料分析模型与理论

传统的先进结构复合材料领域，复合材料分析模型与理论至关重要，在这方面，基于组分材料性能和微观结构信息预测复合材料的宏观力学性能和物理性能，是力学、材料、物理等领域都关注的基础性问题。

目前，复合材料分析模型与理论的关键科学问题为：

①复合材料的动态均匀化理论。传统的均匀化理论将复合材料等效为一种均匀介质，继而使用静态外力作用得到力学性能参数。这种做法对于低频外部激励是合适的近似。但是，在高频及需要获取复合材料微观尺度上动态力学特性的情况下，上述近似理论无能为力。复合材料的动态均匀化理论近年来受到国内外学术界的广泛关注，也是超材料基础理论研究的热点。

②复合材料的非局部、非经典均匀化理论。对复合材料、超材料、地质材料、生物材料等非均质材料动态力学行为和波动理论的需求催生了时（间）–空（间）非局部理论。最新理论已经表明，非均质材料的动态力学行为必定具有时（间）–空（间）耦合的非局部特征，这些理论产生了非经典类型的时–空耦合非局部控制方程，成为细观力学的一个新兴生长点。

③复合材料在多场耦合作用下的跨尺度材料–结构一体化理论。随着材料–结构一体化、结构–功能一体化的发展趋势，以及新型制备工艺的发展，对复合材料力学性能的研究正在向着对复合材料结构性能的研究，以及将力学性能分析与其他功能性分析相结合的方向发展，甚至需要将制造工艺工程的影响因素包括到力学性能和功能性的分析之中。

④复合材料的损伤和破坏分析预测理论。相对于复合材料的宏观等效性能而言，复合材料的损伤、破坏分析预测理论发展缓慢。复合材料的破坏过程涉及多个时间、空间尺度，机理复杂，各个尺度上的信息传递难以精确定量表征，材料本身性能也具有一定的不确定性，给发展普适性的复合材料损伤和破坏分析预测理论造成了极大的困难。因此，对于具有不同微观结构的复合材料发展特定的模型和理论可能是一条值得探索的途径。

（2）先进结构复合材料

目前，作为结构轻量化核心材料的先进结构复合材料的力学性能和破坏形式极为复杂，不仅与细观结构有关（其中纤维尺度 6~7 微米，界面尺度 100~200 纳米，细观结构毫米尺度，复合材料结构米级尺度），也与材料内部损伤和缺陷分布密切相关，是一个典型的多尺度问题，同时复合材料的破坏具有渐进式和局部性的特点，缺陷演化的原位实验测试对复合材料损伤机理的揭示具有重要意义，由于基体开裂、界面脱粘、纤维断裂和拔出的破坏机理会引起材料内部本构关系的非线性变化，这些都给各向异性复合材料力学性能分析带来困难。先进结构复合材料的关键的科学问题为：复合材料轻量化结构拓扑优化设计方法、复合材料渐进损伤分析方法及强度判据、复合材料开孔补强及连接结构评价方法、复合材料损伤演化机理及原位测试技术、考虑界面影响的复合材料宏微观多尺度模拟、复合材料预制体成型及复合工艺力学。

（3）功能复合材料中的力学问题

基于纳米材料的功能复合材料，其力学性能是材料和结构服役和应用的关键。其关键科学问题如下：纳米材料及结构应变场和应变梯度场的精确测量技术和分析方法、纳米材料本构关系和结构力学模型、考虑结构、缺陷统计特性的纳米单元力学性能的本构关系、微/纳米材料及结构界面处载荷传递机制及先进复合材料宏观体系跨尺度力学特性的传递规律、纳米材料及其复合材料界面变形对其物理化学性质的调控机制、功能纳米复合材料的构效关系和服役性能评价。

（4）绿色复合材料

对于新兴的绿色复合材料而言，植物纤维具有明显不同于人工纤维的微观结构，它们具有多空腔，并且是多尺度的结构。而复合材料的性能和损伤破坏规律除取决于其组分材料的性质外，还取决于细观结构特征。所以，植物纤维所具有的独特微观结构必然会对用其作为增强材料的复合材料力学带来如下关键科学问题：

①多层次、多尺度界面力学研究。植物纤维具有很强的亲水性，不易与憎水性高分子基体形成好的界面结合，导致复合材料力学性能的下降；而植物纤维多层次、多尺度结构的存在，使得植物纤维增强复合材料的界面破坏具有明显的多层次、多尺度特征，因此，揭示多层次、多尺度的界面损伤机制，实现界面性能乃至力学性能的调控，对提升力学性能可望起到关键作用。②植物纤维增强复合材料的界面力学研究方法。同人工纤维相比，植物纤维具有截面形状不规整、纤维沿长度方向不均匀等特点，因此采用传统的界面力学研究方法，包括实验研究方法和理论分析建模都无法准确地给出植物纤维增强复合材料的界面力学性能，需要适合于该类复合材料界面力学研究方法。③多尺度复合材料成型缺陷控制。复合材料成型过程中由于树脂在不同流道中的流动不匹配性会带来的气泡、孔隙等缺陷并对其性能有着重大的影响，而对于植物纤维，由于纤维内部大量空腔的存在，比人工纤维复合材料多了尺度更小的树脂流道，缺陷形成机制就更加复杂。因此，需要在不同层次和尺度上对树脂的流动进行建模和分析，实现缺陷控制，提升材料力学性能。④复合材料的耐久性研究。植物纤维增强复合材料的强度和模量等力学性能会随着服役时间的延长而大幅下降，并且这个过程伴随着明显的多层次多尺度的损伤破坏演变过程，因此植物纤维增强复合材料的耐久性研究更加困难，也是十分必要的。需以细观损伤力学为基础，建立力学性能损伤演变模型，预测并提升复合材料长期力学性能。

3.10 能源力学

在非常规能源开采技术方面，由于非常规能源储层的复杂性、非透明性和监测手段的局限性，其安全高效开采技术中的力学问题还很突出，主要体现在以下几点：①储层力学行为的微观机理及跨尺度力学本构关系不明，缺乏微纳尺度的高精表征方法；②力学诱发相变机制以及相变过程中的力学行为定量描述缺乏，如天然气水合物开采；③复合介质（裂隙和孔隙）热－流－化－力耦合作用机制与破裂演化过程还没有完全厘清，如复杂条件下破裂机制、人工裂缝与天然裂缝的相互作用机制及其力学模型，支撑剂在裂缝中的运动规律及其与裂缝两侧储层的相互作用机制；④缺乏准确的基于连续－非连续介质理论的多尺度多场耦合力学模型。

储能材料与技术中的力学问题作为一个新兴领域，仍存在一些基本科学问题亟待解决：①力－电化学耦合可靠性的定量描述：目前的研究主要还停留在力学损伤和电化学退化的定性描述上，扩展可靠性分析这一典型的力学问题，发展力－电化学耦合可靠性的定量描述，是亟待解决且至关重要的问题，解决这一问题将极大地推动力学、化学、材料等多个领域的可靠性研究；②多尺度物理过程的耦合：储能电池普遍存在活性材料、复合电极、电池、电池组等多个尺度，每个尺度均存在其特征的力学问题和物理过程，这些过程交互和耦合的重要性得到普遍承认，但仍然缺乏有效的原位实验技术及数值模拟仿真方法。

由于新型光伏、热电、燃料电池等新能源转换材料与技术大多是近年来才得以开发，基本尚处于实验阶段，使得此类能源转换材料与技术的多物理场耦合问题尚未得到深入研究。存在的基本科学问题较多，例如：①在微观层面，应力 / 应变对能源转换材料电子结构等的影响，从而发掘能源转换材料的多物理场耦合微观机制；②在宏观层面，力学因素对能源转换性能的影响，从而确立力学在此领域的关键地位；③在设计层面，基于力学分析，开展低应力电堆的设计和优化提高使用寿命、降低衰减率，提出长寿命加速评估方法；④在测试层面，开发针对密闭、高温等严苛环境下多物理场的原位测试技术。

3.11 制造工艺力学

制造业是国民经济的物质基础和工业化的产业主体，高度发达的装备制造业是实现工业化的必备条件，也是一个国家综合竞争力的重要标志。利用基于制造工艺力学的制造工艺过程模拟仿真将工艺定量优化，提高生产效率，实现节材、节能，是未来制造企业要掌握的十大关键技术之一。中国是一个制造大国，仅次于美、日、德，居世界第四位，但产品自主创新开发能力较差。提高集成能力和创新能力，开发和应用先进制造技术、工艺、装备，改造传统制造业，是提高我国制造业竞争力的关键。力学和材料科学、微机电系统（MEMS）和先进制造工艺这三个重要工程领域的结合将为制造工艺力学带来新的发展机遇，并引导具有重大工程意义的技术突破。随着传统加工过程（铸造、锻造、冲压及塑料注射等）宏观数值模拟的日益完善，发展微观数值模拟及组织性能质量预测技术就显得十分必要；为满足信息技术、生物技术以及微机电系统的制造生产需要出现的微制造工艺技术，为满足新材料的制造加工需要出现的高能束化制造技术，将大大扩展人们制造加工产品的能力。上述技术涉及的基础理论和科学问题多而且复杂，有待深入研究和解决，主要科学问题有：

（1）材料的微结构演化

成型加工不仅是材料获得一定的形状、尺寸，而且赋予材料最终的组织与性能。研究材料微结构在制造与加工过程的演化，包括形貌演化、相结构演化、缺陷结构演化等，其目标是实现从制造加工到材料微结构到材料力学行为，再反馈到制造加工的闭环过程，预测并优化最终的组织性能。在理论上需要发展可兼顾能量传递和微结构演化过程的理论框架，建立宏、细、微观耦合的多尺度力学模型；在计算手段上，需要发展不同尺度的空间离散技术、不同尺度区域的耦合技术和不同时间尺度下的时间加速计算技术。

（2）微制造工艺力学

微制造过程不但涉及物质在细微观（统称微尺度）层次物质运动规律的研究，而且涉及在这一尺度范围内机械运动与其他物质运动形态，包括热、光、电等的相互联系与转化规律的研究。由于尺寸微小，其流动特性和材料与结构的力学行为和物理性质与宏观法则有明显不同：当它受不同环境（湿、热、电、磁、力等）和不同加工过程的影响时，力学参数也会有明显变化，表现出尺度效应、表面效应、隧道效应都远远超出宏观力学和物理规律范畴。迄今为止，宏观力学中的物理规律不能完全解释和指导微制造工艺、封装和应用中提到的问题，尤其是对其中很多重要问题还缺少有效的实验研究方法，迫切需要开展这方面的工作。

（3）非传统制造工艺力学

非传统制造工艺是指通过引入激光、电子束、离子束、等离子体、微波、超声波、电磁、高压水束流等新能源或能源载体，形成的不同于传统的特种制造工艺，如激光加工、增材制造等。制造环境从简单的环境拓广为伴随着光、电磁、声、热与化学作用的环境，制造过程从平衡态过程变为非平衡态过程。非传统制造工艺力学具有多耦合和远离平衡态的特点，比一般的工艺开发要难得多，其原因在于，非平衡态工艺的效果强烈地依赖非平衡态动力学过程，工艺窗口狭窄，单凭工艺试凑，难以成功。随着非传统制造工艺应用的日益广泛，多场耦合和非平衡态动力学过程的研究就显得十分重要。

4 我国固体力学学科发展的对策与建议

4.1 微纳米力学

近年来，微纳米力学蓬勃发展，我国学者在相关领域成果卓著，为力学学科前沿探索、国家科技实力提升做出了重要贡献，也培养造就了一批优秀青年学者。但作为新兴交叉学科，微纳米力学的发展还很不充分，因此建议：

1）做好学科规划，引导相关领域的学者进一步拓展研究思路，在前瞻性基础研究和引领性原创成果方面取得重大突破，促进微纳米力学学科良性有序发展。

2）微纳米力学工作者应在开展基础研究的同时，加强与国家重大需求的结合，解决国民经济发展相关的关键科学问题。

3）倡导以未来新兴产业需求为导向的原创性基础研究，推动基础研究走出实验室、走向工程应用，实现研究成果向经济效益的转化。

4.2 软物质力学

1）软物质力学涉及力学与材料、化学、电子、物理、医学、生物等多个学科领域的交叉。为促进这一学科的发展，必须高度重视深度的多学科融合和交叉。此外，软物质力学鲜明地体现了力学建模、分析、计算和实验四位一体的特点。这一方向的实验研究是发现新现象、获得新结果的源泉，也是验证理论和计算结果的重要手段，但通常具有耗时长、耗资多的特点，因此需要鼓励该方向在原创性实验技术、实验方法和科学仪器研制等方面的研究。

2）大型平台基地是保障软物质力学学科发展的一个重要方面，但国内目前还没有以软物质力学为主题的国家级研究平台（例如国家重点实验室或工程中心）。因此，希望国家科技主管部门能给予政策上的支持，鼓励以该方向为核心建立国家重点实验室或国家工程研究中心，以凝聚相关方向的研究力量，推动该方向关键和核心技术的发展，推动基础科学问题到实际工程应用的全链条研究，从更高更广的视野来进一步推动我国软物质力学的快速发展。

3）软物质力学是当前国际力学研究前沿之一，为推动国内软物质力学的发展，还需要开展密切的国际交流与合作。在中国力学学会的领导下，主办以软物质力学为主题的高层次研讨会、在重要国际力学会议上以中国力学研究人员为主组织软物质力学相关专题研讨会、推荐国内软物质力学专家到国际重要学术组织和期刊任职等，进一步提升我国软物质力学的研究水平和国际影响力。

4.3 多尺度与跨尺度力学

为了促进我国固体多尺度力学的发展，在未来5~10年，应面向学科前沿，面向未来新技术发展和国家重大发展战略的需求，前瞻性地布局基础研究和应用基础研究问题。具体建议如下：

1）加强学科发展生态的顶层设计，统筹学科发展。固体的多尺度与跨尺度力学涉及力学、材料、物理等多个学科，呈现出交叉性、集成性、复杂性的典型特征，应该加强学科的整体规划，统筹各分支领域的协调发展，推动大数据、高通量等新兴技术在该领域中的应用。

2）实施“双轮”驱动发展战略，加强服务国家战略需求的能力。固体的多尺度与跨尺度力学是近年来发展起来的新兴学科，具有基础性、前沿性的特征；同时，它又应未来新技术和国家重大发展战略需求而生，是制约先进制造技术、微纳米科技、国防科技等重大战略领域快速发展的瓶颈。只有实施“双轮”驱动战略，既面向世界科学前沿，又面向国家战略需求，重点解决国家重大战略需求中若干“卡脖子”问题，该学科才能不断地获得发展的源动力，实现快速发展。

3）加强队伍建设，促进优秀人才脱颖而出。经过多年的培育，我国在固体的多尺度与跨尺度力学领域已形成了一支创新能力强的中青年研究队伍。但现有人才队伍存在地域分布不均衡、研究方向分布不均衡、发展不均衡等突出问题，缺乏多尺度实验技术、多尺度软件技术开发等方面的优秀人才。应通过资助政策的引导，积极扶持一批从事周期长、见效慢研究方向的优秀人才。

4）加强开放与合作，形成融通国际的科研格局。作为固体力学的一个快速发展的新兴分支，固体多尺度与跨尺度力学研究在国际上非常活跃，各种新思想、新方法、新技术、新成果不断涌现。加强国际交流与合作，鼓励我国学者积极参与该领域的国际竞争，提升我国在此领域的影响力和话语权。

4.4 计算固体力学

1）继续加强基础研究，争取获得更多更有显示度的原创性成果，以高水平的研究工作催生计算固体力学中国学派并在国际学术舞台上占有重要位置。全方位、多渠道加强与相关国际组织的紧密联系，不断扩大我国计算固体力学学科的国际影响力，提升我国计算固体力学工作者在国际学术组织中的话语权。

2）继续面向国家重大需求和国民经济主战场开展工作，充分发挥计算固体力学学科对重大装备研制、重大工程建设、保卫国防安全、繁荣国民经济的重要作用。

3）计算机辅助工程软件是计算力学理论与工程实际相结合的桥梁，是现代化工业体系下科技创新的重要平台，是具有战略意义的“智能化软装备”。计算力学的理论和方法只有在软件中实现，才能更充分地发挥其科学价值。西方发达国家一直高度重视数值模拟CAE 软件，通过制定一系列强有力的政策，不遗余力地推动数值模拟方法研究和工程计算软件研发。令人遗憾的是，由于缺乏资金投入和政策支持，目前我国数值模拟 CAE 软件系统基本为国外产商所垄断，且高端模块对我严格禁运，客观上形成了战略软装备受制于人的被动局面。另一方面，经过多年的发展，目前我国学者已发展了一批具有世界领先水平的计算力学理论和方法。但遗憾的是，由于这些理论和方法不能在国产软件中落地实现，很多未能充分转化为支撑我国科学研究和工程结构设计的切实能力。计算力学学科从业人员的大量研究工作或完全基于国外软件，或在国外软件基础上依靠二次开发完成，客观上形成了为国外软件公司间接打工的尴尬局面，要改变上述局面，不仅需要时间和资金的投入，还需要政府、科技管理部门和社会各界形成共识，共同支持自主可控计算力学软件系统等的研发，创造良好的发展生态。建议依托国内优势单位建立若干国家级计算力学软件研发中心并提供长期稳定经费支持，帮助其构建高性能计算环境。中心一方面致力发展先进计算力学理论与方法研究，开发、集成自主可控的大型力学与工程计算软件系统；同时还将培养和稳定一支计算力学软件开发队伍。通过中心建设，争取在短时间内使我国自主可控计算力学研究系统的整体水平获得明显提升。

4.5 实验固体力学

1）加强与国际学术组织的联系和交流，积极推荐我国优秀青年学者在国际重要学术组织、重要国际学术期刊任职，扩大我国实验力学学科在国际上的影响力，提升我国实验力学工作者的国际地位和话语权。

2）继续推进国内实验力学学术交流，促进学科交叉和重大工程应用，树立具有学术影响力的学术品牌活动。办好《实验力学》刊物，提高影响力。

3）加强对青年实验力学工作者的培养，促进他们快速成长。鼓励青年学者主办高端学术研讨会，推动我国优秀青年实验力学学者与国际顶尖科学家的交流。

4）重视实验力学技术的推广，加强实验力学学科的产学研布局，促进高校等研究机构与工程部门、企业间的交流和合作，进一步提升我国实验力学技术和设备的国际竞争力。以国家重大战略需求为出发点，使实验力学方法、技术、设备更好地为国民经济和国防建设服务，提升学科的竞争力。

5）为了促进实验力学学科的均衡、多元化发展，除了要继续保持优势学科的发展势头外，需要对薄弱方向和新兴方向加以鼓励和扶持，加大经费的支持力度，吸引更多的学者投入其中，逐步扩大研究规模和影响力。

4.6 振动、冲击与波动力学

1）在实验技术方面，建议建立并推广相关试验标准，如霍普金森杆试验标准、气炮实验标准、高速拉伸机试验标准等，加强不同实验数据之间的可对照性；另外，建议加强从业人员培训，提升从业人员整体水平。

2）建议多关注冲击动力学相关基础理论，如材料动态屈服准则、塑性流动理论、破坏机制等，尤其是在复杂应力状态、多场耦合环境下的加载方法和材料力学行为需重点研究。

3）建议关注实际工程问题中的振动控制技术研究，特别是航空飞行器、航天器、潜艇等重大工程装备遇到的宽低频振动问题。

4）建议进一步汇聚和支持从事波动力学的研究队伍，一方面聚焦目前波与材料相互作用与调制学科前沿；另一方面瞄准国家重大工程装备动态设计与低频难题，持续开展波动力学基础、实验和应用研究。

4.7 损伤、疲劳与断裂

随着新型材料与结构的日益涌现以及服役环境的复杂多变，材料与结构的损伤、疲劳与断裂研究还面临许多新的、深层次的关键科学问题，还需要众多研究人员的齐心协力、坚持不懈。建议：

1）鉴于目前从事损伤、疲劳与断裂基础理论研究的固体力学学者严重不足的局面，固体力学界应积极倡导和鼓励研究人员从事相关研究。

2）鉴于重材料、轻结构的倾向，应该积极引导研究人员关注结构层次的损伤、疲劳与断裂问题，在材料的损伤、疲劳与断裂研究基础上，深入系统地研究结构疲劳与断裂的确定性问题和不确定性问题，发展高精度数值计算方法以推演疲劳断裂规律。

3）鉴于重理论、轻应用的问题，应该鼓励大家面向国家重大需求，在发展新理论的同时注重理论研究成果的实际应用，解决工程实际需求问题。

4.8 智能材料与结构力学

尽管我国在智能材料与结构力学领域内取得了长足的进步，但仍有不少问题需要解决。主要的对策和建议包括：

1）需要加强产学研联系与合作，使得学术研究方向和题目来源于国内复合材料工业界需求，从工业界需要提炼关键科学研究问题，其最终的成果也能真正为工业界服务，从而全面提升我国复合材料领域内的技术水平。

2）建议真正提出一些有重大原创性意义的前沿交叉的新型研究题目和方向，而不仅仅是跟踪国际前沿研究方向和热点。

4.9 复合材料力学

虽然复合材料力学发展迅猛，但先进复合材料的应用还远低于人们的预期，缺乏系统级性能/成本竞争力，受“金属替代”和“结构为主/功能其次”传统思维限制，尚未能挖掘复合材料的全部价值。此外，材料设计与微结构控制已经深入到纳观尺度，复合材料从“微米时代”跨向“纳米时代”，混杂设计可能产生新效应、新功能、新体系；从“学习自然”到“超越自然”，仿生复合材料和复合超材料可能成为未来发展的重点和热点。主要的对策和建议包括：

1）必须关注以增材、微纳制造为代表的前沿技术，转变观念，让不可能成为可能，实现最优性能与最复杂几何结构的最优化布局，以达到最轻质和最多功能的集成。创新理念，用好材料，发挥结构作用，以多功能实现系统减重，以智能化替代结构与系统，达到效能最大化。

2）重点针对轻质化、多功能化及智能化等重大需求，发展能够体现复合材料特征的多尺度 / 多物理场耦合方法、基于不确定性量化框架下分析与优化设计理论与方法，利用低维化、仿生化、有序结构等新方法、新手段，通过更微观尺度复合、界面控制、混杂化、层级化等途径设计新材料和新效应，结合现代测试和信息技术的进步，发展抗极端、原位、高时空分辨率复合材料表征、检测与评价手段，并与虚拟实验、数字孪生等新范式形成有机结合。

4.10 能源力学

现阶段，我国能源需求压力仍然巨大、供给制约较多、生态环境承载力脆弱、技术水平急需突破，人们对美好生活的需求与能源资源发展不充分不平衡的矛盾日益突出。非常规油气、低碳能源、可再生能源等一大批新兴能源技术正在改变传统能源格局。主要的对策和建议包括：

1）加强研究和开发利用更多的能源资源，实现多种能源互补，提高能源利用效率和效益，是保障我国能源安全、建设资源节约型和环境友好型社会的必然要求。

2）非常规能源开采中的力学问题是非常规能源安全高效开采的基础，不仅对热流固化耦合作用的固体破裂和损伤理论的发展具有重要意义，而且对克服目前现场开采施工的盲目性，实施精细化施工，从而提高储层改造效果和提高能源采收率具有重要作用。当然对缓解我国天然气供需矛盾、调整能源结构、促进节能减排、保证能源安全和支撑创新驱动发展也无疑具有重大的战略意义。

3）研究储能材料和技术中的多过程耦合，揭示其对储能性能的影响机制，对于储能材料和技术的优化、调控，提高能源储存能力及其性能预测、失效和安全评价等，均具有重要的意义。储能材料和技术中的能源力学将有望突破现阶段储能技术的瓶颈，推进储能技术在新能源汽车和大规模储能等领域的发展和应用。

4）而对能源转换材料与技术中的多物理场耦合问题的研究，将极大推动能源转换相关研究和产业的发展，为建立减排、低碳、不依赖化石能源的能源转换技术新体系做出贡献。

能源力学作为新兴的力学学科分支或方向正在孕育和形成当中，其研究内容和范围在扩充的动态变化中。力学要与相关学科主动开展跨学科交流和合作研究，孕育重大基础研究项目。

4.11 制造工艺力学

主要的对策和建议包括：

1）开展制造过程中材料微结构演化的模拟研究，发展相应的多尺度建模方法和算法。

2）借鉴微纳米尺度力学研究成果，开展微纳制造工艺力学研究。

3）开展非传统制造工艺力学研究，特别是增材制造技术中装备设计与材料微结构控制技术研究，发展考虑多场耦合作用的非平衡态动力学理论，在此基础上开发高性能、高保真、高效率、多场耦合、多尺度的制造过程模拟仿真技术及自主可控的CAE软件。

主要参考文献

[1] 钱学森. 关于现代力学［J］. 力学与实践，1979，1（1）：1–11.

[2] 庄逢甘，郑哲敏. 钱学森技术科学思想与力学［M］. 北京：国防工业出版社，2001.

[3] 钟万勰. 加快国产CAE软件研发，提高我国自主创新能力［C］// 第339次香山学术会议“发展CAE软件产业的战略对策”，北京香山，2008，12，23–24.

[4] 国家自然科学基金委员会，中国科学院. 我国力学学科发展战略研究报告（2011—2020年）［R］. 2010.

[5] 詹世革，孟庆国. 从国家自然科学基金的申请与资助看固体力学的发展［J］. 固体力学学报，2010，31（5）：433–439.

[6] 杨卫. 中国力学60年［J］. 力学学报，2017，49（5）：973–977.

[7] 国家自然科学基金委员会数学物理科学部. 国家自然科学基金数理科学“十三五”规划战略研究报告［M］. 北京：科学出版社，2017.

[8] 杨卫. 力之大道两周天［J］. 力学与实践，2018，40（4）：458–465.

[9] 方岱宁. 智能材料与多场耦合［R］// 力学十年：中国与世界，2018.

[10] 王铁军. 超常条件下材料与结构力学行为［R］// 力学十年：中国与世界，2018.

[11] 魏悦广. 微纳与跨尺度力学［R］// 力学十年：中国与世界，2018.

流体力学学科进展研究

1 流体力学学科的发展现状

流体广泛地存在于自然界和工程技术领域，在我们周围，到处都可以见到与流体运动有关的现象。从宇宙中巨大的天体星云到包围地球的大气层，从地球表面无垠的海洋到地球内部炙热的岩浆，从动物血管中的血液到各种工业管道内的石油和天然气，凡是有流体存在的地方，都有流体力学的问题存在。

自 1738 年伯努利出版第一本流体力学专著《水动力学》(*Hydrodynamica*)，至今过去了 280 年。随着时间的推移，流体力学在科学和工程技术领域的重要性日益增长。近几十年以来，由于理论分析、实验技术和计算机能力的不断提高，与流体力学研究相关的交叉研究领域不断增加，流体力学研究有了飞速发展。一方面，它不但在预报和测量流体非线性相互作用所导致的不稳定性、混沌和湍流现象方面有了重大的进展，同时也不断在向其他学科纵深扩展，包括在天体物理、生物学、冶金学、海洋学、气象学、地球物理学和传统工程科学的众多分支学科中发挥着重要作用。

中华人民共和国成立以来，流体力学工作者为我国现代科学发展和国民经济建设作出了重大贡献，以钱学森、周培源、郭永怀为代表的老一代流体力学学者，分别在空气动力学、湍流理论、边界层理论等方面取得了杰出研究成果，在国际上享有盛名。我国流体力学工作者在航空航天、能源工程、海洋工程、大气与水环境治理等领域发挥着重要作用，为两弹一星和潜地弹道导弹核潜艇的研制、长江三峡等水利项目的建设、油田的开发和大型水轮发电机组的设计、天气预报和大气及水环境治理、先进舰船与海洋装备研发做出了关键性的重大贡献。

近 10 年来，流体力学领域中国的论文数占世界本领域论文总数的份额排名世界第二位，其中 TOP 1% 高被引论文数的世界份额排名世界第三位。我国流体力学工作者在参与 IUTAM 等重要国际学术组织、担任流体力学领域顶级学术期刊的主编与副主编，以及组织系列国际学术会议等方面的显示度不断提升。

1.1 湍流

湍流在自然界和工业流动中普遍存在，其典型特征是非线性带来的貌似无规且初值敏感的流动状态。湍流不仅是流体力学的核心科学问题，也是飞机船舶等工程项目的卡脖子问题。近年来，湍流的理论研究和实际应用都取得了重要的进展，其主要成果如下：

理论研究：在湍流的统计理论和动力系统理论上取得了重要进展。湍流统计理论的基本问题是寻找雷诺数充分大时湍流的普适特性，该问题的最新进展是：在湍流热对流实验中发现了湍流终极态的标度律，在标量湍流里发现了极端事件从而确认了反常标度指数的饱和特性，这些结果确认了并揭示了雷诺数充分大时湍流的普适特性；在湍流的动力系统理论方面，揭示了近壁湍流的幅值调制机制，建立了相干结构的自维持动力学模型，为相干结构的生成演化奠定了新的理论基础。

数值研究：直接数值模拟是湍流理论研究的重要工具，雷诺平均方法是湍流工程研究的重要工具。大涡模拟既用于理论研究，也用于工程研究，并且逐渐应用于工程设计，它的典型成果是开展了以大涡模拟为核心的航空发动机的全机数值模拟，并逐步应用于多物理过程的复杂几何边界湍流。与此同时，LES 和 RANS 混合法或类似的 DES 也迅速发展并应用于航空航天领域。针对复杂几何边界的可压缩湍流，发展了间断伽辽金方法，提高了模拟结果的精度和可靠性。

实验研究：在湍流的时空特性测量上取得了重要进展。发展了三维粒子跟踪技术，测量了拉格朗日流体微团的轨迹，系统地得到了高雷诺数湍流中颗粒的拉格朗日统计特性；发展了三维层析 PIV 技术，得到三维流场的时间解析的演化特性，验证了壁湍流相干结构的调制和自维持动力学机制。

湍流研究的一个新的生长点是机器学习，它通过神经网络等方法改进雷诺应力模型和湍流输运方程，提高了雷诺平均方法对湍流分离的预测能力，并提供了从大数据学习和发展物理模型的方法；湍流研究的另一个生长点是时空多尺度耦合，它采用时空关联研究湍流的时空演化的统计规律并发展湍流的时空能谱模型，揭示了湍流的统计色散关系并应用于湍流噪声和风能。

1.2 涡动力学

旋涡是流体运动的重要形式，正如著名空气动力学家屈希曼（D. Küchemann）所说，“旋涡是流体运动的肌腱”。涡动力学（含涡量动力学）主要研究旋涡与涡量的产生和演化、旋涡与物体相互作用、旋涡与其他流动结构相互作用、旋涡控制等。近年来，在航空航天等国家重大需求和湍流等基础研究的推动下，涡动力学不断发展，成为流体力学研究的一个既古老又年轻的分支。以下仅从几个主要方面论述涡动力学的发展现状。

尽管涡量有严格的数学定义及相关理论，但旋涡并没有普适的数学定义，因此对湍流中的复杂涡结构识别与表征就成为十分重要的问题。大部分涡识别方法主要关注柱状涡，一般基于反对称旋转张量和对称应变率张量范数的比较，旋转张量占优并超过一定的阈值即识别为涡。采用适当的归一化方法可以减少阈值的任意性。但是，这些方法所识别出的旋涡结构所包含的物理意义还尚待进一步研究。近年来，受到关注的另一类旋涡识别方法是基于 Lagrange 追踪，例如涡面场方法，所识别的旋涡更利于以成熟的涡动力学理论去理解。

旋涡稳定性是涡动力学的核心问题之一。基于经典的正则模方法，在无黏稳定性理论、轴向旋涡流动的不稳定性、旋涡破裂、钝体尾迹的全局和绝对 / 对流不稳定性等方面取得了丰富的成果。近年来，旋涡稳定性的研究更关注涡对、多涡以及复杂旋涡流动的不稳定性，考虑壁面效应、曲率效应、浮力效应等复杂因素影响。全局不稳定性、非模态瞬态动力学、非线性动力学、低维模型分析、直接数值模拟、粒子图像测速（PIV）等理论、计算和实验方法的进展，极大地丰富了旋涡流动稳定性研究的手段，为更深入揭示旋涡流动的不稳定性复杂机理提供了有力的保障。

结构的涡致振动在桥梁、输电线路、海上结构、船用电缆等工程应用中广为存在，这也是疲劳损坏的重要原因。当前的研究主要集中于弹性支撑的涡致振动、多柱及阵列的涡致振动、自由表面对涡激振动的影响、外部激发及柱体旋转对涡激振动的控制等，相关的 PIV 实验测量和数值模拟也更加精细。

旋涡发声是气体和水动力噪声的主要来源。湍流噪声包括大尺度湍流涡结构的低频噪声和小尺度湍流涡结构的宽频噪声，对于超声速流还有与激波相关的噪声。迄今为止，声比拟理论虽然取得了很大的成功，但尚没有普遍适用的声源模型，也不能考虑声场对流场的作用。由于湍流的复杂性，加之问题十分重要，这方面的研究尚待加强。噪声控制是流致噪声研究的重要领域，近年来基于伴随的控制方法得到应用，但其计算量巨大；结合声源模型的伴随控制虽然计算量相对较小，但强烈依赖对声源机制的认识和声源模型的构建。此外，小尺度旋涡宽频噪声的数值预测还存在大的困难。

旋涡控制是涡动力学研究的工程目标。旋涡的控制方式仍然为射流、涡发生器、零质量射流等。但是，有效的旋涡控制需要对旋涡稳定性等流动机理有充分的了解。敏感性分析、优化控制理论的应用可以大幅度提高控制的效率，但通常计算量较大。建立低维模型方法，再结合优化控制理论进行流动的工程控制，这是一个发展趋势。

动边界是旋涡控制的重要方式，相关数值模拟依赖于准确的边界处理方法，流场涡结构与流动机理更加复杂，动边界处的涡动力学理论也需要拓展。动边界涡动力学的重要研究领域是昆虫飞行和鱼类游动的生物运动流体力学，相关仿生技术研究仍是涡动力学未来发展的一个重点研究方向。近年来，涡动力学的一个重要进展是由涡量场求流体力的理论，并形成了基于涡动力学的复杂流场诊断方法，在动边界等复杂流动的旋涡控制及最优设计中有重要应用。

此外，旋涡相互作用、旋涡 - 激波相互作用、旋涡 - 固壁相互作用、旋涡 - 界面相互作用等，一直是人们关注的研究课题。旋涡流动的高精度数值模拟、PIV 等精细实验测量方法、旋涡流动的低维动力学分析方法等，不断并应继续得到发展和改进，进而应用于复杂旋涡流动的机理研究。

1.3 计算流体力学

随着计算机科学和数值计算方法的飞速发展，以数值求解欧拉方程和 RANS 方程为代表的 CFD 技术已成功应用于航空、航天、船舶、武器装备、气象、海洋、水利、化工、建筑和机械等工业领域。同时，随着发展的逐步深入，CFD 也面临越来越多的困难和挑战，涉及基础理论、计算方法、物理模型、计算效率等诸多方面。

计算网格的合理设计和高质量生成是 CFD 计算的前提条件，是影响数值模拟质量、稳定性及资源消耗的决定因素之一，是整个 CFD 工作流程中耗费人力工作量最大的部分（约占 60% ~ 70%），也是制约 CFD 计算效率的重大瓶颈。

CFD 的发展主要是围绕计算方法（以计算格式为代表）这条主线不断进步的。流体力学控制方程求解方法包括有限差分法（Finite Difference Method，FDM）、有限体积法（Finite Volume Method，FVM）和有限元法（Finite Element Method，FEM）。当采用这三类方法建立离散方程时，很重要的一步是通过网格节点物理量插值得到控制体界面上的物理量。目前较为典型的空间插值方式（或称为离散格式）有 TVD 格式、ENO 和 WENO 格式、紧致格式等；此外，对于有限元方法，间断 Galerkin（DG）和 SUPG 格式应用较为广泛。然后，基于插值得到的控制体单元两侧信息，在界面处构造 Riemann 问题进行近似求解，即可得到界面处通量，进而建立相应的离散方程。在通量计算过程中，Roe 格式、Lax-Friedrichs 格式、HLL 格式和 HLLC 格式为常用格式，其构造与流体的物理性质密切相关。

湍流问题广泛存在于自然界和工程技术领域，是经典物理的世纪难题，也是制约 CFD 精确计算的瓶颈之一。湍流模拟方法主要分为直接数值模拟（Direct Numerical Simulation，DNS）、大涡模拟（Large-Eddy Simulation，LES）和雷诺平均 Navier-Stokes（Reynolds Averaged Navier-Stokes，RANS）方法。其中，RANS 方法有易实现、高性价比和强鲁棒的优势，一直是解决工程湍流问题的首要选择。RANS 方法的核心内容是湍流模型，经过数十年的不断发展，相继提出了不同层次的湍流模型，可归纳为涡黏性模型（eddy viscosity model，EVM）和雷诺应力模型（Reynolds stress model，RSM）两大类。其中，后者较前者具有较高的精度和发展潜力，但其鲁棒性有待未来进一步研究。

随着 CFD 的快速发展，数值模拟对象和问题趋于复杂，对高性能计算（HPC）的需求变得迫切，采用多处理器并行计算是解决大规模流场计算的有效方法。CFD 并行的通用做法是流场计算域分区并行，相邻子区域进行数据共享和交换，共同完成计算任务。除适配的硬件和网络之外，在软件方面，效率高、可移植性和应用支持性好的并行编程库 MPI 在国内外最为流行。

1.4 实验流体力学

流体力学学科的每一次突跃式发展，都与实验手段、观测技术和数据分析方法的进步密切相关。如：20 世纪初，L. Prandlt 将铝粉示踪显示技术应用在水槽中开展对机翼绕流流态的观测，才导致了“边界层”这一创造性概念的提出；40 年代，以 G. I. Taylor 为代表的研究者将热线风速计应用在湍流测量中，极大推动了湍流统计理论的发展；60 年代，S. J. Kline 等使用氢气泡流动显示技术发现壁湍流近壁区存在高低速条带结构，是湍流研究中的里程碑事件之一。

流体力学的研究对象日益复杂，高超声速流动、多物理场耦合的非平衡流、湍流与颗粒相互作用、旋涡分离流控制、生物流动与微尺度流动等问题，给实验流体力学提出了新的挑战，要求实验测试手段从单物理量、单分量、点测量进化到多物理量、多分量、多场测量，也要求数据分析方法从基于稳态假设的统计分析、能谱分析进化到针对非稳态信号的多尺度分析、低维动力学分析等，从而为发现新的流动现象提供必要手段，为校验数值模拟结果提供基准数据，为改进理论模型和数值模拟方法提供实际参考。

在此背景下，实验流体力学在以下几个方面取得了长足的发展：①基于粒子图像测速（PIV）的二维 / 体视速度场测量技术已经成为实验室科学研究的基本手段；②以压力敏感涂料（PSP）、温度敏感涂料（TSP）为代表的表面压力场 / 表面温度场非接触测量技术得到了系统发展，新的快响应、高灵敏涂料不断出现，新的标定方法和数据修正技术不断被发展，使得 PSP 和 TSP 的测量精度和灵敏度持续提高；③激光分子示踪流动显示与测量技术正在不断发展，为实现流场中的物质组成、物质浓度、密度、速度、温度、压力等参数的多物理场联合测量提供了新思路；④产生了一批复杂流场数据分析方法，为刻画复杂流动的内在规律、揭示复杂的流动机理提供了有力工具。

1.5 高超声速气体动力学

高超声速流动是一类速度极快、动能极高的气体流动，起源于高超声速飞行技术的探索与发展。最简单的学科定义是指马赫数大于 5 的气体流动，而更确切的定义描述是随着马赫数的增加，绕过飞行器流动气体的物性参数表出现显著改变，超声速流动的线性理论不再有效，流动就成为高超声速。对于细长体飞行器，这个临界马赫数可能大于 7，对于钝头体飞行器，该马赫数可能小于 4。1946 年，钱学森在论文《高超声速流动相似律》（Similarity laws of hypersonic flows）中首次使用“Hypersonic”这个术语来描述一类高超声速流动，至今已经成为获得广泛关注的空气动力学的前沿学科。1949 年，由 V-2/WAC Corporal 多级火箭推动，美国科学家把一个人造物体首次加速到高超声速。1961 年，Yuri

Gagrin 成功驾驶宇宙飞船，成为首位实现高超声速飞行的宇航员。而后在航空航天重大工程需求的推动下，人们在研发通信卫星、空间站、宇宙飞船、航天飞机等宇航器方面取得了巨大成功，高超声速气体动力学的相关研究在支撑宇航飞行器的研发中也发挥了不可替代的作用。

一般来讲，高超声速飞行器飞得越快就必须飞得越高，否则阻力太大，热流率太高。基于高超声速飞行器的空间坐标系，高超声速气体流动的特点是运动介质的动能大、滞止温度高，而对其核心气动物理现象的最初认知来源于宇航飞行器的大气再入过程。当这些飞行器在大气层里以高超声速飞行时，强烈的头部激波和黏性摩擦阻力，使得飞行器周围的空气被加热到数千度、甚至上万度的高温。高温导致了空气分子的振动能激发、解离、复合甚至电离，使得普通空气变成一种随着气体温度变化而不断进行着热化学反应的复杂气体介质。高温介质微团的物性变化改变了气体运动的本构方程，并通过能量转移和热量传递的方式显著地影响了宏观流动规律。相对于传统的亚、超声速气体流动，高温热化学反应气体流动表现出了非线性、非平衡、多尺度、多物理耦合的气动物理特征，使得高超声速气体动力学复杂现象的认知变得极其困难，至今依然缺乏适当精度的数学物理方程去描述，也缺乏足够先进的高超声速风洞去开展可靠的实验诊断。几十年来高超声速气体动力学一直是空气动力学最具有挑战性的重要前沿学科之一。

高超声速流动的气体总温是指气流滞止后对应的温度，也称为驻点温度，是最有代表性的状态参数。例如在 30km 高空、大气温度为 227K。应用理想气体假设，马赫数 7 飞行条件下飞行器头部驻点温度应该为 2400K。在这样的状态下，氧分子已经开始解离。对于马赫数 10 的飞行，驻点温度将达到 4500K，已经高于氮分子开始解离的临界温度。对于马赫数 20 的飞行，驻点温度可以高达上万度，氮和氧原子已经电离。尽管采用真实气体模型理论获得的驻点温度可以低很多，但是高超声速流动高总温带来的介质特性变化已经远远超越了传统空气动力学的理论范畴，带来了航空航天技术“颠覆性”变革，其深度和广度都可能超越人们目前的认识。从现代航空航天技术广泛应用的情况来看，高超声速飞行技术带给现代社会的影响也是难以估计的。

1.6 稀薄气体动力学

稀薄气体动力学是空气动力学的一个重要分支。了解航天飞行器在高空的气动力、气动热和微机电系统（MEMS）中气体的流动规律都需要研究和发展稀薄气体动力学。按照 Kn 数的大小，稀薄气体分为三大领域：滑流领域（$0.001<Kn<0.1$）、过渡领域（$0.1<Kn<10$）、自由分子流领域（$Kn>10$），其中过渡领域是稀薄气体动力学研究的核心，也是最困难的课题。目前需要关注的主要科学问题有：过渡领域的求解；微尺度流动；稀薄等离子体的模拟；有化学反应、等离子效应、辐射影响、壁面效应等流动的实验和模拟计算的研究等。随着我国航空事业朝着载人、登月和建造空间站的方向发展，稀薄气体动力学的作用将越来越重要。

从1956年开始，每两年召开一次的国际稀薄气体动力学会议，凝聚了该领域世界各国的专家学者，汇集了该领域几乎所有的重要成果。最近10年的国际稀薄气体动力学会议，分别在日本京都、美国加州、西班牙萨拉贡萨、中国西安、加拿大维克托利亚和英国格拉斯哥召开。每届会议都设20个左右的主题和相应的分会场，反映了该领域的发展现状。其主要方向有玻尔兹曼和相关方程、分子运动理论和输运理论等基础研究，以DSMC为代表的直接数值研究，RGD实验方法，以及在微纳尺度流动器件、天体物理、空天飞行器、等离子体流动、真空技术等方面的应用研究。稀薄气体动力学的学科问题和高技术的结合是本领域发展的新动向。

1.7 多相流体动力学

多相流在自然界及各种应用中很普遍，对其研究非常重要，例如国家中长期科技发展规划中提到要将环境污染综合治理和控制作为国家重大战略需求，而环境污染与多相流密切相关。多相流研究涉及面广，以下是主要几个方面的现状。

多相流数值计算主要包括：①基于欧拉－欧拉框架的有雷诺平均N–S方程的模拟、大涡模拟和直接数值模拟，为此对离散相方程的封闭途径通常有三种，一是基于实验数据的经验关联式；二是基于由土壤力学演化而来的摩擦－动理学理论；三是基于由非均匀气体理论演化而来的动力学理论。②基于欧拉－拉格朗日框架的方法，根据流体和离散相间相互作用，定量描述离散相微观结构和流场宏观特性。对浓离散相还需考虑离散相间的相互作用。③基于直接模拟的方法，直接追踪或捕捉相间的界面，用N–S方程或LBM方法等求解流场。就网格而言，该方法又分为贴体网格和非贴体网格两种，后者已成为直接模拟的主要方法。

实验研究方面，全息摄影、测速仪、干涉仪和光散射等已被广泛应用。激光多普勒仪（LDA）测连续相时，需加入比离散相颗粒更小的示踪粒子，处理信号时再将由示踪粒子和离散相颗粒产生的多普勒脉冲区分开；测离散相时，系统灵敏度需减小至只有离散相颗粒散射光信号能被探测到的水平。作为与LDA相关的相位LDA，能同时测量离散相的速度和直径。粒子图像测速仪（PIV）能在成像区域中同时捕捉连续相和离散相的速度。对低浓度离散相，普通相机便能获得高对比度的较大离散相颗粒的照片；对高浓度离散相或成像区域较大的系统，可采用数字互关联PIV测量。用PIV所测数据计算湍流耗散率时，其结果依赖于PIV的空间分辨率，分辨率不足会使耗散率偏小，分辨率增加至小于柯尔莫哥洛夫尺度时，数据噪声又会使耗散率偏大。

多相湍流场相间耦合的研究既是重点也是难点。湍流对离散相的影响与离散相尺度有关，当离散相尺度大于或约等于柯尔莫哥洛夫尺度时，需把离散相的受力分为确定力和随机力来处理。离散相会对湍流的产生、强度、输运和耗散产生影响，影响的程度与离散相浓度和尺度、斯托克数、雷诺数有关。对稀离散相而言，离散相导致湍流度降低的原因，一是流体含离散相后其惯性或有效黏度的增强，二是离散相的拖曳力导致湍流耗散增加。离散相导致湍流度增强的机理，一是由离散相尾流和自诱导涡脱落导致的脉动速度的增强，二是离散相的聚集导致颗粒密度分布不均，从而引起浮力所诱导的不稳定性。离散相可以同时增强或抑制不同尺度的湍流，最终的效果取决于不同机理的相对强度。

1.8 非牛顿流体力学

非牛顿流体在自然界和工程技术界非常普遍，在化学纤维工业、塑料工业、石油工业、轻工业、食品工业、生物医学工程等许多部门有广泛的应用，对其研究具有重要的价值，已成为近代流体力学最具挑战性的研究领域之一。非牛顿流体力学的研究范围广泛且十分复杂，以下是几个主要方面的现状。

非牛顿流体力学的基础理论研究主要包括：①本构方程。非牛顿流体中存在各种微结构，比如液晶和液态聚合物，这导致了各种不同于牛顿流体的本构方程的出现，比如描述剪切稀化效应的幂率流体、具有屈服应力的宾汉模型、黏性和弹性并存的 Oldroyd–B 模型和分数元模型、存在应力偶的应力偶流体和微极性流体等。②流动稳定性。与牛顿流体相比，非牛顿流体的失稳机制更加复杂，一些对于牛顿流体稳定的流动状态对非牛顿流体而言却呈现出失稳的特性。黏塑性流体的表观黏度与流体的流动状态密切相关，故常在流场中造成黏度的分区或分层现象，这一效应可导致流动失稳现象的发生。对于黏弹性流体，流体弹性效应可在低雷诺数条件下引起流动失稳，称为弹性失稳。③弹性湍流。实验中观察到添加少量高分子聚合物溶液，极低 Re 数的流动由于弹性不稳定可有效提高两种不同流体混合效率。在低 Re 数下，忽略惯性影响的聚合物中存在的非线性应力可以引发湍流，这种不规则的流动失稳称为弹性湍流。弹性失稳会导致流场中产生二次旋涡流和阻力增加。

非牛顿流体力学的应用基础研究主要包括：①触变性流体的雪崩现象。倾斜面上触变性流体的雪崩现象研究不但具有理论上的价值，也有着很强的实用背景，它与泥石流、雪崩等自然灾害直接相关。触变性流体雪崩现象的发生源于流体黏度的变化，实际上是由流体结构的内部老化与复春的相互竞争引发的。在较低应力的环境下，流体的微结构会逐渐重构，老化将占据主导地位；而在高应力的环境下，结构破坏强烈，复春占据主导地位。②非牛顿流体的浸润。非牛顿流体的浸润现象广泛地存在于自然界和人类生活之中，比如绘画、润滑、织物的防水、石油的复采、纳米印刷和喷墨打印等。在非牛顿流体浸润的研究中，对于低雷诺数流动，动态接触角可使用静态接触角来近似。基于这种近似，将牛顿流体毛细浸润的 Washburn 方程推广到幂律流体，并由此来测量幂律流体的黏性系数。如果在接触线附近的液体使用剪切稀化模型（三参数的 Ellis 本构关系），可消除牛顿流体无滑移边界条件在触线处附近遇到的解的奇异性问题。③智能流体。智能流体是电流变液和磁流变液的总称，其中电流变液通常是由具有高介电常数的固体微粒均匀分散在低介电常数的绝缘油中组成；而磁流变液是由铁磁性颗粒分散在低黏度、低磁导率的油或水中构成，其主要特点是在外加电场或磁场作用下，流体中悬浮粒子的迅速链化，从而使得流体在瞬间可以从牛顿流体变为黏度很大的类固体，如果需要的话，也可以迅速从类固体复原为牛顿流体，即流体的力学特性可以通过外加电场或磁场进行控制。

1.9 渗流力学

渗流是指流体在多孔介质内的流动，普遍存在于自然界及各种工程领域。随着科学技术发展和工程实践的需求，推动了渗流力学的发展和进步，初步形成了能够定量表征多场作用下多相流体在多尺度多孔介质中流动的现代渗流力学体系，其主要研究方向的发展现状如下。

微纳尺度流体渗流，主要包括：①复杂多孔介质孔隙结构表征及获取，一般有两种方法：一是基于 CT 扫描，利用数值重构方法构建真实三维数字孔隙空间结构；二是采用最大球方法或孔隙空间居中轴线方法提取真实多孔介质的孔隙和喉道生成孔隙网络模型。②复杂多孔介质内微观流动模拟：主要包括基于分子模拟的纳米规则孔隙内赋存状态及流动模拟，基于 LBM 或直接求解 N-S 方程的方法进行数字孔隙空间结构的流动模拟，以及基于孔隙网络模型的拟稳态及非稳态流动模拟。③ REV 尺度渗流数学模型的建立，主要基于微观流动机理采用尺度升级方法建立模型，尺度升级方法主要有：均化理论、体积平均法及直接模拟的流量等效法。

多重介质渗流的研究重点是建立合理的模型表征多孔介质的非均质性，国内外学者提出的模型有：等效连续介质模型、多重介质模型和离散介质模型。每个模型各有优劣，精度和效率不可兼得。对于模型的数值求解，国内外学者在提出新的数值离散方法的同时，也对多尺度算法进行了大量研究，涌现出了多种多尺度算法，其基本思想都是利用多尺度基函数将小尺度信息整合到大尺度流动方程中。

多相流体渗流方面，基于相对渗透率和毛管力的多相流体渗流理论已发展成熟。考虑多相流体间传质和相态特征，多相流体渗流模型可细分为两种，一是基于流体相守恒的多相渗流模型，即认为流动过程中不同相流体中组分变化不大；二是基于相流体中组分守恒的多组分渗流模型，辅以相平衡理论捕捉组分变化引起的相态变化，是一种通用的多相流体渗流模型，但模型复杂度和计算成本高。

多场耦合渗流，主要包括考虑渗流过程的温度变化的非等温渗流，考虑介质与流体相互影响的流固耦合模拟，考虑电位、磁场等物理性质对流场影响的渗流场 – 物理场耦合模型，考虑流体与多孔介质化学反应的渗流场 – 化学场耦合模型，以及许多工程问题中存在的温度场 – 渗流场 – 应力场 – 化学场耦合（THMC）模拟。

渗流实验的研究除了传统的孔隙度渗透率测定外，CT 扫描、扫描电镜、核磁共振、激光粒子测速（PIV）等技术已被广泛地应用于孔隙结构表征、渗流规律及可视化测量中。孔隙结构表征已逐步从二维发展到了以微 - 纳米 CT 扫描成像和聚焦离子束扫描电镜为主的三维重构；核磁共振（NMR）与驱替 / 离心相结合对可动流体的赋存状态进行定性或半定量测量；Micro-PIV 技术可以可视化测量多孔介质内的局部二维速度场；高孔隙率多孔介质内的 Micro-PIV 跨尺度跨流型速度测量、多相流流型可视化测试及 Micro-PIV-LIF 速度温度耦合测试等多种测量方法及手段。但相关测试精度多为微米量级，很难精细至纳米级别。

除了对多孔介质中流体渗流力学外，对工程装置和工程材料中的渗流力学问题也开展了广泛的研究，形成了工程渗流力学，以及渗流力学与生物学交叉渗透，发展了生物渗流力学。

1.10 水波动力学

水波是水动力学研究的核心问题之一。因成因、尺度等的不同，水波可分为毛细波、风浪、涌浪、海啸波、内波、风暴潮、潮波、行星波等。水波问题及水波动力学的研究与人类认识、利用、开发海洋、湖泊及河流的活动密切相关，水波动力学主要研究水波的成因、演化及与其相伴随的质量、动量和能量输送，以及水波与海洋工程结构和海床的相互作用。

水波动力学的研究可以追溯到 19 世纪 40 年代，起源于 1845 年 Airy 的线性波理论，紧接着 Stokes 于 1847 年提出高阶波理论，Boussinesq 于 1872 年提出长波理论，Michell 于 1893 年、McCowan 于 1894 年提出极限波高理论。其后，第二次世界大战诺曼底登陆、海洋石油开发、近岸环境保护、海运交通、灾害预警与减轻、海洋维权等需求，极大地促进了水波动力学的研究进展，风生浪、波浪传播与变形、波浪破碎、风暴潮、海啸、畸形波、波浪与海洋结构物相互作用、波浪与海床相互作用等的相关理论得到了长足发展。

20 世纪七十年代以来，人类勘探开发海洋资源的步伐加快，强非线性波浪及其与海洋工程结构物的非线性相互作用研究受到人们广泛的关注，水波动力学研究聚焦于强非线性表面波、内波、畸形波、海啸、风暴潮、滑坡涌浪等非线性波动的生成、传播与演化规律及其模拟方法，极端台风浪、大幅内波及其对工程结构的载荷、波浪砰击载荷、甲板上浪、波浪越堤等的研究得到发展。

近 20 多年来，人类探测、开发海洋的活动进一步向超深海延伸，同时也加强近岸资源的开发和利用，新型海洋工程结构不断被提出，如：海上风电结构（大尺寸桩基础、高桩承台）、深水浮式平台（张力腿平台、半潜式平台、Spar 平台、FPSO 等）、超大型浮式结构（VLFS）、跨海桥隧（如港珠澳大桥）等，这类新型海洋工程结构的设计需求极大地促进了水波与结构流固耦合理论的发展。海上风能、潮流能、波浪能等清洁可再生能源的研究，促进了水波与新型海洋结构物相互作用理论的发展；大型浮体结构设计促进了浮体水动力响应的时域分析方法、超柔性细长结构涡激振动与涡激运动理论的发展；大尺寸桩基的需求促进了海洋工程结构水动力分类理论和波流共同作用下大尺寸桩基稳定性理论的发展；海上交通航运需求进一步促进了波浪掀沙、风暴潮输沙以及沿岸复杂波流环境演化及其对航道、海床演化的影响研究。

与此同时，水波动力学的研究手段发展迅速。由精确的理论分析，到近似的渐近分析，到高精度的数值分析，再到室内实验与野外观测分析，研究手段不断更新，人们相继建立了波－流和波－波相互作用理论、水波实验的相似理论、数值造波理论、数值波浪水池理论、可用于实际工程问题的波浪数值模型（如：SWAN、WAVEWATCH 等）。近几十年来，水波及其与复杂工程结构相互作用的数值模拟方法得到极大的发展，已初步建成数值水池虚拟试验系统，复杂结构与波流相互作用的模拟精度和效率不断提高。水波动力学研究离不开实验装备的发展，人们相继建立了适应不同目的的小型室内实验水槽、波浪水池以及大型拖曳水池、深水波浪水池等。

1.11 高速水动力学

高速水动力学的发展与水中航行器的高速化的趋势密切相关。与空中和陆上相比，水中运载工具提速较慢，主要原因是水中过高的阻力和空化现象。高速水动力学研究与水中物体高速运动相关联的流动现象及水动力学特性，当前的重要研究方向包括超空泡减阻、空泡流非稳定性、多相流数值模拟方法等。目前迫切需要研究的相关问题有：自然空泡流和通气空泡流及其稳定性；高速出入水问题；高速水动力学的数值模拟；试验设备与测试技术等。近年来，水下弹射模型试验的速度越来越高，美国的试验高达 2500~5000 m/s。一旦弹射在空泡区域内有不稳定的流动，对弹射的运动稳定性带来严重威胁，因此需要加强这方面的研究。目前水下高速运动的研究，多半在水中声速以下的范围。近声速和超速运动方面的试验与理论成果公开发表不多，还有大量工作要做。

超空泡技术是各国发展高速水中兵器竞相采用的手段，所涉及的研究点包括空泡的通气泄气规律、流动特性和机理、航行体稳定性控制等，从实验现象到理论计算都已掌握了一些关键规律。超空泡界面失稳机理与判据的研究有待完善，机动条件下的超空泡稳定性控制方法还有待发展。

空泡本质上的非稳态流动特性是目前最受关注的热点，包括非稳态机理、流动的频谱特性和微观结构等研究方向，涉及多相流结构、湍流边界层相互作用等复杂课题。该方向具有不少可供挖掘的重要科学问题，如：非稳态空泡演化机理、空泡的湍流特性、空泡与边界层的相互作用、出水空泡溃灭特性与机理等。

有关高速水动力学的多相流数值模拟方法，近些年也取得了长足的发展并且不断有新成果涌现，包括各类基于状态方程或输运方程的空泡流数学模型、湍流空泡流场的计算和相界面的捕捉方法等。更具有微观辨识度的空化模型将是一个发展方向。空泡流实验技术也经历了从定性到定量、从粗糙到精细的发展过程，整体上从流动物理量的单点测量在向流场时空分布的测量发展。

1.12 微纳米流体力学

微纳米流体力学（Microfluidics/Nanofluidics）是研究微米、亚微米直至纳米尺度下流体运动及物质输运规律的流体力学分支学科。过去 20 多年来，随着微纳流控芯片实验室（Lab on a chip）和微纳机电系统（MEMS/NEMS）的发展，微纳米流体力学已经成为流体力学学科的研究前沿之一。从流体力学的角度看，一方面这些器件使我们获得了操控微量流体以及流体中微纳物质输运的前所未有能力，另一方面，微纳流动呈现出不同于宏观尺度下的流动特征及规律，深入探索与之相关的流动机理是实现微纳流动及输运控制的前提和基础。微纳流控技术应用于化学、生物、医学、材料、新能源及环境等领域的发展方兴未艾，吸引了一大批力学领域的研究者进入相关领域，开展交叉合作研究。流体力学理论和方法在研究这些问题时面临着许多挑战和机遇，由此也带来了微纳米流体力学的蓬勃发展。

相比于传统方法，微纳流控芯片具有低成本、低能耗、易自动化、快速灵活、高便携性等优势，直接面对社会各行各业的实际需求，展示出广阔前景。微纳米流体力学的最显著特征是所涉及流体和物质为微量，能够利用尺度的缩小来获得更好的流体控制性能。在微纳通道中，表面 / 体积比的增加使得作用在流体上的表面力与体积力的相对重要性发生了巨大变化，宏观尺度下原本被忽略的因素逐渐凸显出来，与表面密切相关的传热、传质、表面物性的作用大大增强，通道的几何形状、长度尺度、所用材料等将导致一系列独特的流动现象，有必要采用新的理论方法、模拟算法和实验技术才能更好地进行深入研究。对微纳尺度流动特性和机理的认识不足已成为制约微纳流控芯片进一步发展的主要因素之一，因此，微纳米流体力学获得了国际力学界的极大关注。

2 流体力学学科的国内外发展比较

2.1 湍流

中国的湍流研究近年来发展很快，并正在取得越来越大的影响。中国学者在流体力学的核心刊物 *J. Fluid. Mech*，*Phys. Rev. Fluids* 和 *Phys. Fluids* 发表的湍流文章越来越多，已成为新常态，并且在这些期刊的编委会都有来自中国的湍流学者担任编委。中国的湍流学者在国际理论与应用力学大会上做关于湍流的开幕式报告，在《流体力学年鉴》上独立发表综述性论文。与国外的湍流学者相比，中国的湍流研究呈现以下三方面的特点：①中国的湍流研究在继承钱学森应用力学思想和周培源湍流统计理论的基础上，逐渐形成了鲜明的特点；②中国的湍流研究队伍迅速发展壮大，并且在各个国家级大项目的支持下形成系统性研究；③在风洞等大型实验设备和超级计算机的支持下，实验和计算技术得到了快速的发展。

在湍流的基础研究方面，国内学者取得了一批得到国际学术界重视的成果，例如：约束大涡模拟方法、时空关联模型、结构系综动力学、壁湍流反向控制原理和拉格朗日涡面追踪方法等；在湍流的工程应用方面，取得了一批在航空航天技术中发挥重要作用的成果，例如：面向航空航天的转捩机理和预测方法、高超声速边界层转捩间歇因子输运方程、高超声速转捩的飞行模型和升力体标模；在湍流的实验技术方面，取得了一大批创新成果，例如：仿复眼成像的单相机三维流场测速技术、纳米 PIV 技术，特别是，在数值风洞的建设上，发展了基于高精度格式的数值软件，具有独立的知识产权，在风沙场的测量中，发现了湍流边界层的大尺度结构，具有重要意义。

2.2 涡动力学

与国外相比，近年来国内涡动力学方面发展有以下特点：一是在涡动力学理论及旋涡运动机理等基础研究方面有出色的研究工作和重要贡献；二是涡动力学的应用和交叉研究占很大比重，学科领域不仅重点覆盖了力学与航空航天、能源与热科学，还涉及海洋工程、化学工程、土木工程、生物运动与仿生等；三是研究工作的水平快速提高，发表于国际顶级学术期刊的论文数增长迅速。

在涡动力学基本理论方面，国内学者基于涡量矩理论建立了涡量场与流体力的关系，并进一步发展为复杂流场诊断、流动控制及气动优化的设计方法。基于边界涡量通量的流场诊断与优化已在轴流压气机等工业中得到了应用。关于旋涡的定义与识别，不仅涉及轴状涡，对层状涡及强拉伸的影响也给予了关注，并进一步发展了基于速度梯度张量分解的涡识别方法和基于涡面场的涡识别方法。在旋涡流动机理、旋涡稳定性与旋涡控制方面进行了大量的基础性研究，例如：合成射流控制钝体尾迹的 PIV 实验，柔性壁表面行波抑制圆柱绕流 Karman 涡街的数值模拟，波状圆柱可压缩旋涡流动的大涡模拟、超声速流动球型头部反向射流减阻控制，等离子体激励、旋转头部扰动等方式控制细长体大攻角绕流不对称涡的实验；细长三角翼旋涡不稳定性的 PIV 实验及模态分析，细长翼绕流时均不对称涡形成的不稳定性机理，高速边界层流动中的 Gortler 涡二次不稳定性等。在旋涡噪声方面，数值研究了激波与旋涡、旋涡与旋涡相互作用等导致的噪声以及物体绕流旋涡脱落噪声等，揭示了三维旋转圆柱的噪声产生机制，采用圆柱反馈旋转振荡对尾迹噪声进行了有效抑制，采用大涡模拟方法及失稳波模型研究了旋转射流、热射流的大尺度涡结构噪声及湍流噪声。动边界包括柔性边界、生物运动与仿生的涡动力学取得重要进展，例如旗帜和细丝在来流中的摆动、波动板及鱼类游动、昆虫飞行的涡动力学研究等。此外，在旋涡与界面相互作用、交叉和应用领域、旋涡流动的数值模拟和实验方法等方面也有相关的研究。

2.3 计算流体力学

当前，CFD 计算网格主要分为结构网格、非结构网格、笛卡尔网格三种常用类型。针对这些网格，又存在混合网格、重叠网格、动网格、自适应网格、网格重构等多种网格处理技术，用以实现计算网格在复杂几何外形、非定常流动、物体运动或变形、多体运动等复杂流动问题的应用。国际上商用网格生成软件以 ICEM CFD、Pointwise、Gridgen 及 Gridpro 为主，这些软件在国内应用市场基本处于垄断地位。国内方面，除高校及研究所自主编写的网格生成程序外，目前尚无整合成型的商业软件问世。

当前，国内外对于 CFD 数值方法的研究主要集中于高阶格式的构造，如间断有限元方法、间断有限元 / 有限体积混合方法、残差分布格式、线性 / 非线性紧致格式等。在工程应用方面，主要侧重于与高精度湍流计算方法 DES 或 LES 结合开展简单构型的复杂流动机理研究，如气动噪声机理和大迎角失速机理等。

DNS 方法可以获取湍流场的精确信息，是研究湍流机理的有效手段，但现有的计算资源难以满足其对高雷诺数流动模拟的需求，从而限制了它的实际可应用性。LES 方法是一种介于 DNS 和 RANS 之间的湍流研究方法，以其兼顾计算量和计算精度的优势成为研究热点。有关 LES 的前期工作主要体现在滤波函数、亚格子模型及数值格式等理论方面，近期多集中于超声速燃烧、气动噪声、热辐射等工程应用领域。尽管 LES 较 DNS 对计算资源的需求小数个量级，但对于大规模工程应用（如复杂飞行器）依然不现实。近年来，以脱体涡模拟（Detached Eddy Simulation，DES）为代表的 RANS/LES 混合方法不断发展，在准确预测非定常湍流方面取得了令人鼓舞的成果。该方法对网格需求量仅略大于 RANS 方法，是一种完全面向工程实际的方法。由此预见近 10 年内，RANS/LES 混合方法最有希望应用于复杂构型流动细节的捕捉，当前应开展基于该方法的商业软件研制工作。

CFD 发展至今，各研究院所和高校针对问题的需求独立开发了大量的 CFD 解算平台。在美国，比较知名的是 NASA 团队研发的 NSU3D、CFL3D、FUN3D 和 OVERFLow 等平台，以及美国国防部和陆军资助开发的固定翼和旋翼分析工具 Kestrel 和 Helios，还有洛斯・阿拉莫斯国家实验室开发的大规模并行自适应 CFD 平台 PELOTRAN。此外，德国宇航中心（DLR）开发了针对不可压燃烧和两相流问题的 THETA 解算器，法国宇航研究中心（ONERA）研发了 CEDRE 系统主要用于能源和推进领域，俄罗斯空气流体动力学研究院（TsAGI）开发了多代气动声学和噪声解算器 AERONOISE。在国内，较为成熟的 CFD 解算平台包括中国空气动力研究与发展中心的 Hyperflow、中国科学院力学研究所开发的 Hoam-OpenCFD 和 OpenCFD-EC 等。从国内外解算平台的开发过程可以看出，国外的平台多数在统一的规范下开发，相互之间资源共享，具有开发周期短、效率高、更新快、集成度高、性能突出的优势。而国内平台多数是部门单位或课题组独立自主开发的，相互之间联系不够紧密，导致研发周期长、性能不齐全等问题。因此，我国需加强部门之间的合作以及资源共享，进而加快我国高精度高性能 CFD 软件的研发进程。

当前，国外已发布多款 CFD 可视化后处理商业软件如 Tecplot 360、FieldView、CFD Post 等，这些软件持续性更新和升级换代，在国际上一直保持垄断地位。国内的可视化研究始于 20 世纪 90 年代初，但多数工作均为零星的二次开发和针对性的应用，与国际先进水平存在较大差距。

2.4　实验流体力学

自 20 世纪 50 年起，在钱学森、庄逢甘等的大力倡导和缜密规划下，中国已经建设有世界上规模最大、种类最为齐全的空气动力学大型地面试验设备群，在空气动力学测试能力上与美国、俄罗斯、欧盟并列，为我国航空航天事业所取得的举世瞩目成就做出了巨大贡献。但直至 20 世纪末期，我国在流体力学测试方法的基础理论和技术实现，以及核心测试仪器的设计、制造和系统集成等方面，距离欧美国家还有较大差距，如：压力扫描阀、动态压力传感器、高精度天平中的关键部件等只能依赖进口；对国外已经兴起的 PIV、PSP 等非接触流场测量技术尚处在技术跟踪阶段。

进入 21 世纪以来，我国通过国家自然科学基金仪器设备专项、国家重大专项、重大研发计划等，对实验流体力学基础研究保持了较大的投入力度，有力推动了我国在先进流场测试和数据分析方法上的飞速发展。例如，近 10 年来，我国学者在实验流体力学领域的国际权威刊物 *Experiment in Fluids* 上发表的总论文数排在美国、德国之后，位居世界第三；有多名国内学者位于 *Experiment in Fluids*、*Measurement Science and Technology* 等实验力学类期刊发文数排名前 10 的行列；国内实验研究论文发表在流体力学顶级刊物 *Journal of Fluid Mechanics* 的数量逐年递增等。

与国外研究相比，我国由于自身国情的特点，实验流体力学研究紧密围绕航空、航天、能源、环境等领域的国家重大战略需求。如：针对大迎角旋涡分离流，发展了仿复眼的单相机三维流场测试技术，有效克服了多相机层析 PIV 系统因同步难导致的采样频率低、无法进行高动态测量的问题；针对高超声速边界层转捩和绕流问题，发展了适用于超声速静风洞的纳米粒子流动显示技术；针对壁面摩阻精确测量的难题，创造性地发展了免标定的夹心式表面热膜摩阻测量仪；针对湍流燃烧，发展了多方向光学 CT 测试技术，实现了对三维燃烧场密度、温度以及组分和火焰面的瞬态测量；针对我国西北部地区的风沙灾害问题，建立了风沙运动的大型野外观测站，对风沙运动的速度、温度、沙尘浓度等多物理量开展了长达 10 年的野外观测，所积累的观测数据对于认识沙尘暴的产生原因、改进沙尘运动预报模型具有十分重要的意义。

此外，实验流体力学研究始终坚持基础研究与工程应用、仪器产业良性循环、协同发展的道路。通过知识产权转让、实验室共建、人才培养等方式进行产学研结合，已经在国内培育出专门从事 PIV 流场测速设备、热线风速计和表面热膜的设计、生产和技术推广的专业化企业和公司；在动态压力传感器、高精度力传感器、声场测量用麦克风等风洞测试核心部件上实现了国产化；国内高校学者在PIV、PSP领域的最新研究成果，已经在我国的生产型风洞中得到较为广泛的应用。

2.5 高超声速气体动力学

高超声速空气动力学与21世纪的航空航天技术的目标休戚相关。在高声速空气动力学研究范畴，宏观流动规律的改变强烈影响了飞行器绕流的物理特征，并改变了飞行器的设计原则，对于高超声速空气动力学的基础和应用研究提出了挑战性的科学问题。

在高超声速推进理论与技术研究方面，超燃冲压喷气发动机的探索研究已经有60多年的历史，取得的进展是巨大的，但问题也是明显的。美国NASP计划取消后，NASA在2004年首次测试了以氢气为燃料的超燃冲压发动机，实现了马赫6.8和9.8飞行状态下的发动机正常运行。2010年5月，NASA还测试了以煤油为燃料的超燃冲压发动机，在三次飞行试验失利后，2013年5月的第四试验获得成功。X-51A在达到15000米的高度时将X-51A释放，固体火箭助推器在仅仅26秒的时间内就加速至4.8马赫。X-51A与火箭分离后继续在大约为18300米的高度飞行，并使用吸气式超燃冲压发动机将速度提升至5.1马赫，飞行时间长达6分多钟。我国也开展了相关状态下飞行试验研究，并且获得成功。应用JF12复现风洞，开展了马赫7状态下的超燃冲压发动机试验，观察到了发动机喘振现象，喘振频率200赫兹。喘振现象是上激波的一种极限表现形式，与发动机内部的流动速度、热力学状态、化学能释放速率、发动机热效率密切相关。AIAA在2015年度*Aerospace American*综述报告指出：大多数超燃冲压发动机试验都是应用燃烧风洞完成的，JF12复现风洞的试验数据对于探索燃烧、超声速流动和激波动力学的耦合具有极其重要的意义。

在高超声速飞行器的气动力／热技术研究方面，X-15飞行器在1964年的一次飞行实验中解体，其主要影响因素是气动热问题，当时飞行马赫数M=6.7。经典的热防护技术是基于被动烧蚀方法，宇宙飞船和美国的航天飞机都采用了这样的TPS（Thermal-Protection System）结构，但代价大。高升阻比的气动设计要求飞行器具有尖前缘气动布局，而根据高超声速气动热理论，尖前缘将带来很高的热流率，远远超过目前耐热材料的极限，从而降低了飞行器的生存能力。对于先进的高超声速飞行器，气动力／热的问题需要统一协调，需要发展既能减阻又能增升的设计理论与方法。

在高超声速飞行风洞实验技术研究方面，目前有三种类型的高超声速风洞技术得到广泛应用。一种是常规高超声速风洞技术，以马赫数、雷诺数复现为目标。第二类是燃烧风洞技术，实现来流总温总压模拟。这类风洞技术应用燃烧产生高温气体，然后补充一定量的氧气，实现空气中氧含量的匹配。第三类是复现风洞技术，提出了爆轰驱动复现风洞理论，构建了复现风洞技术体系，研制成功国际首座超大型高超声速复现风洞。能够覆盖马赫数 5~9、高度 25 ~ 50km 空天飞行器的飞行走廊。这种以吸气式高超声速巡航飞行器为主要应用背景的实验平台，对于研究分子振动激发、解离和超声速燃烧主导的高温气体流动发挥了支撑作用，实现了高超声速地面试验从流动“模拟”到“复现”的跨越。

2.6 稀薄气体动力学

由于计算机的广泛应用和性能的不断提高，以 DSMC 方法为代表的分子模拟方法脱颖而出，是稀薄气体领域 20 世纪下半叶最重要的进展。DSMC 方法是目前唯一有能力模拟实际情况下三维高速稀薄气体流动的方法。一个典型的例子是强激波结构。实际应用方面的成功例子很多，如 DSMC 计算得到的美国航天飞机升阻比与飞行测量数据的出色相符；又如我国 CZ-4B 火箭末子级剩余推进剂在轨排放问题的成功解决，展现了我国应用 DSMC 方法解决复杂外形多相三维稀薄气流问题的能力。

分子碰撞模型是 DSMC 方法的关键。从早期粗略的硬球模型，到如今能很好反映实际气体行为的概括化软球（GSS）模型及其推广，体现了直接以气体分子为对象的统计模拟的优点。

低速稀薄气流引起广泛的重视，是在 20 世纪 80 年代末 MEMS 出现之后的。在微槽道气流实验中，观测到的压力分布和质量流量显著偏离经典 Navier-Stokes 解，引起流体力学界的关注。这个现象对于稀薄气体动力学来说并不陌生，Knudsen 在大约 90 年前就已发现。如果说有什么不同的话，就是采用芯片加工技术制成的微槽道只有约 1 微米宽，在 Kundsen 时代是难以想象的。尽管如此，这个问题还是引起了国际稀薄气体动力学界的很大兴趣，一是因为 MEMS 为 RGD 提供了新的机遇，二是因为 DSMC 方法在这里遇到了统计涨落的困难。为了克服这个困难，我们提出了信息保存（information preservation，简称 IP）方法。IP 方法用分子运动输运大量分子的集体行为，综合了 DSMC 方法和连续介质方法两者的优点，经过 20 年的发展，已经具备了预测非定常、三维、低速稀薄气体流动的能力。

鉴于 DSMC 方法在稀薄气体中的成功，将其推广应用于更广泛的领域，是容易想到，也很能引起兴趣的工作，当前颇为活跃。这样做的目的，一是希望在分子水平上了解和认识各种流动演化的机制，二是对于许多复杂流动问题，究其根本，在于不同时空尺度上的非平衡输运，DSMC 方法在过渡流区的成功表明，对于这类问题，分子模拟方法可能更加适合。

2.7 多相流体动力学

中国多相流的研究在国际上占有重要的地位。仅以 2015 年在多相流领域发表的 SCI 论文为例，中国的论文数居世界的第二位，约占世界同领域论文总数的 20%；论文被引频次也居世界第二位，约占世界份额的 24%，与第一位的美国旗鼓相当；Top 1% 高被引论文数约占世界份额的 44%，居世界第一位。与国外研究相比，中国的研究呈现以下三方面的态势和特征，一是研究队伍的体量和研究对象的覆盖面在迅速扩大，众多领域的研究者在大量的工程问题中提炼出与多相流相关的科学问题进行研究；二是注重成果呈现的国际化和涉及领域的交叉性，发表在国际刊物和不同领域刊物的与多相流体动力学相关的论文数量急剧增加；三是重视拓展新的研究对象、建立新的研究方法、发现新的客观规律，并努力提高成果的普适性和可参考性，提升论文的可借鉴价值。

在多相流基础及方法研究方面，国内学者建立的同伦分析方法广泛地应用于包括纳流体流动在内的非线性问题。提出的求解纳米颗粒数密度方程的泰勒级数矩方法，提高了计算精度和效率，被欧盟 *Handbook of Nanosafety* 列为五种方法之一。建立的精度和稳定性更高的气泡动力学数值模拟方法用于更细致地捕捉环形气泡的演化特性。提出的精度、效率和稳定性俱佳的直接力 – 虚拟区域方法用于揭示颗粒和流体相互作用的机理。发展的多相界面复杂流动的移动接触线模型和高性能界面数值方法用于揭示接触线的运动机理。在应用基础研究方面取得了具有国际先进水平的成果，例如绕水翼湍流空化流场的气液两相流研究，结合能源工程与环境开展的汽液、油气水、燃烧、低温制冷、相变传热等多相流研究，结合过程工程进行的多相复杂系统的研究，结合化石燃料和可再生燃料燃烧开展的气固两相流研究，结合能源与环境进行的多相复杂反应系统及污染物生成、迁移、测量及控制的研究。在极端环境和超常条件下多相流研究方面引起了广泛的关注，例如微重力条件下气液两相流型、池沸腾传热及气液两相绝热流的研究，纳米颗粒多相流中颗粒的扩散、凝并与破碎研究，圆柱颗粒多相流和纤维悬浮流的流动和传热特性的研究，结合风沙治理进行的风沙动力学研究，复杂流体中多相流的研究。

2.8 非牛顿流体力学

中国学者在国际非牛顿流体力学研究上的地位越来越重要。以非牛顿流体力学领域发表的 SCI 论文为例，中国学者发表的论文数占世界同领域论文总数的比例，从 2008 年的 13.9% 增加到 2017 年的 29.6%。2000 年，中国在该领域发表的论文数（1053 篇）远低于美国（1758 篇），与英国、法国、日本等同属第二方阵；而 2017 年，中国该领域发表的论文数增加至 2627 篇，是美国（2154 篇）的 1.2 倍，远高于英国、法国、日本等国家。从该领域论文被引频次分析，2008 年美国是中国的 2.9 倍，而 2017 年中国是美国的 1.1 倍，中国已超越美国，位列世界第一位。与国外研究相比，中国学者的研究呈现以下的态势和特征，一是研究队伍迅速扩大，形成了北京大学、清华大学、山东大学、西安交通大学、北京航空航天大学、北京科技大学、中国科学技术大学等十多个非牛顿流体力学的教学科研基地；二是研究对象呈现多样化，从大量的工程问题中提炼出与非牛顿流体相关的科学问题进行研究；三是注重成果呈现的国际化，发表在国际刊物的与非牛顿流体力学相关的论文数量急剧增加。

在非牛顿流体理论及方法研究方面，国内学者建立的分数元本构模型能够刻画某些更复杂黏弹性流体的流动特性，受到国际学术界的高度关注。提出的贝叶斯数值算法用于优化黏弹性本构模型的参数估计，提高了模型的计算精度。发展的积分相似变换和李群相似变换法用于研究几类非牛顿流体在平板上流动的换热机理。提出的渐进展开与长波估计相结合的方法用于揭示剪切稀化薄膜流动的非线性波演化机理。发展的本征正交分解 - 伽辽金降阶方法用于揭示黏弹性湍流流动机理。在应用基础研究方面取得了具有国际先进水平的成果，例如沿柔性管流动的黏弹性液体膜，结合生物科技和芯片技术开展的微通道黏弹性流体的电渗蠕动研究，结合化学过程工程和石油运输工程进行的表面活性剂溶液减阻特性研究，结合能源和食品工业开展的黏弹性流体热对流稳定性，结合航空航天工业开展的非牛顿流体射流破裂雾化机理研究，结合生物医学工程的血液流变特性研究。最近，纳米流体和带电黏弹性流体的传热传质研究引起了广泛的关注，例如纳米流体的热对流失稳、纳米颗粒的热迁移、在电场和磁场作用下纳米流体的复杂流动研究等。

2.9 渗流力学

国内学者在渗流力学的研究中起步较晚，有关地下水渗流方面的论文最早发表于 20 世纪 50 年代。经过多年来的不断发展，在渗流力学的众多研究方向上，国内目前的研究与国外差距不大，已形成了一系列的原创性成果。例如，在物理模型构建方面，国内学者提出的移动接触线模型可以准确刻画流体在壁面的滑移以及动态接触角，被广泛用于多孔介质微观流动模拟中；考虑非常规油气资源的复杂多孔介质，建立了考虑微纳尺度流体运移机制、孔隙介质表面物理化学性质变化以及复杂多孔介质结构特征的孔隙网络模型；改进了传统只适用于描述达西流动的单一尺度孔隙网络模型，增加了孔隙网络模型的适用性；建立了能够更准确描述裂缝和溶洞对地层流体渗流影响的离散缝洞网络模型。数值计算上，国内学者提出的标量辅助变量法大幅度提高了梯度流的计算效率；改进的 LBM 流动模拟方法，可实现多孔介质中特殊条件（高温、高压、高密度比）下的特殊流动机理（吸附、滑移）的流动模拟。此外在多孔介质内溶质输运等应用研究方面也取得了国际领先的研究成果。

2.10 水波动力学

纵观国内外研究，我国水波动力学的研究经历跟跑到并跑后，目前在某些方面已经达到国际领跑的水平。

1981 年 5—7 月，由中国科学院、北京大学和清华大学共同举办了我国首次流体力学与应用数学讲习班，包括分层流、水波动力学和船舶水动力学、空泡和尾流三门专题课程。这次讲习班对我国水波动力学的研究起到了极大的推动作用。此后，中国从事水波动力学的研究队伍不断壮大，研究成果不断涌现。经过约 40 年，特别是最近 20 年的快速发展，中国已逐步形成自己的特色和优势。上海交通大学、中国船舶科学研究中心、中国科学院力学所、大连理工大学、哈尔滨工程大学、北京大学等单位提出了新的水波理论与模型，建成了可开展水波动力学基础研究与应用基础研究的国际一流实验研究平台，形成了一批具有自主知识产权的理论分析计算软件和工程设计仿真系统，极大地提升了我国在国际水波动力学界的地位。

中国在水波动力学理论及其工程应用方面开展了大量工作，为解决重大工程建设的水动力学关键技术提供新方法和新知识。针对深海系泊平台在波浪作用下发生大幅低频漂移和高频振荡问题，率先建立了两次展开的时域分析方法和运动物体上二阶非线性波浪力计算的完整时频变换方法，解决了目前工程分析软件存在的问题；在海洋结构物波浪力计算中提出了中等尺度结构的概念，量化了小尺度、中等尺度、大尺度的界定准则，揭示了高桩承台结构强非线性波浪力突增的现象；发展了描述极端海浪流场特性的强非线性理论分析方法和层析水波模型，将自由面作为物质面处理，无须任何小参数假设，自由面条件可准确满足，因而可以准确高效地模拟非线性浅水波、深水波、表面孤波和内孤立波。在波浪与浮体相互作用理论与计算方法方面开展了大量的研究工作，在海洋超大型浮式结构物的水弹性分析理论与预报方法研究领域独具特色，在国际上有重要影响。

中国在台风风暴潮和海啸等极端海洋事件的力学机理与预报研究方面取得重要进展，已得到国际同行的广泛关注。在台风极值参数的演化与预测方法研究中提出了台风非平稳过程的概念，发展了考虑气候变化影响的台风极值参数的预测方法。通过分析西北太平洋的台风运动规律，得到了该海域台风运动速度的 Beta 效应及其经向分量和纬向分量的统计规律，提出了计及海浪飞沫影响的水气界面波浪边界层理论及风暴潮过程中风应力的准确计算方法。建立了基于完全非线性高阶色散水波模型的海啸生成、传播和爬高的数学模型，获得了海啸波在极缓大陆架上传播与演化的特征，基于多浮标反演和数值模拟，建立了南中国海海啸预警方法。在内波生成、传播、演化及其与海洋结构物的相互作用方面开展了大量的研究工作，发展了内波生成、传播、演化的统一模型，揭示了内波流场及其对海洋结构物作用力的规律。

为适应水波与结构物相互作用研究的发展需求，中国建成了国际领先的大型水波试验水池，可开展风浪流作用下海洋工程结构物动力响应的物理模型试验，不仅直接服务我国重大海洋装备研发，而且还为美国等西方国家提供了高技术服务。发布高效的数值水池仿真试验系统，为全球的行业用户提供高效、高质和高可靠的互联网 + 虚拟试验新途径和新型服务。

2.11 高速水动力学

国内学者在空化与空泡流的精细结构预示、流体动力载荷控制等先进实验技术研发和空化湍流数值模型建立方面做出了一系列原创性工作，有力地推动了高速水动力学领域的整体发展。建立了基于霍普金斯杆原理的轴对称体发射与空泡流机理性实验装置，实现了轴对称体自然空泡流脱落与云空泡生成的大涡模拟。基于具有自主技术和特色的空化非定常流场的测量与分析技术，系统研究了水翼附着型空化从初生到超空化不同阶段的空化流动，获得了不同阶段空化湍流速度场、湍流脉动、涡量等物理量的时间和空间分布特征；针对扭曲水翼、螺旋桨开展了三维非定常空泡流数值模拟，给出空泡脱落与云空泡区的涡结构特征，针对螺旋桨亟待解决的非定常水动力及振动噪声问题，重点对云空化和梢涡空化生成机制及演化特征开展了研究工作，获得了云空化内部群泡流动结构，发现并阐述U型涡在片空化脱落云空化形成机制中的作用；在梢涡空化研究方面，建立了新的考虑水质影响的梢涡空化尺度效应修正方法，阐明梢涡空化中涡唱现象产生机制。开展了非定常来流下带空泡轴对称体的空泡演化与流体动力特性、基于电阻探针和激光光纤探针的空化区内部气液两相流体气泡尺度分布与微气泡流速测量方法、螺旋桨梢涡空化涡唱频率的定量分析模型等方面的研究工作。建立了国际领先的高速水动力学实验设施群，如可模拟水中含气量的小型空泡水洞与通气超空泡水洞和低噪声大型空泡水洞等。

在强非线性自由表面流动的理论分析与数值计算方法研究方面发展迅速，处于国际领先地位。在发展适合强非线性自由表面流动的光滑流体质点动力学方法（简称SPH方法）方面，开展了大量的基础研究工作，建立了多相耗散质点动力学模型，在国际上有重要影响；建立了物体入水空泡演化的两相SPH模拟方法，阐明了高速入水抨击流体动力载荷的变化规律；针对复杂边界约束的水下爆炸泡演化与破碎问题，开展了系统的数值模拟，提出了气泡破碎过程的三维边界元数值模型和获得了近自由面或近刚性壁面气泡破碎过程的空泡形态结果。

2.12 微纳米流体力学

微纳米流体力学是一门实践性很强的应用学科，近年来得到了国内外广泛关注。美国物理学会每年的流体力学年会（APS DFD Annual Meeting）在生物、化学等应用领域会议之外，包括了15%~20%与微纳米流体力学相关的专题分会场，美国机械工程师协会（ASME）每年举办多个微纳米流动方面的系列会议，近两届的世界力学家大会（ICTAM）同样增加了多个微纳米流体力学专题研讨会。2008年和2012年，国际理论与应用力学联合会（IUTAM）将流体力学最高奖Batchelor Prize先后颁发给Howard Stone和Detlef Lohse，以表彰他们在微流动研究中做出的突出贡献。近年来，国内微纳米流体力学研究发展迅速，几乎涵盖了所有前沿方向，做出了一大批具有国际先进水平的原创性工作。

微纳流控芯片已逐渐被视为一种战略性的科学技术，其内在必然性基于微型化的发展趋势以及流体操控在人类生存发展中的基础作用。它被认为是继大规模集成电路芯片之后又一次具有深远意义的科学技术革命，可能对人类未来的生活方式和生存质量产生深远影响。2004年美国*Business* 2.0杂志的封面文章称它是“改变人类的七种技术”之一。

2006 年 *Nature* 杂志推出名为“Insight：Lab on a chip”的一系列专题综述文章。2012 年美国 FDA 联合国防先进研究项目署、NIH 年推出“人体芯片（Human on a chip）”项目，重点是基于微纳流控芯片模拟人体各重要功能，加速药物筛选和毒性检测。2016 年达沃斯论坛将“器官芯片（Organ on a chip）”列为十大新兴技术之一。2016 年中国国务院发布的《“十三五”国家科技创新规划》提出“突破微流控芯片、单分子检测、自动化核酸检测等关键技术”的目标。微纳流控芯片已经开始形成产业，国际竞争日益激烈，其发展依靠微纳流体操控机理和方法上的研究基础。推动和强化微纳米流体力学学科发展是提高我国在未来国际微纳流控芯片产业竞争地位的重要战略举措，值得给予充分的重视和支持。

微纳流控芯片的通道结构复杂，控制方式多样，流动现象丰富，相关尺度可横跨七八个数量级的大范围变化（从离子、分子大小到通道长度及基底厚度），所集成的微纳通道网络可高达数千乃至上万个分支，并且或多或少地包括单相 / 多相流动、传质、传热、外加力场、生化反应等过程，呈现出高度复杂的多物理场、多过程耦合作用机制。对于芯片设计而言，单纯将宏观规律应用到微纳尺度上，而不考虑上述复杂耦合作用及微纳尺度下的特殊性，在很多情况下将不能高质量地实现预期功能和目标，微纳流控芯片发展早期所采用的试错（trial and error）设计方法已经难以为继。因此，流体力学研究者应发扬力学学科所具有的定量化、精确化研究优势，结合实际应用和国家需求开展研究，搭建起和化学家、生物学家之间沟通的桥梁，使得力学成为推动微纳流控研究与产业化发展的关键支柱。

3 我国流体力学学科的发展趋势与对策

3.1 湍流

中国的湍流研究正处于最好的发展时期之一，它的特点是：①人才队伍正在迅速扩大，不仅国内的湍流学者迅速成长，也吸引了大量的海外知名学者和青年才俊，特别是吸引了物理学家参与湍流的研究，相比之下，应用数学家研究湍流的人数相对减少；②围绕着国家重大需求，针对湍流这个卡脖子的问题，建立了若干个重大研究计划，组织团队形成了系统的研究；③在基础研究的若干问题上，取得了重要的原创性成果，产生了国际影响，得到了流体力学界的认可。

围绕湍流，建议开展如下研究：①湍流不仅是航空航天的卡脖子问题，也是船舶海洋、能源交通等领域的重要问题，建议加强对湍流研究的综合布局和顶层设计。在这些卡脖子的问题上，不仅要有长期稳定的支持，而且要从基础研究的源头有所突破；②开展大涡模拟的研究，它包括湍流模型、数值模拟和软件开发等系统性研究，它不仅是重要的基础研究课题，而且与雷诺平均方法结合，成为工程软件的核心工具；③要充分利用中国的超级计算机优势和新建的大型实验设备，发展核心计算技术和实验测量技术，为湍流研究建立国际先进的平台；④要注意引入新的观点和方法对湍流这个经典问题进行研究，特别要关注机器学习和多尺度力学的发展，为湍流研究增添新的活力。

3.2 涡动力学

涡动力学研究的主要发展趋势是面向复杂流动和工程应用，如湍流场的旋涡识别与流动机理、复杂旋涡流动的稳定性和控制、动边界相关涡动力学、高速流中的涡动力学等，并对数值模拟方法和实验测量技术提出了更高的要求。

针对复杂的旋涡流动，重点开展如下几个方面的研究：①加强湍流相关涡动力学基础研究，进一步发展湍流场中的旋涡识别方法，深入开展湍流涡结构的产生与演化、湍流涡结构在湍流噪声等过程中的作用机制等研究；②发展复杂旋涡流动的稳定性、敏感性分析方法和诊断技术，研究复杂旋涡流动的稳定性及控制机制，并开展工程应用中的涡控制研究；③开展包括柔性壁面、运动物体、自由边界等动边界相关的涡动力学研究，建立动边界涡动力学理论，发展高效、高精度动边界旋涡流动数值模拟方法和实验测量技术，揭示旋涡 - 动边界相互作用机制，研究自然界和工程领域存在的各类动边界问题。④面向国家需求，加强超声速与高超声速流中的涡动力学研究，深入开展剪切、胀压与热力耦合的涡动力学基础理论研究，揭示旋涡与激波、声波等相互作用机制，解决航天、航空等工程领域中的关键技术问题。

3.3 计算流体力学

基于国内外研究现状和未来 E 级大规模计算的需求，网格生成技术亟须突破：①高精确、高效、灵活方便、强适应性的复杂网格处理技术；②简化网格生成难度、减少网格生成人工工作量，实现复杂网格生成自动化和高质量化；③结合高性能计算方法（HPC），实现大规模网格快速并行化生成。针对这些难点，NASA“2030 CFD 远景规划研究”指出，自适应网格技术具有极大的发展潜力。另外，综合笛卡尔、结构 / 非结构优点的混合网格生成技术也是未来发展的重要方向。

针对目前研究现状和不足，数值方法在将来的研究趋势是：①在空间离散方面，继续开展高阶精度格式的研究及应用，提高其对复杂外形计算的适用性和鲁棒性；②着重发展高度“紧致”的计算格式，以满足对超大规模并行计算的兼容性；③在时间离散方面，开展隐式计算格式和加速收敛技术研究以提高计算效率；④开展一些新颖的非传统方法研究，如格子玻尔兹曼方法（LBM）、浸入边界法（IBM）、无网格（Meshless）方法等，深入研究其特殊应用。

对于航空航天工程领域，大尺度流动分离模拟精度直接影响飞行器气动计算的准确性。对此，传统的 RANS 方法精度有限而 LES 方法的计算量巨大，从目前高性能计算水平和工程迫切需求来看，开展 RANS/LES 混合方法研究最有希望实现大分离流动的准确高效模拟。此外，层流过渡到湍流的转捩模拟一直是CFD的难题，准确预测转捩现象对于层流和高超声速飞行器设计至关重要。NASA“2030 CFD远景规划研究”技术路线就将转捩预测作为物理建模研究的重要内容，因此，转捩建模研究也是今后的发展方向之一。

在高性能计算与CFD软件商业化方面，需着重开展以下几个方面的研究：①高保真的计算模型和高效的超大规模隐式并行计算方法，提高复杂问题的计算精度和计算效率；②通用的大规模并行CFD基础软件平台开发；③CFD软件和高性能计算机进行软硬件有机结合，开展“数值风洞试验”研究及应用；④从丰富完善计算模型、简化仿真工作流程、提供准确的多物理场解决方案、具体全新的参数化HPC许可模式、探索可扩展性等方面，不断提升CFD产品性能和完整性。

伴随着高性能计算的快速发展，高精度流场数据将达到万G级别，从海量数据中提取流场特征，发展三维实时、交互、并行式流场高效可视化技术是当前和未来的发展趋势。同时，在CFD计算软件中进行“原位”可视化，为使用者提供更直观、方便、智能的显示界面也是后续必须要做的研究工作。

3.4 实验流体力学

我国已经在实验流体力学领域取得了长足的发展，但也应该认识到，这些成绩部分源于我们的后发优势。我国在流场测试技术和数据分析方法的重大核心基础问题上仍然缺乏原创性、引领性的工作。大部分研究成果，仍然是在欧美国家所建立起来的理论或方法框架之内的修补性或延续性工作。

研究对象的复杂化、研究手段的智能化和研究内容的深入化，是实验流体力学学科的未来发展趋势。我国在实验流体力学领域已经进入与欧美国家并跑的阶段，没有前人经验可供借鉴。因此，我们应该结合自身优势和特色，继续坚持“面向重大工程问题的基础科学研究”这一传统，发挥开放共享的体制优势，在重点领域汇聚研究力量，积极推进以下几个方面的研究：以层析PIV、单相机PIV和光场PIV等为基础，发展针对湍流混合的两相湍流三维速度场高动态测试技术；发展激光分子示踪流动显示与测量技术，实现对微尺度流动、湍流燃烧、高超声速流动中的速度场、密度场、温度场、组分场等多物理场的联合测量；面向宽体客机、新一代潜航器、高超声速飞行器等重大型号研制对减阻、降噪、热防护的迫切需求，发展空间流场和表面压力场、表面摩擦力场和表面温度场的联合测量技术；以流体动力学主控方程为约束，发展基于深度学习、机器学习的低维分析方法和数据同化方法，为研究转捩、湍流等复杂流动的物理机理提供强有力的工具。

3.5 高超声速气体动力学

高超声速科技已经成为21世纪航空航天领域的制高点，具有广阔的军民两用背景，对一个国家的科学技术发展、航空航天能力提升、国民经济强化、综合国力增强将产生重大影响。所以，作为高超声速飞行技术发展的关键支撑性学科，高超声速气体动力学的重要性是无须要强调的。以发展先进高超声速飞行技术为背景，高超声速气体动力学三个主要研究方向需要高度关注：

高超声速流动的燃烧动力学理论研究：冲压发动机进气道三维激波的发展规律及其与边界层的相互作用；高超声速混合和燃烧稳定控制以实现高效、稳定燃烧进程，并提高发动机热效率；超声速燃烧的方法和理论。

高温气体流动规律与数学物理模型研究：高超声速飞行器周边是一种强激波诱导热化学反应主导的高温非平衡气体流动，其介质本身的微观变化伴随着能量转移和热量传递，显著影响了宏观流动规律，这包括边界层发展、湍流转捩、激波干扰和壁面催化效应。这种高温气动物理现象超出了传统空气动力学的理论范畴，给人们在气动力/热方面的预测带来困难。高温气体流动规律认知与具有一定精度的数学物理模型建立是挑战性的，也是高超声速气体动力学的基础。

高超声速风洞实验技术与方法研究：针对高超声速风洞试验的核心问题，开展复现高超声速飞行条件风洞理论与技术的研究；飞行器气动力/热性能的预测；高超声速流动的热化学反应机制模拟；避免化学反应过程对缩比模型流场的不相似性；提升高超声速推进系统性能预测的可靠性。

3.6 稀薄气体动力学

粒子模型、拉格朗日方法和连续介质模型、欧拉方法是流体力学分析问题的两种基本途径。最近20多年，随着计算机的广泛应用和性能的迅速提高，以及粒子模型的不断充实完善，前一种途径蓬勃发展，是流体力学领域最为活跃的前沿方向之一。稀薄气体动力学处在其中，发挥着先锋作用。可以预见，这种趋势在未来5~10年乃至更长时间内都不会改变。

以分子模拟方法为代表的稀薄气体动力学最新研究进展，已经具备了解决航天工业、真空技术和MEMS等领域中相关实际问题的能力，为相关技术进步和产业升级，提供了可能和机遇。未来5~10年，我国应积极推动两者的结合，一方面应加强基础能力建设，形成诸如DSMC方法、IP方法等的软件包和数据库，另一方面应围绕临近空间高速飞行器、有重要实用价值的MEMS设计、薄膜沉积等重大需求，凝练目标，组织团队，力争突破。

分子的真实性和电子计算机是20世纪最重要的科技成果。分子模拟将两者结合在一起，在诸如过渡流区问题的求解中，已经显示出威力。将这种途径推广用于其他流体力学问题，如流动稳定性、颗粒流等，是当前的研究热点。尽管还在探索阶段，但意义重大，应鼓励精干的力量，投身其中，有所作为。

3.7 多相流体动力学

就研究手段而言，在数值模拟方面，一是要发展具有较宽应用范围的高精度、低计算成本、稳定性较高的数值模拟方法；二是要侧重于大量多分散性离散相完全三维的数值模拟以及考虑存在外部力时的数值模拟；三是针对实际工程问题中出现的复杂多相流动，发展相应的直接模拟技术，研究其中的机理，并基于直接模拟的结果，改进工程问题的宏观模型。在实验研究方面，一是发展具有高分辨率、能同时测量连续相和离散相速度的技术；二是发展精确测量离散相附近区域内连续相速度场的技术；三是改进和发展局部测量技术，获取更广泛、系统的实验数据。

围绕多相流的复杂性，开展以下四个方面的研究：①复杂流场多相流，研究流道结构复杂、湍流场、多场耦合作用、极端条件下的多相流，如复杂管件内部的多相流，湍流场中离散相的产生、扩散、迁移、沉积与聚集，微重力条件下的气液分离及核态沸腾传热强化，具有传热传质、化学反应的多相流。②复杂离散相多相流，研究具有超常尺度、异常形状、容易变形、自身驱动离散相的多相流，如体现非圆球离散相作用的湍流动力学方程的修正，离散相聚合体的附着强度以及剪切破碎机理，考虑离散相表面粗糙元、尺度和形状变化对离散相迁移与扩散的影响，非圆球离散相的聚集和附着力特性以及它们对于表面结构的依赖性，小聚集体到大聚集体的形成过程，离散相变形对离散相之间的作用尤其是离散相聚集的影响，自身驱动离散相动力学特性，聚合物分子或细胞等存在内部自由度离散相的动力学特性。③复杂连续相多相流，研究本构关系多样、具有蒸发和散热等特性的多相流，如离散相在流体惯性、黏性、弹性、剪切变稠、剪切变稀作用下的受力、运动与相互作用，影响离散相聚集及链状结构形成的机理，非圆球形颗粒对流变特性的影响，离散相破碎、雾化及其后续动力学特征。④复杂相间作用多相流，研究具有复杂的同相或异相间相互作用时的多相流，如热运动及湍流共同作用下离散相间的碰撞、合并、聚并，离散相界面动力学行为及界面的确定，离散相对流场湍流结构或流变特性的影响及流场湍流动力学方程的修正与完善，受流场随机分量影响的离散相与流场之间的耦合模式，离散相分布的微结构与宏观流变特性的关联特性，相变过程中的相分布特征及表征方法，考虑随机分量时将相间耦合模式拓展到大尺度离散相的情形，寻求新的无量纲参数来表征离散相对湍流的影响。

3.8 非牛顿流体力学

石油、环境、化工和食品工业中遇到的各种复杂流体，不断给非牛顿流体力学的研究提出了一系列崭新的课题。比如：涉及泥石流和雪崩等重大自然灾害的触变性流体特性的研究；涉及石油工业的管道中原油的输送和减阻问题；涉及能源工业的煤 - 水浆的流动特性研究；涉及海洋泥床和河口泥沙的非牛顿特性及其与表面波的相互作用问题；涉及 MEMS 系统中的微流控和极低雷诺数流动的流体有效混合问题；在聚合物等先进材料加工过程中遇到的环型收缩域中的流动特性研究等。随着科学技术的不断发展，非牛顿流体力学的发展趋势可以分为几个方面：①非牛顿流体流变特性及其微观结构的高精度测量方法，揭示微观结构和流变特性的相互关系；②考虑非牛顿流体复杂流变特性的非牛顿多相流数学模型，揭示其特有的流动和传热现象；③非牛顿流体新机能及相关设备的研究，包括减阻、驱油、血泵、浮选机等。

我国非牛顿流体力学的发展应加强与其他学科的交叉融合，结合国民经济发展，进行基础理论和应用基础的关键问题研究；针对“能源与资源”“航空航天”“生命工程”等国家重大工程需求，着力推动重大研究计划、重大项目布局和立项；与其他新技术和力学测试技术相结合，鼓励自主研发非牛顿流体微观测量方面的重大科研仪器，注重自主知识产权的创新。围绕非牛顿流体的发展趋势，开展以下五个方面的研究：①非牛顿流体的流动稳定性研究，探讨界面失稳、弹性湍流的物理机制以及泥石流和雪崩等重大自然灾害的触变性流体特征；②非牛顿流体新型本构关系模型的研究，深化分数阶微积分在黏弹性流体力学中的应用；③研究生理、病理以及临床治疗中的非牛顿流体力学问题，弄清非牛顿效应对生物流体的复杂流动和传热传质的影响；④研究纳米非牛顿流体、智能流体的流动和传热传质问题，以及微系统、3D 打印和聚合物材料加工过程中的非牛顿流体力学问题；⑤非牛顿流体的浸润、流动减阻和热对流的研究，进一步加强非牛顿流体力学在能源领域的应用研究。

3.9　渗流力学

渗流力学的应用领域日益广阔，发展速度亦逐步加快，但仍有许多工程中遇到的渗流理论、渗流力学实验以及数值计算等方面的复杂问题未得到有效解决。

在渗流理论方面，一是要发展考虑微观渗流机理的多尺度多物理场多相流体渗流模型，以适应不同的实际物理问题的需要；二是要发展宏观大尺度流动模拟方法并深化渗流 - 自由流理论研究；三是开展尺度升级研究，建立准确的能够体现不同尺度渗流机理的宏观数学模型，形成纳米 - 微米 - 介观 - 宏观全尺度耦合的尺度升级流程；四是应与大数据和人工智能相结合，建立能够表征问题本质的物理模型。

渗流实验方面，一是大尺度的宏观物理模拟，侧重于研究实际复杂条件下各物理参数的动态变化；二是微米、纳米尺度的微观物理模拟，即利用显微技术直接观察或借助 CT、核磁等技术间接监测流体在微观孔喉内的分布和流动。

数值计算方面，一是要发展应用并行算法，一方面可以实现大尺度大规模的数值计算，另一方面还可以允许对流体在多孔介质内的流动进行更细致更精确的模拟；二是要研究快速数值模拟方法（如模型降维），以及快速求解方法（如快速谱方法），从而有效地提高数值模拟速度，节省模拟时间；三是针对实际工程问题中存在的多场耦合流动，发展高效、稳定的数值模拟算法；四是要构建与改进多尺度方法以关联微观尺度渗流与宏观尺度渗流，进一步提高多尺度方法的计算效率与精度，将已有的多尺度方法推广至大规模计算，解决工程实际问题。

3.10 水波动力学

深远海水合物、锰结核、钴结壳、硫化物等资源开发，亟待强非线性水波动力学理论与应用研究的新突破。中国应充分利用已建成的世界一流大型实验水池，加强开展强非线性水波与破碎波及其与这些资源开发装备结构的流固耦合作用研究。主要研究方向应包括：强非线性水波与破碎波的建模理论与分析方法；强非线性波及其对结构物作用的数值模拟与水池实验技术；复杂地形条件下非线性波与超大型浮式结构物的相互作用；固态资源垂向输送系统的流固耦合与安全评估技术等。

近海岸风能、波浪能、潮流能等清洁能源的开发利用以及“海上丝绸之路”建设，亟待波流、结构、海床相互作用的流固土耦合理论与应用研究的新突破。主要研究方向应包括：极端海况下大型海上风力机的流体动力特性、基础局部冲刷与基础稳定性；波浪能与海流能利用的新构型及其关键技术；复杂海洋环境下桥隧设计与施工的关键技术；海洋工程动力环境精细化预报与安全保障及评估技术等。

我国海洋安全与防灾减灾亟待极端海洋事件及其致灾过程的模拟与预报新方法的强力支撑。我国东南沿海经济发达地区与南中国海周边海域对海洋动力灾害的防灾减灾需求十分迫切，这方面的主要方向应包括：台风风暴潮模拟与预报的精细化模型及其应用；海啸致灾机理、模拟方法与预警技术；海洋内波生成与演化的精细化模型及其探测新原理；复杂流动与地形作用下海洋畸形波的生成机理与模拟。

3.11 高速水动力学

我国在空泡流的数值模拟方法及其精细实验技术方面做出了一系列原创性和引领性工作，已成为本领域的不可或缺的创新力量，但在新型空化模型、空化流动的噪声和空蚀的定量预报等仍有待突破。在未来 20 年，不仅亟须深入系统地研究空化与空泡流、强非线性自由表面流动、航行体高速出入水等力学机理，为大幅提升高新海洋运载装备的流体动力学性能奠定科学基础，而且应着力突破高速水动力学基础研究，为高性能推进器、高速水下航行体等海洋工程科技创新发展提供源泉。

以空化与自由表面效应为特征的高速水动力学可望得到快速发展，为中国海洋重大装备研发起到不可或缺的技术支撑作用。中国在高速水动力学领域已形成了国际领先的实验研究设施群，为系统深入地开展将空化与空泡流、高速物体出入水等水动力学前沿研究、凝聚研究力量提供了优越的研究平台。主要研究方向包括：复杂物理约束条件下空化机理及空泡流新模型；群泡溃灭与空蚀的定量预报方法；空化噪声预报；自由表面大变形与破碎过程的建模理论与分析方法；高速航行体出水和入水过程流体动力载荷的精确预报及其控制技术。

3.12 微纳米流体力学

微纳米流体力学的可能研究趋势与热点将具有多物理场、多过程和多相的特点，应用领域不断扩大。

（1）多物理场、多过程耦合机制

微纳流控芯片的驱动方法灵活多样，包括机械力、电场、声场、磁场、光场、温度场等，在具体应用中采用某一种或者几种方式组合，通过体积力或者表面力作用实现流体流动与物质输运的操控。多物理场、多过程耦合过程包括流动、外加场、能量输运、物质输运、化学组分输运、生化反应，以及不同介质的物理化学性质系数可变和互相影响等。这些耦合机制一直以来是微纳米流体力学研究的重点和难点，面对日益复杂的应用环境与对象，对力学研究者提出了更高要求，一方面要为下游的出口应用提供更定量化、更准确的芯片设计方法，另一方面要寻求在机理上有所突破，提出新颖、高效的操控方法，从而发挥力学的理论指导和前瞻引领作用。

（2）多相流与颗粒操控

微纳流控芯片的最重要功能之一是以液体为介质，实现在高度可控条件下各种物质的输运。这些物质的表现形式通常为颗粒，包括各种细胞、合成颗粒、囊泡、生物大分子等，其精确操控在生物、化学、材料等方面具有重要意义。由于颗粒大小不能忽略，必须作为多相流进行研究。电、光、热、声、磁等外加力场能精确地控制颗粒 / 细胞运动，能根据颗粒 / 细胞的大小、电磁特性、表面生化特性等不同而对其进行分选与富集。最近，惯性效应和黏弹性效应在对颗粒 / 细胞的高通量处理上显示出极大潜力。如何将这些方法从微米颗粒扩展到纳米颗粒、从干净样品扩展到实际样品，还需要进一步开展流动机理的研究，特别要关注颗粒操控方法的应用效果。微尺度多相流中的另一种重要形式是液滴或者气泡，其优点源于界面可变形和空间受限的特点，因而需要考虑表面张力、界面浸润性的变化。界面的存在将非线性效应引入到微流动中，受限效应又使多相微流动中的物理现象显著有别于自由界面流动的情况。深入研究微尺度多相流机理将推进液滴微流控器件的优化设计和技术创新。

（3）纳米尺度输运现象

生命活动、纳米载药、纳米毒性、新型能源、海水淡化等一系列核心问题和应用与纳米尺度输运现象密切相关。具体例子包括生物体中水通道和离子通道实现选择性的分子和离子输运、纳米药物在复杂人体介质环境中的输送、大气细颗粒物的生物效应、基于流电势的机械能 - 电能转化、纳孔反渗透膜的海水淡化等。现代微加工技术具备了制作纳米尺度结构和分子层次上改变材料的能力，为离子、蛋白质、DNA 分子等的输运控制和识别研究提供了更多可能性。纳米尺度流动和物质输运通常难以直接观测，一些非常重要的物理量只能通过间接方法获得，目前多数研究仍处于数据积累阶段。必须以多学科交叉为出发点，通过与生物学、物理学、化学、电子学等众多学科的合作，加强这方面的系统研究。在研究手段上，一方面要扩大以分子模拟为核心的多尺度计算规模，另一方面要积极借鉴物理、化学、生物等学科在小尺度研究上的先进实验思想和实验技术。

（4）微纳流控仿生芯片

微纳流控研究的最新热点之一是构建不同类型、不同层次的仿生系统：从细胞芯片，到组织芯片，再到器官芯片。所谓器官芯片，是一种更接近于生物体系的微纳流控模型器件，可包括细胞、细胞群落、组织、组织－组织界面及器官本身，由不同大小尺寸的管道连接而成，可以观察体液在细胞、组织、器官内以及它们之间的流动，并研究药物、营养、机械力等对生物体的综合影响。目前很多微器官芯片连血液循环系统都不完善，将“死”芯片升级为“活”芯片必须真实模拟和再现体液循环下的流动特征。一个完善的微流控器官芯片应包括多种尺度、多种物理过程的耦合机制，涉及从纳米尺度到微米尺度的流动、离子、大分子、纳米颗粒的输运、单相流体到多相流体、多种界面、各向异性复杂介质、流－固耦合、微纳尺度传热、生物及化学反应、细胞组织间生物信号传递等现象。研究体系的边界约束更加复杂，有多种力学、物理及化学作用需要考察，其特征时间、空间尺度也与传统微纳流动区别明显。这些复杂过程的建模与求解是极具挑战性的研究课题，力学研究者并非一定要直接进行生物医学研究，而是要直面应用目标，利用微纳米流体力学的研究优势，从纳米尺度物质输运及流动控制的角度为上述关键科学问题提供理论支撑，在此新兴应用领域发挥引领作用。

主要参考文献

[1] 中国科学技术协会，中国力学学会．中国力学学科史［M］．北京：中国科学技术出版社，2012.

[2] Batchelor GK, Moffatt HK, Worster MG. Perspectives in Fluid Dynamics［M］. Cambridge: Cambridge University Press, 2000.

[3] He GW, Jin GD, Yang Y. Space-time correlations and dynamic coupling in turbulent flows［J］. Annual Review of Fluid Mechanics, 2017, 49：51-70.

[4] Wu JZ, Ma HY, Zhou MD. Vortical Flow［M］. Berlin: Springer, 2015.

[5] Tsien HS. Similarity laws of hypersonic flows［J］. J. Math and Phys, 1946, 25：247-251.

[6] Anderson JD. Hypersonic and High Temperature Gas Dynamics. McGraw-Hill Book Company, New York, 1989.

[7] Jiang Z, Yu. H. Theories and technologies for duplicating hypersonic flight conditions for ground testing［J］. National Science Review, 2017, 4：290-296.

[8] Franc JP, Michel JM. Fundamentals of Cavitation［M］. Amsterdam: Kluwer Academic Publishers, 2010.

[9] 沈青．稀薄气体动力学［M］．北京：国防工业出版社，2003.

[10] Mei CC. The Applied Dynamics of Ocean Surface Waves［J］. World Scientific, 1989.

[11] Slotnick J, Khodadoust A, et al. CFD Vision 2030 Study: A Path to Revolutionary Computational Aerosciences［R］. NASA CR-2014-128178.

动力学与控制学科进展研究

1 动力学与控制学科的发展现状

动力学与控制是最为经典的力学分支学科之一。人类对动力学现象的理解、把握和控制是认识和改造自然的必然需求。从国内外研究发展趋势看，自然界和工程领域中的动力学系统建模、分析、设计与控制的理论和方法是该学科的主要研究范畴。近年来，我国学者在动力学与控制的理论、方法和应用研究中取得了一系列重要成果，不仅在国际学术界产生了影响，而且在国家重大工程中得以成功应用。目前，该学科在非线性动力学等前沿研究领域形成了一支稳定、高水平的研究队伍，在面向国家科技重大需求方面，特别是在航天、土木和机械等领域，拥有一支具有国际先进水平的研究队伍。

在学科体系方面，我国已形成了以分析力学、非线性动力学、随机动力学与控制、多体系统动力学、转子动力学、航天动力学与控制为主要分支学科，以神经动力学等为主要学科交叉领域的动力学与控制学科体系。

在学术队伍方面，我国有 6 名从事动力学与控制相关研究的两院院士，有 15 名在动力学与控制学科获得国家杰出青年科学基金的中青年学者，约有 5000 人的基础研究队伍。

在获国家奖方面，近 5 年来，获国家自然科学奖二等奖 2 项，分别是：求解力学中强非线性问题的同伦分析方法及其应用（2016 年）、高速运动刚柔相互作用系统非线性建模与振动分析（2017 年）。

在研究条件方面，我国设有 4 个以动力学与控制学科为主、8 个与动力学与控制学科相关的国家重点实验室（见表 1）及若干与动力学与控制学科密切相关的国防科技重点实验室。

在承担国家重大需求项目方面，近 5 年，在国家自然科学基金委员会的支持下，动力学与控制方向共获得国家自然科学基金重大项目 1 项、重点项目 15 项；获得国家自然科学基金面上项目 315 余项；获得国家自然科学基金青年项目 285 余项。共 3 人获得国家杰出青年科学基金，5 人获得国家优秀青年科学基金。

在学术交流方面，我国的动力学与控制期刊数达 10 余种，已有 3 份期刊被 SCI 检索。有广泛影响力的全国性学术会议有 10 余个，国际会议有 5 个。

表 1　动力学与控制学科相关国家重点实验室情况

序号	实验室名称及依托单位
动力学与控制学科为主的国家重点实验室	
1	机械系统与振动国家重点实验室（上海交通大学）
2	机械结构强度与振动国家重点实验室（西安交通大学）
3	机械结构力学及控制国家重点实验室（南京航空航天大学）
4	宇航动力学国家重点实验室（中国西安卫星测控中心）
与动力学与控制学科相关的国家重点实验室	
1	非线性力学国家重点实验室（中国科学院力学研究所）
2	牵引动力国家重点实验室（西南交通大学）
3	湍流与复杂系统国家重点实验室（北京大学）
4	工业装备结构分析国家重点实验室（大连理工大学）
5	汽车车身先进设计制造国家重点实验室（湖南大学）
6	海洋工程国家重点实验室（上海交通大学）
7	省部共建交通工程结构力学行为与系统安全国家重点实验室（石家庄铁道大学）
8	土木工程防灾国家重点实验室（同济大学）

1.1　分析力学

（1）学科内涵

分析力学源于牛顿的矢量力学难以解决受约束力学系统的约束力问题，借助虚功原理，并利用广义坐标和广义速度，巧妙地将复杂的约束力学系统约化为低维位形空间上无约束的拉格朗日系统，相应地利用广义坐标和广义动量，也可表达为相空间上的哈密顿系统。分析力学不再纠缠于个别对象的受力分析，而是关注研究对象的系统性，使得力学系统的能量分析、变分原理和对称性质成为分析力学的基本特征，因而产生于牛顿力学的分析力学可以适用于牛顿力学适用范围之外的其他力学和物理学领域，如相对论力学、量子力学等，因此分析力学的研究方法具有普适性，从而具有应用的广泛性。传统分析力学发展了拉格朗日方程、哈密顿正则方程和哈密顿—雅可比方程的系列积分方法。

（2）主要研究方向

现代分析力学在理论体系上不断地扩展，包括非完整力学、伯克霍夫力学、哈密顿—雅可比理论、广义哈密顿力学等，这些扩展既扩大了分析力学的应用，也向分析力学提出了许多新课题。分析力学的研究方法不再限于传统的变分法和微分方程的积分理论，而是扩展到整体分析和几何数值分析，从而开辟了几何力学和几何控制的全新领域。分析力学在工程科学应用上已经结合现代几何和数值方法，拓展到非完整系统的运动规划与控制，对称约化理论、计算几何力学与控制算法研究多刚体约束系统的运动规划与控制问题，无穷维非完整系统的几何力学与控制对移动柔性和软体机器人的工程应用，分析力学在时滞系统、时间尺度上约束系统、超细长或超薄大幅弹性结构的应用等。

（3）近五年来的发展概况

近五年，我国分析力学发展呈现了新局面，基本实现了理论体系完善、研究方法创新和工程科学应用的深度融合，主要体现在：从局部分析向整体分析的转变，更多关注力学系统的对称性、完整性、可积性、奇异性等；动量映射与对称约化技术成为几何力学的理论研究和应用研究的核心，在线性化求解和几何控制领域得到了应用；实现了从辛算法到几何数值积分的提升，并应用到运动规划与控制领域；扩大与多体动力学、非线性动力学、计算力学、随机动力学、控制理论、机器人等相关学科的交叉研究，实现了分析力学向更复杂系统动力学和工程应用领域的拓展；国际交流与合作取得实质进展，举办国际几何力学与控制会议，联合培养人才，合作开展研究，在无穷维非完整系统的构造、Hamel形式理论发展及其工程应用等方面取得了可喜的合作成果。

1.2 非线性动力学

（1）学科内涵

非线性动力学是动力学与控制学科的一个重要而活跃的分支，主要研究非线性系统各类运动模式和演化过程的定性和定量规律，尤其是不同运动模式之间相互转换和系统长时间行为的复杂性。非线性动力学旨在揭示现实世界及其相应数学模型所呈现的动态规律，发展研究非线性动力学问题的基本理论和方法，为推动自然科学、工程技术、社会科学等的发展提供理论和方法基础。

（2）主要研究方向

非线性动力学是在微分方程、微分几何学和动力系统等数学理论基础上，发展并应用解析方法、数值方法和实验方法，针对非线性系统的动态特性和响应行为进行建模、分析、仿真、优化和控制，重点研究系统的运动稳定性、分岔、混沌、分形和孤立子等方面的问题。当前，非线性动力学研究的主要特点是：一方面，非单纯注重分析或仿真，而是更加注重从动力学建模、动态特性与机理分析、仿真与实验验证、优化与控制，再到工程应用等全过程研究；另一方面，不再只限针对典型低维的非线性系统，而强调涉及高维、非光滑、时变时滞、多时间尺度、分数阶等复杂因素的动力系统。

在理论研究方面，发展面向具有非光滑、时变时滞、分数阶导数等非线性系统的稳定性准则、分岔和混沌的分析方法；探索复杂高维非线性系统的动力学特性新特征及发生机理，发展刻画新现象和新机理的理论和方法等。

在计算方法方面，结合计算机硬件的高速发展和进步，发展非线性系统响应的高精度半解析解（不再局限于采用一、两项的级数近似，而是采用成百上千阶的级数逼近），以及高效高精度的非线性解的延拓跟踪方法（不只针对平衡点和周期解，而是扩展到准周期解，不再只面向几个自由度的系统，而是面向有限元模型百万以上自由度的系统）；发展基于多尺度并行计算高效非线性全局分析数值方法（不只面向二、三维的系统，而是面向更高维的系统，不只是给出粗略形状的不变集，而是能够达到所需要的精细分辨率）。

在应用研究方面，发展基于非线性动力学特性的能量产生和收集方法，以及减振和隔振、降噪方法与技术；研究面向非线性动力学特性的结构优化、裁剪及控制方法和技术；开展非线性动力学现象和特性的实验验证方法研究及新现象的探索研究；开展实际工程中非理想结构（不均匀、变尺寸、时变结构等），以及注重新型材料结构和功能材料结构（如：介电、离子凝胶、石墨烯、手性材料等）中的非线性动力学现象和机理的研究等。

（3）近五年的发展概况

近五年来，我国在非线性动力学方向的研究能力和研究水平均显著提升。在非线性动力学的理论分析、计算方法、非线性动态特性利用等研究方面取得了优秀成果，涉及非线性动力学领域的多个研究方向，如：混沌新现象及特性的认识、非线性系统近似解析方法、非线性系统全局分析高效数值方法、非线性时滞系统分岔分析及控制方法、非光滑和多时间尺度组合系统的振荡机理、分数阶非线性系统的线性化定理和分岔分析方法、非线性系统的参数识别及建模方法、振动结构的非线性设计和调控等，均已取得有国际影响力的成果。一方面，在非线性动力学研究领域的国际学术论文数量和质量均有显著提升。另一方面，在服务国家重大需求和国民经济主战场方面迈出了坚实步伐，先后承担了两项国家自然科学基金重大项目，为我国大型可展开卫星天线及高速轨道车辆的动力学分析和设计提供理论支撑。此外，非线性动力学基础理论和方法的研究成果也为动力学与控制其他相关领域和其他学科的研究提供了有力的理论和方法支撑。近五年来，“求解力学中强非线性问题的同伦分析方法及其应用（2016 年）”和“高速运动刚柔相互作用系统非线性建模与振动分析（2017 年）”两个项目先后获得国家自然科学奖二等奖。

1.3 随机动力学与控制

随机动力学与控制是研究随机激励下动力学及其控制的一门力学学科，源自 20 世纪初爱因斯坦关于布朗运动的研究，是动力学与控制学科的重要基础分支之一。自 20 世纪

50年代起，由于航空、航天、航海、土木和机械等工程领域的普遍需求，特别是研究风、地震和波浪等随机载荷作用下系统响应等问题的需要，形成了以随机动力学、随机振动、可靠性及其控制为主要内容的力学分支学科，发展了许多至今仍在振动工程测试中使用的理论和方法。

随着研究的深入，随机动力学的内涵逐渐扩展，线性理论日趋成熟，人们的主要研究兴趣也逐渐转向非线性随机动力学及其控制问题，提出和发展了扩散过程理论、随机平均法、等效非线性等理论与方法，在随机激励下非线性系统的响应、稳定性、分岔、混沌、首次穿越和控制等方面取得了一系列研究成果，并且将随机动力学的理论和方法进一步拓展应用于物理、生物、经济和金融等应用领域，并获得良好效果。我国学者在随机动力学理论与应用方面具有良好的研究基础，逐渐形成了以随机激励的耗散哈密顿系统理论、随机动力学分析与控制、非线性随机振动、结构动力学稳定性、结构动力损伤与疲劳破坏、随机最优控制与可靠性分析为主要特色的分支研究方向。经过40余年的发展，我国学者在随机动力学领域获得了令人瞩目的成就，取得了一批具有国际重要影响的研究成果——提出并发展了随机激励的耗散哈密顿系统动力学与控制的理论体系、适用于多自由度拟线性随机系统的虚拟激励法、随机结构系统响应的概率密度演化方法、非高斯噪声与分数高斯噪声激励下的随机平均原理，在随机响应、随机稳定性、随机分岔、可靠性与随机最优控制、基于大偏差理论的离出问题研究等方面均取得了重要进展，获得了国际同行的高度认可。近年来，研究项目“随机激励的耗散的哈密顿系统理论”（2002年）和“工程结构抗灾可靠性设计的概率密度演化理论”（2016年）先后获得国家自然科学奖二等奖，一批随机动力学领域的研究成果获得教育部自然科学奖以及各类省部级奖励。

1.4 多体系统动力学

（1）学科内涵

多体系统动力学学科是20世纪60年代适应机械与运载工业发展而诞生的应用基础学科。该学科以经典力学为理论基础，结合计算和实验方法，研究包含运动学约束的多体系统动力学行为。学科研究内容主要包括正反动力学问题的建模、分析、辨识、优化与控制；学科应用范畴不仅包括航空航天、轨道车辆等传统工业领域内的机械系统，而且已拓展到机器人、生命科学、超材料设计等新兴领域。学科研究成果既包含对宏观机械运动物理规律的认识，也包括支撑工业产品技术发展的理论方法、分析工具和控制策略等。

（2）主要研究方向

多体系统动力学学科的主要研究方向有：①多体系统的动力学建模理论，包括对运动部件柔性变形的描述、系统不确定性的定量化表示、界面接触碰撞中的尺度效应、流－固－热多场耦合模型等；②高效数值算法、实时仿真和实验验证技术，包括模型降阶，含确定或不确定性参数微分代数方程组的求解，非光滑系统的分析与求解方法，结合控制策略的半物理仿真，以及揭示系统内在多尺度动力学特性的实验观测技术等；③各类工程领域中的关键动力学与控制问题，包括高铁、车辆、兵器、运载、空间可展结构、刚液柔多场耦合航天器，以及工业 / 仿生 / 医疗机器人中的动力学与控制问题等；④多体系统动力学在新兴学科中的应用与发展，包括与散体、软体机器人、人工智能、生物技术、超材料等多个领域间的交叉和融合。

（3）近五年的发展概况

近五年，得益于大规模计算和实验观测能力的提升，多体系统动力学在基础理论研究和工程应用方面均获得了显著的发展。研究内容已从初期的多刚体系统转向包含柔性部件、关节间隙与摩擦等复杂非线性因素的刚柔耦合系统；从单纯的机械系统动力学分析转向包含力 – 热 – 电 – 磁 – 液等多物理场的仿真；从分析简化模型的力学响应转向注重复杂模型的仿真计算、从纯粹建模仿真转向与设计和实验验证相结合的复合研究。很多以前囿于计算能力不足而无法展开的研究，例如大规模颗粒散体动力学、机械系统的柔性与非理想约束连接、含接触碰撞的系统优化设计、含液大幅晃动的充液系统动力学等问题逐渐成为多体系统动力学领域所关注的热点问题。很多以前囿于实验观测能力无法定量描述的动力学现象，已能够通过数字图像相关技术和激光测量等现代实验手段进行精细观测，为动力学模型验证提供可靠的实验验证方案。2013—2017 年胡海岩院士主持了我国多体动力学研究领域首个国家自然科学基金重大项目：大型可展开空间结构的非线性动力学建模、分析与控制，并就相关研究成果在第 24 届世界力学家大会上作特邀报告。

目前，多体系统动力学已发展成为航空航天、机械系统、轨道车辆、兵器等工业领域中重要的技术支撑学科。同时，多体系统动力学学科与诸多新兴领域，包括机器人、医疗器械、机电一体化系统、生物力学等领域的交叉融合日益紧密，为学科发展提供了源源不断的驱动力。面对学科融合中涌现出的新的科学问题，人们通常需要综合多学科知识提供分析方法和解决方案。例如，在应用多体系统动力学理论研究软材料的弛豫响应、散体介质的流 – 固双相特征、界面跨尺度效应、超材料的设计等前沿科学领域中的问题时，往往需要综合运用计算数学、几何力学、连续介质力学、非线性动力学、控制理论、优化方法等多个学科多方面的知识。多体系统动力学与新兴领域的交叉融合极大丰富了本学科的知识体系和研究内涵。

1.5 航天动力学与控制

（1）学科内涵

航天动力学与控制学科以空间运动体为对象，研究其在飞行过程中所受的力及其在力作用下的运动，并以此为基础开展相关运动规划和控制研究。航天动力学与控制具有清晰的应用背景和鲜明的学科交叉特色，它以航天工程的需求为牵引，融合其他学科方向的基本理论和方法，发展出相应的动力学建模与分析、实验、控制优化等研究理论方法体系，其研究成果应用于航天任务的研制、实验、生产、运营的全流程，为工程应用提供理论依据和技术支撑手段。

（2）主流研究方向

航天动力学与控制的主流研究方向主要包含有：轨道动力学与控制，研究航天器质心的运动规律和动态特性，主要内容包括二体及多体引力场、弱引力场中强扰动环境作用下航天器轨道的设计与分析、测量与控制及相对运动规划与优化等，为航天任务总体设计与规划提供依据。姿态动力学与控制，研究航天器绕其质心转动运动规律和动态特性，为航天器总体和姿态控制系统设计提供依据。多体航天器动力学与控制，研究部件具有相对刚体位移的航天器系统的动力学、实验、路径规划及控制问题，是当前航天动力学与控制领域的新的热点方向，包括大型空间机构展开动力学及其规划、空间机器人系统抓捕操控动力学与控制及运动规划、航天器分离对接动力学、绳系卫星动力学与控制、着陆冲击动力学等方向。航天器结构动力学与隔振减振，研究航天器在各种环境下的振动、颤振及其振动抑制问题，包括星箭耦合动力学、结构振动、微振动分析和减振隔振等方面。

（3）近五年来的发展概况

航天动力学与控制已经由最初的近地二体轨道动力学拓展至深空的三体及多体轨道动力学、弱引力场中强扰动环境作用下的轨道动力学；由最初的航天器刚体姿态动力学拓展至刚柔耦合姿态动力学及多柔体的姿态动力学；由最初单一的轨道姿态动力学拓展至与非线性振动、智能控制、多学科优化等多学科交叉融合的动力学。

近五年来，随着空间任务的发展，轨道动力学与控制的研究内容已经覆盖了地球附近的各种临界轨道设计与控制、卫星编队和星座的轨道设计与控制、空间交会轨道的动力学与控制、绳系航天器与电磁航天器的轨道动力学与控制；深空飞行的多天体飞越轨道设计与优化、三体及多体系统的轨道设计与控制、小天体附近的轨道动力学与控制、先进推进方式的深空飞行轨道设计与控制等。姿态动力学与控制早期以单刚体自旋或三轴稳定为研究重点，现随着航天器规模增大和任务精度要求的提高，研究内容已拓展至超大尺度、大柔性、大充液比航天器的强耦合、强非线性系统动力学精细建模与姿态快速高精机动与稳定控制等问题。多体航天器动力学与控制的研究伴随着航天器技术的发展而逐渐拓展，近期研究主要集中在大型可展空间结构的精细建模和高效求解、空间操作的动力学、控制和运动规划等领域。航天器结构动力学方面，随着高分辨率遥感任务的实施，微振动分析与减振隔振技术逐渐成为该领域的研究热点。

1.6 转子动力学

（1）学科内涵

转子动力学是研究以旋转运动为特征的机械系统动力学及控制的一门应用基础学科，它不仅涉及旋转部件（轴、盘、叶片及其组件），而且还涉及轴承、定子及基础，以及转子与周围环境（如流体、磁场、温度等）之间的相互作用，实际上研究的是转子－轴承－基础系统的动力学与控制。目前，旋转机械的工作条件日益苛刻，转子动力学的任务就是为了提高旋转机械的效能、安全可靠和寿命提供技术支持。

（2）主要研究方向

转子动力学的研究内容主要包括转子系统的动力学建模、模态及临界转速、动力学响应、稳定性、动平衡、故障动力学及故障诊断、振动主动控制、寿命预测及可靠性等。作为动力学与控制学科的一个应用基础分支学科，转子动力学的研究始终面向现代大型工业装备及国家的重大需求，如航空发动机、燃气轮机、汽轮发电机组、机床主轴、风机及压缩机、风力发电机、航天发动机涡轮泵、船舶推进等，将动力学与控制理论中的非线性动力学、随机动力学、分析力学等基础理论用于转子系统，以解决其中的动力学和控制问题。目前，旋转机械的工作条件日益苛刻，转子动力学的任务就是为提高旋转机械的效能、安全可靠和寿命提供技术支持。

（3）近五年来的发展现状

国内转子动力学学者利用转子动力学的基本理论解决了一系列现代大型工业装备及国家的重大需要中的问题，但是在转子系统单元的动力学建模方面，模型的精度还不能满足工程需求，如滚动轴承、滑动轴承、拉杆转子、弹性阻尼支撑等；在转子系统动力学分析方面，线性转子系统的动力学的理论体系和分析方法基本成熟，但对非线性、随机、多场耦合复杂转子系统动力学特性还缺少有效的处理方法；在转子动平衡方面，针对刚性转子及柔性转子系统提出的一系列动平衡方法能够指导一些转子系统的动平衡，但柔性转子不平衡的准确定位、平衡面及测试受限条件下柔性转子系统动平衡仍然不能满足实际需求；在转子系统的故障动力学及故障诊断方面，对复杂故障、耦合多故障的特性缺乏深入的研究，对转子系统故障的研究仍然以定性分析为主，缺乏定量确定；在转子系统振动的主动控制方面，大都是利用控制理论的研究成果，缺乏基于动力学理论和动力学特性基础上的转子系统动力学主动控制理论体系。

1.7 神经动力学

（1）学科内涵

神经动力学是研究脑神经电生理、信息和认知行为的动力学和调控问题及其在智能体的动力学与控制中的应用，是动力学与控制领域中新的学科分支。主要是利用动力学与控制的基本理论和方法，建立合理的模型来探究神经系统电活动的动力学行为及其转迁的本质机理。神经动力学的研究可揭示脑神经活动和认知功能的规律和原理，并为探求脑疾病的诊治策略及研发类脑智能技术提供理论依据，同时丰富和发展动力学与控制的研究内容。

（2）主要研究方向

神经动力学目前主要开展的是基础和应用基础研究。近年来，在神经动力学的理论、实验和临床应用研究方面取得了显著成果，除了在神经元放电的分岔与混沌、神经元网络动力学行为及神经能量原理等方面继续深入研究并取得重要成果之外，同时重视与神经生物学和临床医学实验的密切结合，在若干与典型神经功能或重要神经和精神疾病关联脑区的神经网络动力学建模、分析与控制方面取得重要进展，并且开始在分子层次上对神经细胞和神经通路进行建模和动力学分析；基于医学生理数据改进临床诊断方法，结合理论分析与实验结果，进一步探索神经动力学理论方法在类脑智能、人工智能理论和装备中的应用。

（3）近五年来的发展概况

近五年来，我们在神经系统的认知和疾病的建模分析与控制方面已经取得了一些高水平的国际性学术成果，在神经元放电的实验研究方面取得了重要成果，发现了神经元加周期的转迁现象，并通过理论建模揭示了转迁的分岔机制。发现了噪声诱导的整数倍放电现象，并利用动力学分岔原理阐明了产生的内在机制。在癫痫疾病研究方面，结合临床表征，通过建立动力学模型阐明了不同癫痫发作状态转迁的动力学机制，并建立分子层次上的神经通路模型阐明了一类癫痫发作的动力学机制。在癫痫疾病诊断方面，基于临床实验数据，提出精准的癫痫灶定位与术后评估方法。在癫痫疾病的控制方面，给出了优化的深脑刺激策略，为临床治疗癫痫疾病提供了更好的理论指导。用非线性动力学的方法研究认知神经科学与神经信息处理，从分子与细胞、生物学神经网络、认知功能以及认知行为等方面对人脑的认知结构和认知模型展开多层次、跨学科的综合研究，探索大脑信息加工的认知和神经动力学机制，基于能量原理，提出了刻画神经元能量变化的动力学模型，阐明某些认知行为的动力学机理等。

2 动力学与控制学科的国内外发展比较

动力学与控制是最为经典的力学分支学科之一。人类对动力学现象的理解、把握和控制是认识和改造自然的必然需求。从国内外研究发展趋势看，自然界和工程领域中的动力学系统建模、分析、设计与控制的理论和方法是该学科的主要研究范畴。其发展方向是研究精细化非线性动力学建模和降阶方法，提出新的理论、近似分析方法和高效数值方法，构造新型控制策略，设计和构建大型综合性实验平台。

近年来，我国学者在动力学与控制的理论、方法和应用研究中取得了一系列重要成果，不仅在国际学术界产生了影响，而且在国家重大工程中得以成功应用。目前，该学科在非线性动力学等前沿研究领域形成了一支稳定、高水平的研究队伍，在神经动力学等交叉研究领域形成了由多学科学者组成的研究队伍，在面向国家科技重大需求方面，特别是在航天、土木和机械等领域，拥有一支具有国际先进水平的研究队伍。在科学前沿重要基础性问题和国家重大需求的双重驱动下，该学科在分析力学、非线性动力学、多体系统动力学、转子动力学、航天动力学与控制、随机动力学与控制、神经动力学等研究领域，形成了良好发展态势。

2.1 分析力学

（1）国际分析力学的主要研究进展和发展趋势

近些年来，国际分析力学学者借助于群论、现代微分几何学、保结构算法等现代数学方法，使得分析力学的研究方法逐步实现了从局部分析到全局分析、从解析到数值分析的转变和深化。实际的非完整系统、非光滑系统、非线性系统、复杂的多体系统的动力学与控制问题不断地向分析力学提出一系列需要研究的新课题；同时，这些应用研究也不断完善分析力学的理论体系，创新分析力学的研究方法，拓宽分析力学的应用领域。主要体现在以下几个方面：分析力学与微分几何的整体分析方法相结合，发展为几何力学，并应用于非完整约束力学系统的运动规划与控制研究；几何力学与对称性理论相结合，形成对称约化理论，应用到航天器、工业机器人等工程领域的最优控制研究中；将几何力学与保结构数值计算方法相结合，形成几何数值积分方法，这是一种能够保持长时间高精度稳定的数值计算方法；几何力学与非线性控制相结合，得到动力学系统的几何控制理论，并应用于工业机器人、集群编队的运动规划与控制等工程科学中。

在未来5~10年，国际上分析力学学科的主要研究方向将是：分析力学理论体系的完善和深化，几何力学、几何数值积分方法等现代分析力学方法的创新，分析力学方法在机器人、航空航天工程、智能集群工程等重要工程科学领域的应用。辛拓扑有望成为分析力学的理论创新，以及与其他相关学科和工程科学深度融合的得力工具。

（2）我国分析力学研究的国际地位、优势和差距

为考察中国在国际分析力学领域研究的发展趋势，将2009—2018年国际分析力学领域发表论文按五年等分为两个时段进行分析。10年来，中国在国际分析力学领域的学术论文数量居首位，而且近五年比上一个五年又有了大幅度增加，中国在该领域的基础研究已完成论文数量上的追赶阶段。为了进一步提高中国分析力学研究在国际上的影响力，未来我国分析力学学者应该更加注重分析力学的基础理论研究，同时也应该重视分析力学的理论和现代研究方法在解决实际工程科学问题中的应用。

我国具有一支老中青相结合长期稳定的分析力学研究队伍，在约束力学系统的对称性与守恒量、无穷维非完整系统的几何力学与控制、伯克霍夫力学、分析力学与保结构算法等方面的研究在国际上都居于领先地位。我国分析力学学者组织和参加国内外的学术会议和国际合作研究日益频繁，学术影响力呈现良好的上升势头，得到国际同行的好评。2018年7月，“几何力学与控制国际会议”在北京成功召开，参加会议的包括几何控制奠基人——哈佛大学的 R. Brockett 院士、密歇根大学 A. Bloch 教授（国际顶级期刊 *Journal of Nonlinear Science* 主编）、西班牙高等研究院 de León 院士（曾担任国际数学家大会主席）

和来自美国、西班牙、加拿大、日本、捷克等国和国内高校和研究院所的百余位几何力学与控制领域的杰出研究者。

我国分析力学的研究水平与规模距国际一流还有一定的差距，尤其是分析力学学科研究方向的国际化和研究队伍的国际化建设还需要进一步加强，具体表现为：①基础研究的学者需要与工业界进行更有效的沟通与合作。分析力学的抽象性与复杂性使得学者与工业界的相互沟通具有挑战性。基础研究学者需要提高与工业界的交流热情，解答工程中提出的具有挑战性的关键科学问题，更好地为工业界服务。②人才培养有待加强，国内学者在国际几何力学与控制的权威期刊等发表的有国际影响力的论文尚不多见。③几何力学与控制领域缺乏有力的专项支持。目前我国几何力学与控制的研究者仅能在国家自然基金的分析力学研究方向中申请项目，而国际上无论是欧盟还是美国都有几何力学与控制的专项资金支持。

2.2 非线性动力学

非线性动力学发展至今，国际和国内均呈现出两个明显的特征：一是进一步发展非线性动力学理论和分析方法、发现新的复杂现象和揭示其动力学机理；二是非线性动力学理论与其他广泛学科的交叉融合以及工程应用研究。

（1）国际非线性动力学的主要研究进展和发展趋势

随着非线性动力学的发展，一方面，分岔和混沌的现象及理论在广泛的自然、社会和工程领域得到普及和认可；另一方面，相关领域也提出大量复杂的非线性动力学问题，促进了非线性动力学研究向深度和广度发展。

在理论研究方面，基于几十年对低维非线性系统分岔和混沌现象及机理的深刻认识，深入到高维复杂非线性系统新的非线性动力学现象及其机理研究，如：复杂网络动力学的理论和方法，含有多时变时滞 / 空间滞后系统、多时间 / 多空间尺度系统，非光滑和分数阶动力系统的分岔理论和方法等。并应用于脑科学、基因网络、互联网络及其安全、输电网运行及稳定性以及交通网络设计和调控等。另外，基于线性模态理论延伸而发展的非线性模态分析求解和实验测试能力近几年有了实质性的推进，已能实现对真实工程结构，如飞机、卫星等，有限元模型的非线性模态分析计算，以及非线性部件部位实验辨识和建模，为认识真实工程结构的复杂响应机理提供了理论方法。

在应用研究方面，随着对于非线性特性认识的深入，利用非线性特性的研究范围不断扩展。例如，基于非线性动力学方法的振动结构的非线性设计和调控，涉及振动能量非线性采集和复杂结构非线性减振隔振方法，依据系统输入 / 输出数据的非线性系统参数辨识、非参数辨识和数据驱动辨识，动力学的辨识建模等。基于非线性工作原理的 NEMS/MEMS 多传感器 - 驱动器的研制，在很多工程应用领域，如航空航天、机械工程、海洋工程、生物生态工程等方面有着广泛的发展前景。

在今后的研究中，对于高维乃至无穷维系统非线性动力学的理论研究，由于在高维几何描述及分析方法上面临着巨大的困难挑战，仍然是当前国际前沿课题之一。此外，非光滑系统的不连续特征带来的理论分析困难，分数阶非线性系统分岔理论的不完善均需要开展深入的研究。虽然几十年来对非线性系统动力学特性的认识和理论方法有所发展，但是，非线性动力学走向实际工程应用，用来广泛指导装备的新设计理念，改进和提高装备的性能等，还需要做大量的研究工作。通过与其他学科的交叉融合，国际和国内的非线性动力学理论和应用研究依然呈现勃勃生机和活力。

（2）我国非线性动力学研究的国际地位、优势和差距

我国非线性动力学研究起步虽有滞后，但基本赶上了国际上非线性动力学、分岔和混沌等复杂问题研究的大潮。早期基本以跟随国际非线性动力学的研究热点为主。随着研究队伍的壮大，我国非线性动力学的研究基本涵盖了国际上所有非线性动力学的热点问题。经过近 40 年广大非线性动力学研究学者的不懈努力，目前我国非线性动力学的研究在某些研究方向上已经能够与国际同行比肩同行，且初步形成了自己的研究特色、建立起研究优势，学术成果数量占比大幅提升，且有较好的国际学术影响。

我国学者在主要非线性动力学杂志上发表文章整体呈现增长趋势，并且近些年来稳定在这些杂志发表文章的 1/3 左右，从数量上已表现出优势。我国从事非线性动力学研究的队伍规模相对较大，且保持稳定，另外，设有专门从事非线性动力学研究的省级重点实验室，在多个国家重点实验室聚集了研究非线性动力学的研究团队。在非线性动力学方向的研究能力和水平显著提升。在非线性动力学的理论分析、计算方法、实验探索和非线性动态特性利用等研究方面取得了优秀成果，涉及非线性动力学领域的多个研究方向，如：混沌复杂现象和机理分析、高效全局分析数值方法、时滞系统分岔分析及控制方法、非光滑多时间尺度组合系统的振荡机理、分数阶非线性系统的线性化定理和分岔分析方法、非线性参数识别及建模方法、振动结构的非线性设计和调控等方向，已经取得有国际影响力的成果。国际论文的数量和质量均有显著提升，特别是我国优秀学者多次在国际顶级非线性动力学学术会议上受邀做大会报告，反映了我国非线性动力学研究的国际影响力不断增大。我国非线性动力学研究在服务国家重大需求和国民经济主战场方面也迈出了坚实步伐，先后参与有关卫星大型柔性可展开天线、高速轨道车辆动力学等国家重大项目。

尽管我国非线性动力学的研究队伍人数较多，发表文章的总量已表现出明显优势，但整体研究水平有待进一步提升，缺少有广泛影响力的研究成果。为此，应该加强对于非线性的核心问题，如：混沌结构和动力学机制、强非线性系统动力学分析和求解方法等的深入研究，同时改进我国在非线性动力学的实验验证性和探索性实验方面研究薄弱的现状，另外，需进一步提高对实际工程应用中非线性动力学问题研究的重视程度和解决问题的能力，不断深化和拓展学术交流国际化的深度和广度。

2.3 随机动力学与控制

（1）国际随机动力学与控制的主要研究进展和发展趋势

自20世纪初发展至今，随机动力学与控制分支学科无论是在基础理论还是在工程应用方面都取得了长足进步，其发展呈现出以下特征：一是以非线性随机动力学与控制的哈密顿理论为代表的随机动力学理论的进一步发展、随机分岔与混沌等复杂现象的揭示和机理研究；二是以工程结构可靠性与最优控制为代表的随机动力学理论在工程领域的应用日益广泛；三是以随机分数阶系统、随机非光滑系统以及随机时滞系统为代表的与其他学科领域的融合与交叉日益深入。

近年来，国际上随机动力学的发展掀起了新的高潮，在随机性的反映与表达、随机系统分析及其动力学与控制方面均取得了新的重要进展：提出了小波分解、随机谐和函数、稀疏表达等一系列新的随机过程高效表达方法及物理建模方法；在随机动力学分析方法方面，经典高斯噪声激励及非高斯、非平稳激励下的多自由度复杂系统的解析、半解析及精确高效计算随机力学方法取得了新的突破；发展了基于可靠性的随机最优控制理论，将随机最优控制理论从二阶矩层次提升到概率密度层次。当前，国际上随机动力学与控制的发展呈现以下趋势：所研究的随机系统从传统的具有解析非线性形式的非线性系统向时滞、非光滑、分数阶系统和复杂非连续-连续介质非线性力学系统拓展；随机激励从平稳、高斯白噪声或过滤白噪声向非平稳、非高斯激励系统发展；研究手段从解析近似为主向解析方法与数值方法并重、定性与定量相结合发展；对不确定性的处理从随机向更广泛的不确定性、包括固有不确定性与认知不确定性的量化与传播方面拓展。

（2）我国随机动力学与控制研究的国际地位、优势和差距

为考察我国在随机动力学与控制研究领域的国际地位，在Web of Science数据库中将过去10年间收录的随机动力学与控制领域的论文进行了分析，本领域共收录论文5910篇；按发表论文数进行排序，位列前6的国家依次是中国（1511篇）、美国（1358篇）、法国（557篇）、意大利（407篇）、英国（369篇）、德国（357篇）；截至2018年12月上述论文共被SCI他引35963次，SCI他引排序前6的国家依次是美国（10034次）、中国（8022次）、法国（4291次）、英国（2939次）、意大利（2794次）、德国（2437次）；当期ESI高被引论文共18篇，位列前6的国家依次是中国（7篇）、美国（7篇）、英国（2篇）、德国（1篇）、法国（1篇）；当期唯一的1篇ESI热点论文，由我国学者发表。由此可以看出，中国在SCI论文总量和ESI高被引论文上均排名世界第一，但是SCI他引上落后于美国，排名世界第二。以上结果表明，中国在随机动力学领域的基础研究论文数量增长迅速，已经完成了跟跑阶段，在大部分研究方向上正处于并跑阶段，并在个别研究方向上处于领跑地位。

我国从事随机动力学与控制方面研究的科研人员规模持续增长。两年一次独立举行

的全国随机动力学学术会议参会人员稳定在140人左右，两年一次联合举行的全国随机振动理论与应用学术会议暨全国随机动力学学术会议的参会人员已近300人。我国从事该领域研究的科技工作者已达300人以上。更为可喜的是，在数学、力学与其他科学与工程领域（如土木工程、机械工程、航空航天工程、海洋工程、生命科学等）的研究人员数量和质量都有显著增长，形成了日益交叉融合、相互促进、共同发展的良好格局——在该领域的主要全国性学术组织中国振动工程学会随机振动专业委员会和中国力学学会动力学与控制专业委员会随机动力学专业组中，成员包括从事基础理论探索、技术科学研究与工程应用开发各个层次的、来自数学、力学和各工程领域的科技工作者。当前，我国已经形成以浙江大学、同济大学、西北工业大学、南京航空航天大学、大连理工大学、华南理工大学等为代表的一批结构稳定、年龄层次合理、学术研究深入系统、国内外交流活跃的研究团队。

我国在随机动力学与控制方面的国际化程度显著提高，主要表现在：①通过国家资助、课题组筹款或国外资助等多种方式，派出一大批访问学者、联合培养博士生及海外培养博士生，目前已有相当数量回国，并开始在各高校和重要工程研发单位发挥骨干作用；②邀请了大批该领域的国际一流学者来我国进行深入学术交流，并开展实质性的深入国际合作研究；③我国在该领域的一批领军人物开始在国际期刊和国际学术组织任职，并发挥重要作用和学术影响，一批中青年学者在国内外学术界崭露头角。

2.4 多体系统动力学

（1）国际多体动力学的主要研究进展和发展趋势

多体系统动力学诞生于20世纪60年代，它的发展与工业需求联系紧密，因此对其研究趋势的总结可以分为传统工业领域和新兴工业领域。在传统机械领域，初期研究主要是多刚体动力学建模理论和计算方法，为车辆、航天器等重要工业装备提供基础动力学模型和分析结果。经过半个多世纪发展，多刚体动力学理论和基于小变形假设的柔性多体系统动力学的研究已得到了充分发展。同时，在降低算法复杂度和提高计算效率方面取得了一系列重要进展。近年来，工业产品轻量化趋势明显，对大变形柔性体的描述方法提出了很高的要求，发展出共旋坐标法、绝对节点坐标法以及几何精确法等各类处理多柔体动力学问题的建模方法。这些理论的发展推动了多体系统动力学与连续介质力学和计算力学学科的交叉融合，为解决柔性结构 / 机构中的动力学问题，如柔性索网、空间可展天线等复杂航天器，提供了重要的计算分析工具。

近年来，机器人、航空航天器等高精尖、高可靠性产品的研发对动力学模型的建模精度提出了更高的要求。需要考虑关节间隙、摩擦、润滑、机构传动链等强非线性因素对动力学过程的影响，这些技术需求推动了对接触、碰撞、摩擦等复杂界面动力学基础问题的研究，并已取得一系列新的研究进展。与此同时，对齿轮系、高速轴承、分离机构、绳系机构、关节运动副等机械传动转置的动力学分析，必然涉及多尺度的建模与分析。如何在不同尺度层面上建立关联关系，进而发展合理的力学约化模型是未来要关注的重要问题。伴随相邻学科的研究进展，多体学科已开始重视对界面磨损、黏滑、滚动摩阻等现象背后物理机制的研究，发展系统可靠性分析方法和基于动力学的机构 / 结构优化方法。

在传统工业领域，多体系统动力学的另一个重要发展趋势是在平衡计算效率和模型精度的前提下，面向极端环境和多物理场耦合的大规模多体对象，发展统一的理论框架和跨尺度的大规模计算技术。这方面的研究对实现现代大型复杂航天器的在轨自组装、含液运载工具和航天器、空间柔性可展机构、兵器发射系统、车辆 – 轮轨 – 路基（颗粒介质）耦合系统、机具与颗粒介质耦合系统的动力学仿真计算具有重要意义。伴随大规模仿真计算技术和多场耦合动力学问题的研究进展，在高精度并行仿真算法和模型降阶技术等方面有了一系列研究成果。

在新兴工业领域，多体系统动力学已在生物技术和机器人技术发展中获得了广泛的应用。从分析人体步态和各类生物体运动模式中的运动学和动力学问题，到工业机器人、仿生机器人、康复医疗机器人等各类机器人系统的研发，都与多体动力学密切相关。同时，多体系统动力学的基本理论和方法已被广泛应用到分析复合材料、超材料、超结构等在复杂力学环境下的动力学行为，以及设计有序机构组成的超材料中。

在未来 5~10 年内，多体系统动力学学科将适应信息革命后的产业发展要求，不断拓展学科内涵，丰富工程应用范围，特别是在生物技术、机器人、新结构材料等领域发现更多的应用。在理论层面上，多体系统动力学与相邻学科的交融将更加紧密。超大规模计算能力和高效算法研究，包含不确定性因素的系统动力学仿真、复杂界面多尺度动力学、复杂系统稳定性理论与控制、多场耦合动力学问题、散体介质动力学等仍将是多体系统动力学领域的主要研究方向。此外，基于深度学习的参数或模型辨识技术、快速运动高精度观测技术、复杂传动链的精细化建模技术、多体系统动力学实时仿真、优化等方面的研究有望得到进一步发展。

（2）我国多体动力学研究的国际地位、优势和差距

中国的多体系统动力学研究起步于 20 世纪 80 年代初期。20 世纪末我国学者在多刚体系统动力学建模理论、刚柔耦合动力学方面均取得了重要的研究成果。21 世纪以来，中国学者在基础建模理论和应用研究方面均取得了显著突破，部分成果产生了重要的国际影响。例如，中国学者在 2016 年加拿大蒙特利尔举办的第 24 届世界力学家大会（ICTAM）上做了动力学领域唯一的大会邀请报告，多篇论文进入高被引论文，并有论文在 *Nature* 子刊上发表。

为考察中国在多体系统动力学领域研究的发展趋势，将 2009—2018 年按五年等分为两个时间段进行分析。在 2009—2018 年，按发表论文数排序的前 5 个国家依次是美国、中国、德国、意大利、葡萄牙；截至 2018 年 11 月上述论文共被引 11128 次，引用排序前

5名的国家依次是美国、葡萄牙、中国、意大利、德国；在2014~2018年，该领域论文被收录1236篇；论文数排序的前5个国家依次是中国、美国、意大利、德国、西班牙。截至2018年11月上述论文共被引5023次，引用排序前5名的国家依次是中国、美国、意大利、葡萄牙、法国；相比于上一个五年，中国在论文数量和他引率上都跃居第一。以上结果表明，中国在该领域的基础研究已完成论文数量提升和追赶阶段，进入论文质量和影响力提升阶段。

近年来，已有超过5位的中国学者在多体系统动力学领域的主流国际期刊担任副主编和编委。在国际学术交流方面，中国于2012年和2018年分别主办了面向全球的第6届和第9届亚洲多体动力学国际会议（Asian Conference on Multibody Dynamics），2018年北京大学和北京理工大学联合主办了多体动力学国际学术会议（International Symposium on Multibody Dynamics in Aerospace and Robotics Engineering）。总体上看，中国学者在多体动力学领域已取得了较为丰硕的研究成果，国内外学术交流日益活跃，学术影响力呈现良好的上升势头。

国内多体领域近些年的蓬勃发展与我国的工业化快速发展和国家的大力投入密不可分。特别是在航空航天、轨道交通、军事装备等重点领域的高速发展，极大地推动了我国多体系统动力学学科的发展。这不仅丰富了我国多体系统动力学领域研究的内涵，也孕育培养了一支规模超过千人的研究队伍。与国际同行相比，近10年，我国多体系统动力学领域已完成从跟跑到并跑过程的转换。我国学者在很多研究方向已取得了重要的研究成果，并走到了国际研究的前沿。这些研究方向包括：含间隙和不确定性的机械系统建模；多柔体系统动力学建模理论及大型空间伸展结构的高效快速计算方法；多体系统动力学的传递矩阵建模方法及其在火炮发射动力学中的应用；高铁中的轮－轨－路基耦合动力学建模及其高效算法；碰撞接触界面动力学基本理论及其在飞行器对接着陆过程中的应用；含单边约束力学系统的非光滑动力学算法；刚－柔－液耦合动力学理论及其在多充液箱航天器动力学与控制中的应用；同时，多体动力学在我国诸多重大工程项目的前期预研和后期工程实践中都到了重要的支撑作用，包括大口径射电天文望远镜、空间飞行器对接、探月工程、大型空间天线、高速铁路、中国空间站、空间机械臂、深海潜水器、大飞机、航母等。以多体动力学内容为主体的多项研究成果获得国家科学技术奖励。

多体系统动力学学科研究对象面向包罗万象的工程实际问题，因此要求研究者不仅有较高的数理基础，同时要有很强的综合性知识体系，入门门槛高，这使得人才培养难度大且往往需要一个较长的周期。目前我国多体动力学学科虽已取得了长足的进步，但能够引领学科发展的优秀人才数量不多，引领性的研究成果还相对较少。发表的学术论文数目较多，系统性的成果专著较少。多体系统正问题研究较多，反问题研究较少，确定性多体系统动力学问题研究较多，复杂不确定性多体系统动力学及非线性动力学与控制问题一直没有很好的突破。侧重实际已有多体系统的建模、分析与优化研究，而利用多体动力学理论的独创性多体系统设计及其实验研究明显不足。解决具体问题的研究成果较多，系统性的商业软件研发能力不足。今后应进一步加强多体系统动力学学科人才队伍建设，提升我国学者在该领域的学术引领力和国际影响力；加强多体系统动力学基础理论以及与其他学科之间的交叉研究，开展更多有价值的基础性和前瞻性研究工作；发展我国具有自主知识产权的多体系统动力分析软件，推动多体系统动力学学科更好地服务于我国国家重大需求。

2.5 航天动力学与控制

（1）国际航天动力学的主要研究进展和发展趋势

随着新概念航天任务和航天器的提出和基础理论研究的发展，航天动力学与控制学科分支的研究取得了长足的进展，总体表现为由简单系统趋于复杂系统、由线性发展至非线性、由解耦变为耦合、由单纯动力学拓展至动力学与控制相互结合，且在轨道、姿态、多体、振动等方向各有侧重。

近年来，随着国际深空探测热潮的兴起，深空探测相关的轨道动力学再次成为航天动力学领域的研究热点。在与非线性动力学、现代数学、智能控制等学科交叉的基础上，深空多目标探测的轨道优化、三体及多体系统低能量轨道的设计、不规则形状天体引力场的表征、弱引力天体附近周期轨道的搜索、稳定性的分析及设计与应用、深空探测任务轨道的设计与控制等方面均取得了大量的研究成果，特别是航天器新概念推进系统（离子推进、太阳帆、电帆等）的提出和应用使得轨道动力学与控制的发展有了新的增长点。

随着空间在轨服务、超大尺度航天器等概念的提出，姿态动力学分析当前的研究热点集中在大尺度空间结构的非线性刚柔耦合动力学精细建模和仿真，在该方面研究尚未有完整的解决方案，需要进一步深入研究；在控制方面，快速高精度高稳定度姿态机动控制策略一直是近期的研究热点，涌现出大量的新理论、新方法，当前迫切需要开展在轨应用研究。

多体航天器动力学与控制是近年来发展最为迅速的学科方向，在部件级建模和系统级高精度快速计算均有大量研究成果，且已成功应用于大型索网结构的位形分析、展开锁定分析、空间机器人系统动力学分析等诸新型航天器设计中，当前机构精细建模、系统耦合特性分析、运动规划与控制等方面是研究的热点。

结构振动分析与抑制是一个较为成熟的传统学科，当前的热点在于航天器微振动产生和传递机理、微振动抑制等领域，尤其是隔振、减振和振动抑制的理论和方法吸引了大量学者。

经过多年的发展，航天动力学与控制学科分支已经在工程中取得了大量的应用，且基本理论体系逐渐成形，现代数学和力学手段的应用、与自动控制和人工智能等学科的交叉融合已成为未来发展的趋势。

（2）我国航天动力学研究的国际地位、优势和差距

近年来，我国航天动力学与控制的有关学者在国际期刊和会议上发表的论文数量和质

量均有提升，也出现了一批 ESI 高引论文，但引用率尚需进一步提高，且原创性和引领性成果较少。

近年来，已有中国学者在航天动力学与控制的主流杂志担任副主编和编委，包括诸如航天类顶级期刊 *Acta Astronautica*、*AIAA Journal* 等，但人数还较少。近五年国内还发行了两个英文期刊 *Astrodynamics*（清华大学）和 *Advances in Aerospace Science and Technology*（宇航学会），促进了学术信息的国际交流。

总体上看，中国学者在航天动力学与控制领域已取得了较为丰硕的研究成果，学术交流日益频繁，学术影响力呈现良好的上升势头。

随着我国由航天大国迈入航天强国行列，航天动力学与控制学科分支在填补国内空白的同时，研究内容和水平也由跟踪变为引领，在大型可展开空间机构的动力学分析与设计、空间机器人系统动力学分析与控制及其轨迹规划、深空探测轨迹优化、小行星探测动力学、充液系统等效建模及耦合动力学分析、刚柔液热耦合系统动力学建模及分析、微振动环境动力学及振动控制、编队卫星及星座设计等方面取得了显著进展。其中，大型可展空间机构动力学分析与设计、深空探测轨迹优化、小天体附近轨道动力学等领域研究处于国际前列，如在包括 NASA、欧空局等单位参加的历届国际空间轨迹设计大赛中，我国的清华大学、西安卫星测控中心、国防科技大学等团队均获得过前三名的好成绩。

我国航天动力学与控制领域研究队伍人数较多，研究方向基本覆盖了学科分支的所有方向，但尚有部分方面需要加强，如我国学者在实验研究方面投入少，研究能力薄弱，在研究中重视理论方法的创新，对自主研发行业软件的研发支持力度不够，动力学研究在与相近相关学科交叉融合上不足等。此外，学术界与工业部门的交流不够顺畅，缺乏有效的交流沟通渠道，在学术交流、学会构建和基金申请等方面工业部门的研究人员参与力度不大。

2.6 转子动力学

（1）国际转子动力学的主要研究进展和发展趋势

目前转子动力学特性分析方法的计算精度主要依赖于系统中轴承、阻尼器、连接件、密封等单元的动力学参数及系统的降维模型。因此，准确地建立各单元及转子系统的动力学模型始终是转子动力学研究的一个核心。

对非线性、随机、多参数及多场耦合复杂转子系统的动力学特性准确分析需要非线性动力学、随机动力学、多参数及多场耦合系统动力学理论的突破，目前的相关理论和分析方法难以满足工程的需要。

在柔性转子不平衡的准确定位及受限条件下柔性转子系统动平衡的方法方面虽然提出了一些新方法，如一次运行动平衡法等，但技术的突破性不大。

转子系统故障分析与诊断将从目前的单故障的定性分析和诊断向多故障的定量分析和

诊断方向发展，如对转子裂纹的诊断不仅仅要准确地判断出是否有裂纹存在，更重要的是要得到裂纹的具体位置和裂纹的具体尺寸以及剩余寿命的评语。基于大数据分析的转子系统故障分类及诊断方法的有效性需要工程实际的验证。

在转子系统振动主动控制研究的初期，许多学者对相关的理论问题，如可控性、可观性、模型降阶与溢出等，开展过一些研究，但目前主要还是直接利用控制理论来设计控制器，缺少对相关基础理论的研究，特别是缺乏基于转子系统动力学理论和特性基础上的转子系统振动主动控制理论。

新技术的迅速发展虽然给转子动力学带来了新的机遇，但也提出了许多挑战性问题，如微转子系统中的尺度效应以及高温超临界 CO_2 机组中的温度效应等。

（2）我国转子动力学研究的国际地位、优势和差距

我国转子动力学学科起步于 20 世纪 50 年代。“文革”期间，航空、航天、核工业等行业的高校和研究所根据工程需要开展了一些转子动力学的研究工作。80 年代后，转子动力学得到了迅速发展，1986 年 10 月在四川江油 624 所召开了全国首届转子动力学学术讨论会，有 53 个单位的 133 名代表参加了会议，会议宣读论文 100 多篇。此后，这个会议由中国振动工程学会转子动力学专委会承办，每两年一次。2017 年，在力学学会动力学与控制专委会下成立了转子动力学专业组。最近几年，随着我国“高档数控机床与基础制造装备”及“核能开发及利用”专项、“航空发动机及燃气轮机”重大研究计划等的实施，为转子动力学学科的发展带来了机遇和动力，研究领域得到了进一步的扩展，科研人员规模逐年增多，解决了一系列的工程问题，建立了一系列的具有明显专业背景的转子动力学及控制实验平台，学科的国际合作交流日益加强，提高了我国转子动力学研究的国际影响。总体上说，当前我国在转子动力学研究领域，队伍阵容强大、设施良好、学术交流活跃，是国际转子动力学学科的主要研究团队。

以转子和动力学为主题，按照 2009—2013 年度与 2014—2018 年度两个时间段，分析本领域不同国家的论文数量、被引数量及高被引论文数量的情况。10 年间该主题共发表论文 7434 篇，从 2009 年的 480 篇增长到 2018 年的 1052 篇，年度增长率为 8.2%，其中中国学者的论文 2069 篇，占总论文的 27.8%，为美国学者论文数的 1.42 倍。10 年间发表的 7434 篇论文共被他引 57048 次，平均他引 7.67 次，其中中国学者的 2069 篇论文他引 12185 次，平均 5.88 次，低于世界平均水平；美国学者的 1454 篇论文他引 16425 次，平均 11.30 次，远高于世界平均水平。近 5 年共发表论文 4684 篇，其中中国学者的论文 1542 篇，占总论文的 32.9%，为美国学者论文数的 1.79 倍。5 年间发表的 4684 篇论文共被他引 18867 次，平均他引 4.03 次，其中中国学者的 1542 篇论文他引 5405 次，平均 3.51 次，略低于平均水平；美国学者的 861 篇论文他引 4872 次，平均 5.66 次。中国学者的论文数量和质量增长很快，无论是论文数量还是他引总次数，均跃居世界第一，但篇均他引次数还略低于世界平均水平，论文的质量有待提高。

可见，在转子动力学方面，中国学者在论文数量和被引频次上绝对占优，处于第一的位置，明显高于美国学者的论文数量和被引频次。此外，我国转子动力学的国际地位正日益彰显，多年来都是国际转子动力学主要会议的主要参加单位，交流的论文及参会人数均位居第一位。

虽然近年来我国转子动力学学科进步较快，对国家的贡献和国际影响力不断增强，尤其是发表论文数量和被引数量已经位居世界第一，但在原创性科学研究以及解决国家急需的重大装备中的技术问题方面与美国和欧洲等发达国家相比还有一定的差距。

2.7 神经动力学

（1）国际神经动力学的主要研究进展和发展趋势

国际上神经系统的解剖学和电生理学的实验研究已经取得丰硕成果，并且迅速推向细胞和分子水平，致力于绘制大脑不同功能结构的多层次图谱。神经动力学研究取得突破性的发展，基于动力学观点深入研究一些典型神经电活动，使人们对神经系统的生理结构和神经信号的传导机制有了全新的认识。对神经系统的复杂动力学行为的跨学科交叉研究不仅为神经科学奠定坚实的理论基础，也对非线性动力学、网络科学和智能科学技术等的发展具有重要理论意义。以脑科学为核心的神经科学已经成为21世纪国际科学技术研究的主要前沿领域之一，正在酝酿着新的重大突破。

目前神经动力学研究已基于临床数据向大规模复杂神经网络发展。利用复杂网络的理论和方法，通过功能磁共振成像、脑磁图以及脑电数据，定量地分析大脑的结构。非线性动力学理论在感觉等高级认知功能、学习记忆功能和行为预测控制等许多前沿研究领域也有重要进展。今后，建立与临床数据更为符合的生理意义的动力学模型，建立完整的大脑结构功能图谱，开发大规模神经网络通路的调控手段，发展临床神经疾病的诊疗理论和方法等，都是国际神经动力学的重要任务。

（2）我国神经动力学研究的国际地位、优势和差距

为考察中国在神经动力学领域研究的地位，我们将2009—2018年按五年等分为两个时间段进行分析。在2009—2013年，全球神经动力学领域论文被收录4996篇，其中中国学者的论文482篇，占总论文的9.65%；截至2018年12月上述论文共被引113595次，其中中国学者的论文他引次数为8544次，占总引数的7.52%；其中高被引用论文52篇，高被引用排序前5的国家依次是美国52、英国10、中国8、法国、德国、意大利、西班牙和荷兰均为6、加拿大5。在2014—2018年，该领域论文被收录5998篇，其中中国学者的论文940篇，占总论文的15.67%；截至2018年12月上述论文共被引39736次，其中中国学者的论文他引次数为6765次，占总引数的17.02%；其中高被引用论文60篇，高被引用排序前5的国家依次是美国、中国均为24，瑞士6，英国、德国均为5，法国、加拿大均为4，印度、澳大利亚均为3。可见，相比于上一个五年，中国在论文数量上翻

了一倍，他引率也大幅提升，并在高被引文章量上与美国并列第一，中国在神经动力学方面的国际地位正日益凸显。

此外，我国神经动力学者发起的认知神经动力学的系列性国际学术会议（International Conference on Cognitive Neurodynamics，ICCN），吸引了国际上包括欧美日认知神经科学领域的一大批专家教授参加研讨，提升了我国神经动力学在国际研究领域的影响力。自2007年以来，这个会议已经在中国、日本、瑞典、西班牙、意大利举办了7届。

我国学者主办的神经动力学领域知名国际SCI源刊 *Cognitive Neurodynamics*，自2007年创刊以来，已经发表了大量高质量、原创性的研究论文，享誉国内外学术界。已有中国学者在神经动力学学科的主流杂志（如 *Cognitive Neurodynamics*、*Nonlinear Dynamics*、*International Journal of Bifurcation and Chaos*）担任副主编或编委，我国神经动力学学者也正式加入国际脑研究组织。

我国神经动力学研究虽然起步较晚，但已经初步建立了自己的特色和优势，成果有较好的国际学术影响。例如，利用神经能量理论构建全局脑功能模型，创造性地给出了神经元能量模型，并且给出了大脑智力探索的模型与计算方法，高效地进行神经网络活动的整合与动力学模拟等。又如，基于神经医学的临床数据分析，建立了表征癫痫发作的动力学模型，揭示了关键性生理因素对神经网络放电模式和疾病转迁的影响机制，为深入认识和诊治神经疾病提供了可靠的理论依据。

由于历史和基础的原因，目前我国神经动力学的研究方向不够齐全，研究队伍不足，临床实践与应用转化研究较弱，学术交流还不够广泛，需要今后进一步采取相应措施。进一步加大国际交流与合作，充分提高我国神经动力学在国际领域的引领作用。

3 我国动力学与控制学科的发展趋势与研究重点

3.1 分析力学

近些年，随着微分几何和辛几何的发展、流形上大范围分析的进步、数值计算方法的运用，分析力学实现了从局部描述向全局分析，从解析计算到数值计算的飞跃。未来我国分析力学的发展应该注重分析力学理论体系的完善和深化，强调几何力学、几何数值积分方法等现代分析力学方法的创新和应用，加强分析力学方法在机器人、航天飞行器、航海潜器、智能集群等重要工程科学领域的应用。

分析力学的重点研究方向主要包括以下几个方面：

（1）分析力学的辛拓扑结构

分析力学催生了辛几何学，而辛几何学又反哺分析力学，使之成为几何力学。20世纪80年代中期，Gromov发现并证明了辛流形的不可压缩定理，引发了关于辛流形整体现象的研究热潮，发展了辛拓扑学。可见，几何力学的源头出现了新的生机，促使辛流形的基本结构定理从 Darboux 的“柔性”向 Gromov-Darboux “刚性－柔性”的转变，也就是从辛几何到辛拓扑的转变。从而，分析力学可以进一步涉猎紧致等能面上的周期运动问题、KAM 理论、可积性问题，以及其他非线性问题和整体结构问题，从而发展出基于辛几何－辛拓扑的分析力学。

（2）几何力学与控制

近 20 年，几何力学在非完整系统的控制理论和应用研究上取得重要突破，为非完整系统的运动与路径规划、优化控制等问题的研究提供了强有力的工具。未来的研究重点是用于解决连续介质力学、经典场论、量子力学系统等的建模、数值模拟与控制问题的无穷维几何力学，并将其应用于研究 Lagrange 场论和 Hamilton 场论的 Hamel 形式；探讨无穷维非完整力学系统的 Stokes-Dirac 结构和多 Dirac 结构及对称性约化；研究无穷维非完整力学系统的最优控制与镇定；构建适用于他们的数值模拟和控制的保结构算法，并用以解决工业机器人及软体机器人、集群系统在复杂环境条件下的路径规划、编队控制、避障避撞等问题。

（3）计算几何力学

计算几何力学融合了流体力学、弹性力学、场论、几何控制理论等，为精确、高效、实时地控制航天器、潜器、机器人的现代工程系统提供合理的设计原理。变分积分子是几何数值积分方法中的一种代表性数值离散格式，当前已在飞行器避障飞行控制、卫星轨道的切换控制等诸多方面得到了成功的应用。下一步的研究方向是无穷维力学系统、经典场论以及随机力学系统的保结构算法与应用。

（4）约束系统的动力学建模、数值计算和运动规划与控制

借助于经典分析力学理论和现代数学方法深入研究约束力学系统（包括完整非保守系统、非完整约束系统、伯克霍夫系统等）的动力学建模、积分理论和数值计算等动力学问题。基于分析力学基本原理的普适性，结合工程实际中提出的相关科学问题拓展分析力学研究领域，开展基础性研究，服务于国家重大战略需求。主要研究方向包括：时间尺度上约束系统的动力学建模与数值计算；时滞系统的分析力学建模和计算；非完整或非保守动力学系统的动力学建模和运动规划与控制；超细长或超薄大幅弹性结构的分析力学建模；多自变量分析力学理论等。

3.2 非线性动力学

未来 5~10 年，我国非线性动力学的重点研究方向和内容包括以下方面：

（1）高维非线性系统复杂动力学

高维非线性系统复杂动力学存在的挑战问题主要有以下几个方面：高维系统同宿和异宿轨道的计算方法，以获得同宿和异宿轨道的解析表达式；高维非自治非线性系统的能量差分函数的求解；高维非自治非线性系统的广义 Melnikov 函数显式表达式；无穷维非线性系统，获得同宿和异宿轨道的解析表达式，能量差分函数和广义 Melnikov 函数显式表达式

的计算方法。多维到高维复杂非线性系统全局结构（吸引子、不稳定不变集及流型）的高效、高精度和高分辨率数值计算方法，实现相关非线性动力学计算方法的软件化。面向工程结构或系统的超高自由度非线性解的延拓跟踪方法等。

（2）时变、时滞及多时间尺度耦合动力学

非线性时变结构和系统动力学存在的挑战性科学问题有：时变结构和系统的非线性振动的解析求解方法；非线性时变结构和系统的分岔与混沌动力学；工程中非线性时变结构的应用研究，如：可变体飞行器。受控非线性系统的时滞辨识方法和时滞效应，时滞对于非线性系统动态行为的影响，时滞系统非线性动力学分岔的分析方法。多时间尺度耦合系统研究中存在问题：多慢变量系统的分析方法，由于不可能所有的慢变量均为独立变量，其会受到快变量的影响而对快子系统起到一定的调节作用；另外，慢子系统本身随快变量的驱动也会发生不同的分岔行为，从而影响到整个耦合系统的动力学特性。因此，有必要发展处理较实际系统更为普遍的高维数慢子系统情形的多参数分析方法，探讨高余维分岔下的簇发振荡及其机制。

（3）非光滑、分数阶非线性系统动力学

非光滑系统的准确建模，非光滑因素的表征及等效分析；准确高效的计算方法，以处理多自由度、多碰撞和摩擦面的问题，不连续系统的解在切换流形上滑动或者跳跃情况的数值计算仍然是亟须解决的关键问题之一；在“擦切”轨道分岔研究上，确定“擦切”轨道局部周期轨道消失和存留的条件，探索保持周期“擦切”轨道的反馈控制方法；研究非光滑因素所诱发的非线性系统动态行为的解析方法和分类方法。在分数阶微积分及其应用的研究中，分数阶导数的运算非常复杂，大大限制了分数阶导数的实际应用。认识分数阶导数的运算法则不同于整数阶导数的运算法则，并在此基础上开展分数阶系统的稳定性分析、非线性动力学与控制等重要研究内容，例如，发展与整数阶系统相对应等价的分数阶非线性系统分岔分析理论和方法，非线性分数阶微分方程快收敛，低存储和高精度的仿真算法的构造等内容等。

（4）非线性系统辨识建模方法

对于参数化辨识方法，如何选择合适的参数化模型使它即有充分的建模能力又不至于太复杂（泛化能力弱，容易产生过拟合）仍是个难题；对于非参数化辨识方法，研究人员常采用核函数法对非线性系统进行建模，但核函数及其超参数的选择仍是个难题。随着日益增长的精度需求使系统模型越来越复杂，规模越来越大，系统参数也越来越多，需要将非线性系统描述成为高维复杂非线性系统。这对非线性系统辨识提出了新的要求。因此，紧密结合机器学习、统计学习、流形学习、数据挖掘以及深度学习等研究领域的最新成果，提出适合动力学与控制领域的非线性系统辨识方法具有重要的研究意义。

（5）振动结构的非线性设计和调控

在该方向的研究，未来以下三个方向尤其值得重视：新材料结构（如：介电、离子凝胶、石墨烯、手性材料等）应用和设计中非线性的建模、辨识、分析和优化，使结构甚至材料实现所期待的动力学特性和机械性能；连续体振动抑制的解析、数值和实验研究，发展复杂边界条件下连续体非线性振动的解析和数值分析方法，设计被动或主动的控制方案减小振动；能量采集和减振降噪一体化的设计和分析，发展相应的非线性机电耦合系统、声振耦合系统的理论和实验方法。

3.3 随机动力学与控制

随机动力学与控制经过多年发展已经取得了长足进步，发展了一系列卓有成效的基础理论方法，在应用领域也已积累了丰硕成果。然而，实际的随机激励与系统都是非常复杂的，多场耦合特性明显，能获取的信息往往是不完善的，未来随机动力学与控制的发展趋势是植根于实际工程问题，发展针对实际复杂随机激励与系统的随机动力学与控制基础理论方法，解决实际工程应用问题。研究重点主要体现在如下几个方面：

（1）理论体系的进一步完善

存在于自然、社会、工程及人体本身等的随机扰动是非常复杂的。对于随机动力学而言，其研究的难度在于：既要了解确定性系统的动力学行为，还要了解其各种行为发生的概率。除此之外，尤其对于非线性系统，非线性因素与随机激励的耦合作用将可能会导致确定性系统所没有的复杂的随机动力学行为，发现其现象并揭示内在的机理是一个非常重要的理论工作。因此，对各种实际的随机激励（或多种激励组合）提出适用于分析的随机激励模型是随机动力学分析的基础，实现随机激励的精确化建模。实际系统本身往往也是复杂的，应建立易于分析且尽可能保留固有特性的复杂系统动力学模型。针对复杂非线性系统，包括非光滑系统、时滞系统、神经系统、网络系统、参数不确定系统等，需要进一步发展合理而准确的分析方法，用于研究不同随机载荷联合作用下复杂非线性系统的瞬态/稳态随机响应、随机稳定性、随机分岔及可靠性，并建立和发展新的理论基础和研究方法，如长相关分数高斯噪声下的平均原理及其对应的平均法等；发展具有广泛适应性的数值计算方法，用于求解高维随机偏微分方程组；发展有效的随机激励和系统识别方法，从尽可能少的数据中提取尽可能多的有效信息；针对状态部分观测、控制力时滞与有界、参数不确定等实际问题，发展高效且易于实现的随机振动控制方法等。

（2）应用领域的进一步发展

随机动力学是基础学科，应该用它指导并解决相关工程问题，特别是关乎国计民生的重大工程中各类关键科学问题。例如，应用发展的随机动态裂纹及随机疲劳分析理论，建立典型结构材料及复合材料在极端环境载荷作用下的动态疲劳寿命评估体系，建立电子器件在强噪声环境下的动态可靠性分析体系及提高其可靠性的有效方案；利用发展的随机最优控制理论，设计高效的抑制地面随机激励之悬挂系统，从而提高行进中之坦克等兵器之命中精度；利用随机最优控制进一步提高大型高耸柔性结构之抗震抗风能力，推进结构快速修复理念的实现等。

3.4　多体系统动力学

未来 5~10 年，我国多体系统动力学研究仍将面向重大工程需求，在动力学建模理论、计算方法方面发展新技术和新理论。在基础理论层面，加强与机器人、生物科学、超材料等新兴学科的交叉与融合，不断探索新的建模理论和计算方法，揭示新的物理机理和规律。重点研究方向主要包括如下几个方面：

1）具有不确定性、复杂约束边界的多体系统动力学建模理论研究。该方面的研究涉及复杂约束边界的描述、大范围运动非线性材料变形场分析及高效的数值离散格式。该方面的研究对软体机器人、空间柔性结构等具有重要的理论意义。

2）复杂系统跨尺度界面动力学基础理论研究。这些基础理论问题有助于对关节间隙、摩擦、润滑、机构传动链等强非线性因素的物理机制的理解。加强对齿轮传动、轴承系统、分离机构、绳系机构、关节运动副等机械传动转置中的多尺度动力学建模与分析，为航空航天工程、机器人等高精尖产品的技术研发提供理论指导和计算工具。重视界面磨损、润滑、滚动摩阻等现象背后物理机制的研究，发展多体系统可靠性分析和基于动力学的优化方法的理论研究。

3）面向极端环境和多场耦合的大规模多体对象，发展跨尺度耦合动力学理论和计算分析框架，提升大规模跨尺度计算能力，为大型空间伸展机构、兵器发射系统、车辆 - 轮轨 - 路基（颗粒介质）耦合系统、机具与土壤（颗粒介质）耦合系统等复杂多体系统提供分析计算工具。重点关注刚液柔耦合动力学与控制、柔软多体系统的接触碰撞动力学、多体系统的动力学模型降阶和控制方法。发展通用型的多体系统动力学分析软件。

4）关注国家重大需求（如航天器在轨组装与重构、空间机器人、空间可展结构、充液航天器、舰载机拦阻系统、深空探测、载人登月），开展有针对性的动力学建模理论、高效计算方法、仿真软件等方面的研究。

拓展学科交叉领域的深度与广度，加强多体系统动力学在软体 / 仿生 / 智能机器人、散体材料、力学超材料等领域的应用研究。加强多体系统动力学与信息技术、控制方法和生物技术的融合，发展基于物理约束的深度学习和辨识技术。加强多体动力学实验观测技术。

3.5　航天动力学与控制

航天动力学与控制近年发展较快，取得了一系列有效的理论成果，并在航天工程中实现了充分的应用。未来的航天动力学与控制的发展趋势是：面向航天业界需求，紧密结合学科发展现状和我国重大工程装备发展，凝练相关共性科学问题，拓宽专业内涵，融合其他学科，建立航天动力学与控制研究体系，发展新的分析手段和计算技术，研发具有自主知识产权的行业应用软件，支撑并引领工程部门的发展。研究重点应包括如下几个方面：

（1）航天动力学与控制基础理论方法研究

基于现代数学力学理论方法的航天器轨道、姿态、多体动力学研究，重点关注其中强耦合、强非线性、多时空尺度的动力学特征，在建模理论、机理分析和仿真方法等方面取得突破，形成具有航天特色的动力学与控制学科分支，支撑动力学与控制学科的发展。

（2）面向国家重大需求的航天动力学与控制研究

以未来国家重大需求为背景，开展相关应用基础研究，研究内容可包括：深空及小天体轨道动力学与优化，小天体环绕及着陆动力学与控制；以天基互联网为背景的航天器编队星座设计及任务规划；航天器典型结构和部件的多层次精细动力学建模；新概念大型可展空间机构的快速高精度建模理论、分析方法及基于力学分析的设计理论；新型超大空间结构的振动分析、振动抑制与指向控制；微振动传递机理、分析及抑制方法；复杂激励环境微重条件下充液系统动力学建模及耦合动力学分析；基于新型成像模式的航天器姿态快速高稳机动动力学、控制及运动规划；空间机器人系统抓捕、操控动力学、控制、运动规划；月球、火星等地面环境下探测车的动力学与控制问题研究。

（3）与其他学科的交叉融合

拓展航天动力学与控制的研究内涵，充分利用现代数学和力学最新研究成果，注重与新兴学科的交叉融合，力争在控制、人工智能等领域发挥力学学科的优势，形成具有力学特色的交叉学科。

3.6　转子动力学

随着各类旋转机械向高速、高能量密度、高效、高可靠和长寿命方向的发展，现代转子动力学及控制学科的主要发展趋势为：

（1）先进旋转机械转子系统在运行过程中存在着动力学参数时变、非线性及随机等多种因素的影响，所以其发展趋势呈现出从简单的线性、不变参数、确定性激励转子系统的动力学特性向非线性、变参数、随机不确定性激励转子系统动力学方向发展。对于复杂转子系统在非线性、变参数、随机不确定性激励等复杂因素下动力学特性的研究，需要非线性动力学、随机动力学等相关基础力学学科的成果，但目前能够直接用于复杂转子系统的相关理论和方法还比较少。

（2）先进旋转机械是一个复杂的多场耦合系统，传统的把多场耦合系统按照非耦合或弱耦合的系列来处理，难以真正掌握各类旋转机械转子系统动力学的复杂性，所以转子动力学的研究将逐渐涉及气－固－磁－热－振动等多场耦合因素的影响。但由于旋转机械多场之间大量运动表面的存在，使转子系统多场耦合动力学的分析变得十分困难。建立转子系统多场耦合动力学的高效分析方法是问题的关键，这需要多场耦合理论及分析方法的突破。

（3）随着主动控制技术在工业装备上的一系列成功的应用，转子动力学与控制学科呈现多学科交叉与融合的发展趋势，但是目前转子振动主动控制主要是采用基于状态方程的控制理论的成熟理论和方法，缺少基于动力学理论的转子系统振动主动控制的理论。

（4）大量的旋转机械是需要长期可靠性运行的，这就需要对其核心部件转子系统进行动力学优化设计和可靠性分析，目前只能进行简单结构的优化设计，对多变量、多约束、非线性及随机等因素复杂转子系统的动力学优化设计还需要深入的研究，对复杂转子系统可靠性的设计和分析还很初步。

（5）转子动力学研究对象的尺度也发生了很大的差异，从一般的米级尺寸到毫米级的微动力系统，所涉及的基本理论也出现明显的不同。

总之，转子动力学研究的发展趋势是向非线性、变参数、随机性、不确定性、多场耦合的复杂转子系统动力学及控制方向发展。

转子动力学及控制研究的重点内容包括：复杂转子系统连接及支撑单元、部件及组件的动力学精细建模，复杂线性转子系统临界转速、稳定性及动态响应的定量分析，非线性/随机不确定性复杂转子系统的动力学，多场耦合复杂转子系统的动力学，复杂多故障转子系统动力学及故障诊断，基于动力学的复杂转子系统振动主动控制，重大装备中的特殊转子系统动力学、寿命预测及可靠性设计等。

3.7 神经动力学

神经动力学是动力学与控制学科的基础性分支，属于力学与信息科学、脑科学、智能科学的国际前沿交叉学科领域。它运用和拓展动力学的基本原理和方法，研究神经系统的动力学行为及其产生机制，揭示脑生理活动过程和脑认知功能的原理，提供脑异常功能/疾病的诊治新手段，并为开发具有类脑功能的计算系统和智能化装备等提供关键性技术支持。在未来5~10年，我国神经动力学的发展趋势和重点内容包括以下方面：

（1）脑神经网络系统的动力学建模和认知功能分析

基于各种现代神经电生理的实验结果，拼接出大脑皮层区域的网络精细结构图景，建立符合生理意义的感知觉神经模型、学习记忆神经模型、运动神经模型、认知功能障碍模型等跨层次的脑神经网络模型，阐明大脑的网络结构和动力学特征，进而深入理解神经信息传导过程和高级认知功能。

（2）脑神经性疾病的动力学建模与机理分析

神经系统的功能异常（如癫痫症、帕金森氏症等多种精神疾病的发作）机理和神经系统疾病精准诊治方法的动力学研究。建立神经系统的生物电和化学活动与神经病态表征之间的联系，探讨关键性生理因素对神经元及神经网络放电模式和生物基因通路特性的影响，开展神经疾病诊断的大数据精准分析。设计有效的控制方案调控病态网络，预防或抑制神经功能障碍，为深入认识和诊治精神疾病提供可靠的理论依据。

（3）生物神经系统的功能调控

生物运动的控制、睡眠、心脏、呼吸的节奏等都与生物神经系统的调控问题有关。人类在特殊环境（宇航员在飞船、航天站等失重环境，月球、火星等外星环境，深海或高山环境等）生活、残障人士运动等过程中的神经活动都需要进行合理调控。人们可以通过外界刺激、环境和内部参数变化和改变分子生物网络等不同手段对神经系统的行为进行调控，因此有必要深入分析生物神经系统的功能调控的动力学问题。

（4）神经动力学的原理和方法及其在智能装备中的应用

经过60多年的研究，人工智能得到很大发展，但是目前的人工智能技术主要依赖大量样本的大数据训练神经网络和深度学习去仿效脑功能类型进行工作，其信息处理机制往往是与脑的工作过程不同，其学习、思维、情绪等认知和创造能力更无法与人脑相比，远远不能满足新一代智能装备的需求，为此必须解决一些关键性的动力学问题。研究神经计算中的信息动力学机制、充分开发单神经元系统的计算能力。人们必须深入探讨和借鉴脑神经结构及信息处理机制，开展类脑智能、无人自主智能、人机协同增强智能、群体集成智能研究，促进人工智能和生物智能相互借鉴和融合。

装备智能化是创新驱动的现代化国民经济和国防建设的一个重要战略目标。人们努力提升装备的类脑智能化程度，开发类脑智能元件和类脑智能装备，急需解决智能装备中的动力学与控制方面的关键科学问题。神经动力学作为智能科学与智能装备技术之间的重要桥梁，可以在智能装备系统的动力学与控制问题的基础研究中发挥重要作用。比如研究仿生柔性多关节机器人的类脑协调控制，即研究人类多级神经系统对躯体及手脚多关节的多级协调、主动控制与下意识配合、监督学习与强化式学习相结合的多关节协调运动的神经动力学控制机制，并应用于发展仿生柔性多关节机器人的类脑协调控制方法。

4　我国动力学与控制学科发展的对策与建议

1）以国际学术前沿研究为导向，加强动力学与控制基础理论研究力度，突破动力学基本方法应用过程中的局限性瓶颈。建议加大对动力学与控制学科基本理论研究的资金投入和支持力度。

2）继续瞄准航空航天工程、土木工程、交通运输、能源基础设施等国家重大战略需求中的关键基础科学问题，寻求与工业界、特别是国防工业界的合作与交流，持续开展基础理论、实验和应用研究工作，为重大工程的安全、运行与维护提供理论与技术支撑。

3）要扩大研究内容，注重传统研究方法与人工智能、大数据处理、物联网、量子技术等新兴学科的交叉融合，力争在控制、人工智能等领域发挥力学学科的优势，形成具有力学特色的交叉学科。

4）加强国际交流与合作，积极培养有国际视野的人才。重点培育有影响力和发展前景的研究团队，加速培养出学科的优秀青年人才，大力加强与国内外相关高校、科研机构和企业的交流合作，为做出具有重要理论意义和应用价值的创新研究成果打下坚实基础。

5）关注实验平台建设，鼓励具有实验能力的研究机构积极开展动力学与控制的基础性和验证性实验研究，并朝着建立开放性实验平台努力，以提升我国动力学与控制的实验能力和水平。

主要参考文献

[1] 国家自然科学基金委员会，中国科学院．未来10年中国学科发展战略——力学［M］．北京：科学出版社，2012.

[2] 国家自然科学基金委员会数理科学部．国家自然科学基金“十三五”规划力学学科战略研究报告［R］．2015.

[3] 国家自然科学基金委员会数学物理科学部．力学学科发展研究报告［M］．北京：科学出版社，2006.

[4] 中国力学学会．力学学科发展报告2006—2007［M］．北京：中国科学技术出版社，2007.

[5] 中国科学院文献情报中心课题组．力学十年：中国与世界［R］．2018.

[6] 刘俊丽，刘曰武．院士谈力学［M］．北京：科学出版社，2016.

[7] 陈滨．分析动力学（第二版）［M］．北京：北京大学出版社，2012.

[8] L. Meirovitch. Elements of Vibration analysis (Second Edition)［M］. New York: McGraw-Hill, 1986.

[9] S. Wiggins. Introduction to Applied Nonlinear Dynamical Systems and Chaos［M］. New York: Springer-Verlag, 1990.

[10] 武际可．力学史［M］．重庆：重庆出版社，2000.

交叉力学学科进展研究

1 生物力学

生物力学（Biomechanics）是研究生命体的受力、变形、运动规律及其与生理、病理变化之间关系的科学。现代生物力学是对生命过程中的力学因素及其作用进行定量的研究，通过生物学与力学原理方法的有机结合，认识生命过程的规律，解决生命与健康领域的科学问题。生物力学学科经过近 60 年的不断发展，如今已成为现代力学重要的前沿领域和新的生长点之一，与组织器官构建、康复工程、生物医学诊疗仪器及新药设计、筛选与开发等重要的新兴健康产业的迅速发展密切相关，对力学和生物医学工程学科的发展均起到了重要的推动作用。

1.1 国际生物力学的发展概况

现代生物力学研究始于 20 世纪 60 年代，由著名华裔力学科学家冯元桢先生开创。近 60 年来，生物力学发展先后经历了以定量生理学为研究目标、以宏观层次为研究对象，以力学符合生理学和解剖学需要为研究方法的力学与生命科学的交叉；再到以定量生物学为研究目标、以微观层次为研究对象并注重与宏观相结合、以力学与细胞分子生物学相结合为研究方法的研究阶段。目前，作为交叉学科，生物力学涵盖了力学、物理学、数学、化学、生物学、医学、材料学和植物学等多个学科；开展了整体—系统—器官—组织—细胞—分子的多尺度多层次的研究；研究技术和方法也不断创新；所获研究成果开始向临床应用方向转化。随着生物力学研究向细胞分子水平的深入和不断发展，力学生物学（mechanobiology）应运而生，逐渐成为生物力学一个新兴的交叉前沿领域。从 1998 年在日本札幌召开的第 3 届世界生物力学大会上首次设立了“力学生物学”主题分会场开始，欧美国家开始建立力学生物学实验室，并相继召开了力学生物学国际会议，力学生物学研究在国际生物力学研究领域方兴未艾。

21 世纪以来，国际生物力学领域发展迅速，呈现与生物医学进一步融合的特征。据不完全统计，2000—2018 年，在《细胞》《自然》《科学》杂志上发表相关论文近 540 篇，涉及细胞生物学、细胞间相互作用、发育生物学、免疫应答、肿瘤转移等多个热点领域。最新的主要进展和发展趋势：一是力学生物学，主要是生物力学细胞分子层次的机制（发现）研究；二是生物力学建模分析及其临床应用，主要是生物力学解决临床问题的应用（发明）研究，以生物力学理论和方法发展有疗效的或有诊断意义的新概念与新技术；三是分子生物力学，主要是解析生物大分子构象变化与生物学功能间的关联，以生物力学理论和方法指导药物设计、评价与研发。

1.2 我国生物力学学科发展和研究现状

我国生物力学于 20 世纪 70 年代末被首次列入力学发展规划。在冯元桢先生的亲自推动下，开启了我国生物力学的研究，建立了生物力学学科基地。80 年代和 90 年代初我国早期生物力学研究主要集中在血液流变学、血流动力学和骨力学等方面。此外，在呼吸力学、软组织力学、药代动力学等方面也开始了相应的研究工作。该阶段的研究积累为我国后来的生物力学发展起到了奠基性作用。

20 世纪 90 年代末至今，我国生物力学研究主要集中在心血管生物力学、骨肌系统生物力学、器官生物力学、细胞分子生物力学与力学生物学等前沿研究领域，研究方向基本涵盖了国际生物力学的主要研究方向，且水平与国际前沿接轨。生物力学研究呈现宏 - 微观结合、多尺度探索的趋势，与生命科学及临床应用结合得更加紧密。一方面，力学生物学研究在我国已渐成规模，成为我国生物力学学科发展的重点之一。2003 年上海交通大学在国内建立了第一个力学生物学实验室，并连续组织召开力学生物学前沿问题讨论会和国家自然科学基金委高级讲习班，有力地促进了我国力学生物学发展和青年学者的成长。力学生物学在我国的深入开展为阐明机体疾病的发病机理、诊断和治疗新方法的提出、新药物和新技术的研发等提供重要的理论和实际指导价值。另一方面，我国生物力学研究正致力于深入到人工组织器官构建、智能化康复辅具研发、生物医学诊疗仪器及新药设计、筛选与开发等与人们的生活密切相关的医疗健康产业领域，将生物力学分析与检测技术应用于临床手术优化设计、个体化、精准化方案制订、新型植介入医疗器械设计与先进制造；基于生物力学原理开展人体工效学研究、人体防护装备设计、智能康复器具开发以及临床诊断 / 治疗仪器的研制等，该领域的研究正逐步成为我国生物力学学科发展的重点之一。再有，我国生物力学的跨尺度关联研究发展迅速，从生物大分子相互作用、细胞聚集与粘附，到组织再生、器官构建，多尺度的生物力学理论、方法、技术和实验等手段逐步有机整合，可进一步跨越力学与生物医学的界限，针对诸如免疫应答、肿瘤转移、重要器官工程化构建等生命科学关键问题展开独特的研究，该领域的研究已逐步发展为生物力学与生物医学融合的重要纽带之一。我国生物力学界全面总结了这一阶段的研究新成果，在

2018年汇编出版了“生物力学研究前沿系列丛书”一套10本，共计700余万字（上海交通大学出版社）。

目前，我国生物力学学科呈持续发展态势，主要体现在以下几方面：①研究队伍不断壮大：以2018年第十二届全国生物力学大会为例，1000余位来自全国各地和美国的专家、学者和研究生参加了这届盛会；②研究人员年轻化：“70后”和“80后”有实力的青年学者开始成为学科发展的主力军；③学科人才培养稳步推进：国内多所高校及研究所设有生物力学硕士和博士学位授予点，建设了2个教育部重点实验室和多个省部级生物力学重点实验室，研究基地不断发展、整合和扩大；④学术交流常态化：生物力学学科经过多年发展，已经构建了全国生物力学大会、中美生物医学工程研讨会暨海内外生物力学研讨会、全国生物力学青年学者学术研讨会和全国生物力学学术研讨会等4个系列，具有自己特色的稳定的学术交流平台，并在中国力学大会、中国生物医学工程大会、中国生物材料大会等全国性学术会议（参加人数达5000余人）组织了生物力学分会场，有效地促进了我国生物力学国内外的学术交流与合作、青年人才的培养，进一步推动了我国生物力学学科发展。此外，通过定期召开生物力学专家、临床医学专家、医疗器械企业研发人员、国家药品监督管理部门等多学科背景人员参与的专题学术讨论会和医工联合共同办学等方式，积极促进生物力学基础研究与临床医学的交叉融合，有力地推进了生物力学学者和临床医生间的实质性合作。

1.3 我国生物力学发展的相对优势

我国当前生物力学总体上发展态势良好，一些研究领域或方向具有一定的优势和特色，有很好的国际影响力，如：①心血管生物力学与力学生物学：研究心血管细胞对复杂力学环境的响应及其力学信号转导通路与网络调控机制；应力对血管细胞的形态、功能和分化的调控作用以及在心脑血管疾病发生发展中的力学生物学机制；基于临床数据的血流动力学数值模拟以及个体化手术方案设计及其临床应用等；建立了人体动脉系统近生理脉动流模拟系统设计理论、解决了关键技术并发明了系列实验装置，推进了国内心血管领域先进诊疗手段创新和产业发展；②骨骼、肌肉与关节力学研究是我国生物力学发展最早、与临床结合最紧密的领域之一，目前在康复辅具的设计、人体损伤防护、骨科临床手术器具和人工关节置换等方面取得了一批新成果；③细胞分子生物力学与力学-生物学耦合：研究分子间相互作用与分子构象变化、蛋白质机器与能量转换，细胞体积与压力、细胞分裂、粘附和迁移调节机制、细胞-基质相互作用、生物体系中的形貌演化和稳定性、细胞对力感知及响应、力和变形如何影响细胞重要的生物化学过程等。

1.4 建议重点研究领域及科学问题

2016年10月国务院印发了《“健康中国2030”规划纲要》和《关于加快发展康复辅

助器具产业的若干意见》，对我国健康事业发展提出了新的规划。目前，随着生命科学、力学、现代科学技术新走向和人类健康的新需求，面对我国老龄化加剧、慢病问题突出、大健康产业发展迫切的客观环境，我国生物力学学科既迎来了新的发展机遇，也面临着很多挑战。当今，生命科学领域干细胞、多组学、神经与脑科学、免疫等领域快速发展，工程科学领域人工智能、新材料、机器人、智能制造、基于新的声光电磁热的测试技术等日新月异，医学与生命科学和工程技术的交叉融合越来越广且越来越深。力学学科自身在跨尺度、多场耦合和结构设计等领域也有长足的发展。

在新的历史时期，生物力学发展应该深入到：①生命科学纵深地带，在生命科学的最前沿，如干细胞、免疫等领域开展创新性研究；②现代医学的心血管、脑、神经、骨肌系统等前沿学科；③大健康领域，运动、康复和养老助障等；④国防科研领域，如航天与航空、防护和增能等。生物力学学科应该在新的高度、以新的视野思考自身发展及其与相邻学科的交叉融合，与人工智能、新材料、机器人、互联网、新传感等新技术的协同；应该在发展新型诊疗技术和健康技术，在发展新型医疗器械、健康装备和康复辅具等大健康产业中做出不可替代的贡献。

我国生物力学的发展要抓住机遇，在基础研究领域紧跟和引领生物力学的发展前沿，在应用领域重点解决与临床疾病发生、发展、预防和治疗相关的关键科学问题。具体包括以下几个方面：

（1）心脑血管病和恶性肿瘤等非传染性疾病和慢病发生发展的力学生物学机制研究

阐明细胞对力学环境的感受及生物学响应机制；细胞与力微环境之间相互作用对细胞生物学行为的影响及其调控信号通路；免疫细胞与力学微环境交互作用机制等，为阐明疾病的诊断、治疗以及新型药物和新技术的研发提供基于力学生物学的重要理论和具有临床意义的新思路。

（2）生物力学设计与健康工程研究

基于生物力学原理和设计，开展人工组织器官、康复辅具、生物医学诊疗仪器及新药设计、筛选与开发；研究生物功能材料的力学结构设计原理，生物材料力学性质以及表界面物理性状对细胞生物学行为和组织再生的影响及其调控机制；基于生物力学建模仿真的临床治疗方案的个体化优化设计和疗效评价，为国家的医疗器械、康复辅具的创新开发和医疗健康产业发展提供生物力学的解决方案。

（3）组织 – 器官构建的多尺度生物力学研究与跨尺度关联

针对重要器官研究生物大分子、亚细胞组元、细胞、组织的力学表征及其相互作用机制；阐明细胞与胞外微环境互作的力学 – 化学 – 生物学耦合规律；揭示三维生物材料中细胞表型与功能的生物力学调控机制；通过复现组织与器官的三维、动态特征和生物学功能，实现对生理组织与器官生物力学环境的精确模拟和多维度调节，有效促进组织与器官的再生与构建。

（4）特殊环境的生物力学与力学生物学研究

研究航空航天等微重力和超重环境对人体生理功能的影响及其防护和应对措施；组织细胞相应微重力或超重环境的力学 – 生物学耦合规律；基于生物力学原理的空间生物学研究的新概念、新技术和新方法。

2 物理力学

物理力学是钱学森先生在 20 世纪 50 年代基于重大工程需求提出的新兴学科，其核心思想是从物质的微观结构和运动规律出发，研究和揭示物质的宏观性质和运动规律。其后，在苟清泉、赵伊君等老一辈科学家的带领下经过几十年的努力，物理力学的研究方法和研究内容得到了极大的丰富和发展，目前已经成为一门以原子、分子微观物理为基础，研究介质的宏观力学性质，并服务于重大工程的交叉学科，是力学学科的一个重要分支。

2.1 物理力学学科的发展现状

（1）物理力学学科的提出

20 世纪三五十年代，以火箭、喷气推进、核能工程为代表的重大工程技术陆续兴起，迫切要求人们对非常规条件下介质的宏观性能有更为清晰的认识。然而，这些非常规条件下的宏观性质的直接实验测量相当困难，需要通过理论计算来进行研究。当时，描述物质微观行为的量子力学和描述电磁相互作用的量子电动力学，以及原子分子理论和量子辐射理论已经建立，平衡态系统统计理论、近平衡态输运理论也得到了发展。钱学森认为基于微观状态研究宏观特性的方法已具备初步成熟的理论基础，此种扎根于物质的微观存在，且服务于实际工程技术的计算和研究模式，不仅喷气推进等少数工程需要采用，未来相当普遍的工程中也均需要并能够采用。

1953 年，钱学森在 *Physical Mechanics*，*a New Field in Engineering Science* 一文中正式提出“物理力学”这一新学科和新方向：“物理力学是一个新领域的工程科学，是从已知的物质成分的微观性质预测宏观性质”，并在加州理工学院亲自给研究生讲授“Physical Mechanics”课程。1955 年之前，钱学森先后发表了数篇物理力学的重要论文，内容涉及液体特性、稀薄气体、高温高压气体的热力学性质、双原子气体的辐射计算和光谱吸收系数的计算等。1955 年，钱学森在中国科学院力学研究所成立了第一个物理力学研究小组，1956 年在我国科学发展的十二年远景规划（《1956—1967 年科学技术发展远景规划》）中将物理力学列为边缘学科之一。1956 年、1962 年，两次自然科学规划中都将物理力学列为重点学科。1957 年，钱学森整理了在加州理工学院给研究生讲授“Physical Mechanics”课程时编写的讲义，并于 1962 年正式出版《物理力学讲义》。该书系统阐述了物理力学的基本概念、研究内容和研究方法。他在书中指出，物理力学是力学的一个新分支，主要集中在三个方面：高温气体性质、稠密流体的性质、固体材料的性质。

（2）物理力学学科的发展

钱学森对物理力学规范进行了四次调整和发展，推动物理力学研究取得了丰富成果：高温、高压下的辐射不透明度和物态方程等问题的研究；高压效应、高压相变理论和应用以及二维 Ising 模型解法研究；离子化气体和高温气体的化学反应及其动力学研究；气体化学反应速率的微观理论；气流介质与激光相互作用的理论和数值研究；液体结构的分子动力学研究；量子蒙特卡罗方法研究；Thomas-Fermi-Dirac 理论的改进及其对材料研究的应用；晶界弛豫研究；固体力学性质的第一性原理分子动力学研究；电子结构与跨尺度物性耦合研究；固体破坏问题研究；固体界面物理力学研究。物理力学思想也得到了国际学术界的普遍承认，并产生了深远的影响。钱学森的《物理力学讲义》出版后不久，即被译成俄文，并被广泛引用。1964 年，苏联乌克兰科学院成立了在国际上很有影响的“物理力学研究所”。1965 年，该所创办了《材料的物理化学力学》期刊。2000 年，俄罗斯科学院西伯利亚分院强度物理和材料科学研究所创办了国际杂志 *Physical Mesomechanics*。可见，物理力学思想已与物理、力学、生物、化学等学科深度交叉融合，并已经渗透到科学和工程研究的各领域中。

进入 21 世纪以来，我国物理力学学科得到了较快的发展，各方面均取得了可喜成绩，物理力学学科的各项组织工作和学术活动日趋规范和成熟，形成了较为稳定且不断壮大的学术队伍，学科内涵得到了较大丰富。目前，从事物理力学研究的主要有国防工程和纯基础研究两支队伍，主要单位有中国科学院力学研究所、中国工程物理研究院、中国空间技术研究院、西北核技术研究院、中国空气动力研究与发展中心、中国科学技术大学、国防科技大学、吉林大学、南京航空航天大学、四川大学、湘潭大学、燕山大学等，科研人员规模约为1000人，其中教授和研究员约200人。物理力学在大百科全书中的词条有 80 条。物理力学在国家自然科学基金委数理学部力学学科下设了高温气体与复杂流体物理力学、固体介质和表界面物理力学、高压物理力学、激光物理力学、空间环境效应物理力学五个学科方向，共 118 个关键词。

（3）物理力学的学科内涵

物理力学的主要特点有以下三个方面：①注重机理分析。着重分析问题的机理，进而建立理论模型解决实际问题；②注重运算手段。力求用高效率的计算方法和现代化的运算工具解决问题；③注重从微观到宏观。物理力学所面临的问题往往要比基础科学所提出的问题更为复杂，不能单靠简单的推演方法或者只借助于单一学科的成就，而必须尽可能结合实验和运用多学科的成果。物理力学研究的内容来源于工程，研究的目标是服务于工程，属于工程科学；它从微观本质上研究物质的宏观力学性质，是一门力学的基础科学。因此，物理力学是理科和工科有机融合的典范，具有工程科学和基础科学的二重性。物理力学是从根本上认识现象和规律的起源，因此大到航空航天重大工程、小到微纳米器件制造，都具备滋生颠覆性技术的潜力。

（4）物理力学的研究方法

物理力学的研究方法主要包括以下几个方面：①基于平衡态和非平衡态统计力学的方法。格林函数理论、临界现象理论中的标度律和重正化群理论，非平衡过程随机理论中的广义 Master 方程、非平衡热力学和非平衡动力学方法等为物理力学分析问题提供了新概念、新理论、新思路；②基于原子分子物理及量子力学的方法。分子动力学方法、密度泛函理论为研究机理提供理论，介观尺度的连续介质力学为研究宏观性质提供工具，这些微观和介观理论的发展为研究不同体系的跨尺度计算提供了方法，同时分子动力学等计算方法的发展为介质的平衡或非平衡乃至瞬态力学性质的研究提供了有效手段；③基于大规模计算的方法。分子动力学方法、蒙特卡罗方法和第一性原理计算分子动力学方法的研究能力大幅提高，使得少用或者不用简化和近似手段的计算方法研究宏观力学性质成为可能，使物理力学的发展如虎添翼；④基于微观实验技术的方法。原子力显微镜和扫描隧道显微镜等新型观测分析仪器可实现原子分辨的观测，为原子尺度的微观力学理论分析提供了实验数据；⑤基于极端环境研究对象的方法。针对偏离局域热力学平衡和考虑稀薄气体效应、超高温、超快、超多场耦合、超多相共存等实验室无法简单模拟的极端环境。

（5）物理力学的研究内容

物理力学的思想是从原子、分子微观尺度的物理机制出发，结合平衡和非平衡热力学统计物理、非线性连续介质力学等，建立微观与宏观之间的桥梁关系，服务于工程科学。物理力学的研究内容主要包括以下几个方面：①高温和高压物理力学。高温高压下介质的微观结构、宏观变形，宏微观结构与性质演化的理论框架和物态方程，实验技术和计算方法及其工程中的科学问题；②固体和表、界面物理力学。基于固体力学性质的第一性原理、分子动力学和跨尺度力学研究方法研究宏观介质和结构的物理力学性能、破坏及其微观结构的关联，研究表面与界面物理力学行为及其对于微纳米结构和系统的整体力学性能的影响；③强激光束、电子束等强粒子束与物质相互作用物理力学。强流电子束、高功率微波、X 射线束等发射装置、性能诊断和大气传输，强激光等强粒子束与物质的相互作用及其对固体介质的破坏机制；④化学物理力学。离子化气体和高温气体的化学反应及其动力学、碳氢燃料点火特性、气体化学反应速率常数的微观理论、气流介质与激光相互作用的理论和数值方法等；⑤液体、稠密气体和复杂流体的物理力学。复杂介质如液体、稠密气体和复杂流体的物理力学特征，液体结构的分子动力学研究，稠密流体的热力学与非平衡性质，复杂流体和流变体的物理力学行为；⑥极端环境下微纳系统物理力学。极端环境下微纳米材料和结构模拟方法，微结构和微缺陷的演化及其对宏观物理力学性能的影响，力－电－磁－热－化－生物等超多场耦合行为，构型、功能和器件的设计与调控，基于“场效应”和“铁电性”“多铁电性”等多重调控的“晶体管”型器件与 3D 结构；⑦极端状态等离子体物理力学。超高或者超低强度下磁流体不稳定性、湍流和输运、加热和电流驱动、激光与等离子体相互作用、高温辐射流体力学和内爆动力学等研究；⑧空间环境效应物理力学。空间粒子辐射环境、等离子体环境、真空紫外环境、中性粒子环境、微流星/碎片环境等空间环境对航天器的载荷部件、电子器件的破坏效应及其微观机理。

2.2 国内外物理力学研究发展比较

我国在物理力学领域的研究已具有雄厚的积累和鲜明的特色，形成了强有力的研究团队，在前沿基础和工程科学领域均在国际上具有举足轻重的地位。

从物理力学领域发表的SCI论文看，2006—2010年，我国在该领域的论文数（840篇）占世界同领域论文总量的5.7%，排名世界第三，2011—2015年，达到2034篇，占世界同领域论文总量的份额增加至21.5%，世界排名上升至第一。从同期该领域论文的被引频次和Top 1%高被引论文数看，我国该领域论文被引频次（2555次）从2006年占世界相应份额的3.8%上升为2015年的11.9%，排名由2006年的第四位跃居为2015年的第二；Top 1%高被引论文数更是由2006年的0篇增长为2015年的7篇，排名超过美国上升为世界第一。

过去的10年间，中国物理力学理论和应用研究取得了长足发展，针对极端环境下低维材料的力学性能、多重调控的“晶体管”型器件、力-电-磁-热-化-生物等超多场耦合行为、超高温超高压和超快下材料演化、强激光与物质相互作用、非平衡流体、水伏效应与技术等领域取得了一系列重要研究成果。我国创立了激光物理力学理论，提出了激光与物质相互作用等极端条件下物性参数的计算方法，解决了高能激光系统设计中高温气体、辐射流体和化学反应流体的宏观参数缺乏的难题；首创快速增压大压机等代表国际先进水平的静态和动态加载技术；超多重恶劣环境下热障涂层材料的时间空间跨度极大的破坏机理和关键评估技术取得了高水平成果；合成的超细纳米孪晶立方氮化硼和金刚石、玻璃碳等超硬材料在国际上取得了广泛的工业应用；神舟飞船、临近空间高超声速飞行器等在高超声速非平衡流作用下的力、热、辐射等问题的研究处于国际先进水平；构建了低维纳米材料结构力-电-磁-热耦合的物理力学理论体系，发现了流-固耦合发电的新效应和流体传感新方法，发展了铁电信息器件、微生化传感器、软体器件等微纳系统和器件；在黏附、摩擦润滑等表、界面物理效应和调控领域的研究也处于世界领先水平；在气流激光器辐射流体力学和激光辐照效应领域的研究成果为国防工业的发展做出了重要贡献。

2.3 我国物理力学的发展趋势与研究重点

未来10年，物理力学领域的发展将主要着重两个方面：①物理力学现代研究方法和基础前沿科学研究。重点是将多学科的最新研究成果应用于研究介质的宏、微观力学性质和运动规律，注重物理力学与材料科学、计算科学、物理化学、生物学等多学科的交叉融合，发展跨时空尺度的理论和计算方法及大型仪器设备，加强实验观测与大型计算的有机结合，同时加强国际交流与合作，进一步提升物理力学方法解决重大科学和工程问题的能力，使我国在基础前沿科学和国家重大战略需求相关的物理力学领域取得重要进展和突破。围绕多相多场功能体系等基础前沿科学问题，发展物理力学理论与方法以及实验方法与技术，研究其信息和智能性质；②面向国家重大需求的工程科学。以新时期国家重大战略需求为牵引，着力解决核武器、激光武器、能源技术、航空航天、基础材料中的关键物理力学问题。例如：运用物理力学方法，从微观角度自下而上地设计具有特殊功能的新材料；发展新型装备和大型计算方法，实现现代战争、深海、深空等极端条件下材料和器件服役性能模拟及服役可靠性保障；发展更加精细可靠的非平衡流动仿真技术，实现高超声速飞行技术精细化设计、高超声速目标光电特性精细化研究；解决薄片、光纤激光器等全固态激光器的光纤光暗化和光纤放电问题，设计纳米气体激光器等基于低维材料的更高效的激光器；研发新型软体智能材料、结构和器件，设计和制备含微纳结构的小型化器件，运用“表界面工程”和“表界面设计”的概念解决先进材料、纳微系统、生物医学、新型机器等基础科学问题。

2.4 物理力学学科发展的对策与建议

物理力学学科取得了长足发展，但其成熟度还不够：①学科方向的范畴及其规范不够。学科方向比较散，概念性的多于实际内容；似乎都是物理力学范畴似乎又都不是；与其他学科的边界不是很清晰；②工程中提炼物理力学科学问题的能力不够。物理力学的思想来源于工程，通过工程中科学问题的研究服务于工程，但工程科学范围尤其是国防工程的科学问题太复杂，涉及面太广，从事国防工程的科研工作者深入研究基础科学问题不够，而从事纯基础研究的科研工作者又接触不到具体的国防工程问题，以致基础研究和应用研究融合程度不高、相互衔接不够；③国际影响力不够。物理力学学科基于国防工程问题而提出，鉴于保密原因，与国外交流的机会少，以致物理力学学科在国际上的影响力还不够；④人才队伍匮乏。国防工程和纯基础研究的两支年轻物理力学科研队伍了解物理力学的起源、精髓不够，对从事物理力学研究的自身科研定位不清，易被其他学科同化，以致物理力学的人才队伍日渐匮乏。

综上，发展物理力学的对策和建议是：①凝练学科方向。根据学科的特点、方法，结合国家重大需求和前沿基础科学问题凝练学科方向，规范学科范畴；②加强纯基础研究和工程科学的融合。纯基础研究应瞄准主攻方向，适当聚焦；物理力学继续秉承钱学森工程科学思想：瞄准国家重大需求，从国家需求中提炼科学问题开展基础研究，研究成果用于解决工程问题；③提高国际国内影响力。物理力学学科由钱学森先生提出，是为数不多的由中国科学家首倡的学科。建议在国家自然科学基金委单独设置物理力学二级学科，重大项目、重点项目、杰出青年基金及国际合作项目等予以适当倾斜；组织各种学术论坛如ICTAM、香山会议、双清论坛、青年科学家论坛等研讨物理力学的发展。

3 环境力学

3.1 环境力学学科的发展现状

环境科学是在人们寻求解决与当今世界经济发展伴生的环境问题的过程中逐步形成的一门新兴学科。人类为了生存和栖息，从刀耕火种时代起就同自然界作斗争，同时也无意识地破坏了自己的生存环境。尤其在第二次世界大战以后，因人口剧增，资源利用不当，导致一系列严重环境污染事件（如烟雾事件、水俣事件）发生，人类开始认识到治理环境的重要性，并着手进行研究，逐步形成环境科学这门学科。环境科学从成立之日起就体现了非常明显的学科交叉特点，形成了环境地学、环境物理、环境化学、环境生物学等分支学科。

随着对环境问题的研究逐步走向精细化和定量化，大量数据的积累要求模型化和数学化，推动着环境科学由宏观向细观深入，并且宏观与细观相结合。力学在其发展过程中形成的分析、计算、实验相结合的学术风格，十分有利于深化对环境问题中基本规律的认识。如流体力学的边界层理论，大大促进了大气动力学的研究，使得天气预报成为可能；强迫对流的研究，发现了因旋转引起的风生环流的西部强化；多相流的理论研究大大提高了河流泥沙输运、污染物扩散的定量化预测精度等。因此在环境科学的发展过程中，力学以其独有的学科特点和优势，逐步完成与环境科学深度的交叉并形成环境力学这个新的学科生长点。

20 世纪 60 年代，工业过程引起的空气和水体污染日益严重，流体力学原理及研究方法被及时引入环境科学，研究空气和水中污染物的对流、扩散等，出现了工业流体力学，形成环境力学的雏形。之后，由于经济的飞速发展，环境问题变得越来越突出，环境的含义在不断拓展，涉及气候、生态、污染和灾害等诸多方面的问题。同时，人类对环境保护和治理的要求不断提高，需要对环境演化、人类活动对环境的影响进行更加细致的定量化了解。因此在 80 年代，将同环境有关的力学问题分离出来，逐步形成环境力学这一新的分支学科。

环境力学的学科内涵很广，主要涉及大气环境、水环境、岩土体环境、地球界面过程、环境灾害、环境多相流动以及理论建模、计算方法和实验技术等方面。研究方向主要包括：气候变化和极端环境的发生、影响与应对；工业化 / 城镇化背景下的城市环境及其改善；流域环境和大型工程的相互影响；人类社会发展中的生态环境问题等。研究任务包括认识和理解自然界中复杂介质及其运动（或变形）规律；揭示环境问题的机理；给出环境问题发生的临界条件和定量预测的时空演化规律；提出科学、合理、切实可行的应对措施等方面。环境力学系统深入地研究大气、水体、岩土体中介质的变形和流动，考虑相应的破坏和物质 / 能量输运，同时关注伴随的物理、化学、生物过程。有关环境力学的研究工作不仅面临强非线性、多场耦合、多尺度跨越、随机过程等科学共性难题，同时对经济建设和工程实践也具有非常明确的指导意义。因此，环境力学是一个既具有科学研究意义，又具备实际应用价值，且发展前景广阔的新兴学科。

3.2 环境力学学科的国内外发展比较

将数学力学的研究方法应用于环境问题的研究之中的行为最早出现于国外学者的研究活动中。早在 1904 年，Bjerknes 在其数值天气预报的著作《从数学力学观点研究天气预报问题》中就将天气预报问题归结为控制大气动力和热力学方程组的初值问题；1922 年，Richardson 采用数值方法求解天气演化的动力学方程组，发表了后来被公认为数值天气预报开山之作的《用数值方法预报天气》一书；在风蚀研究中，现代风沙物理学研究的开创者和鼻祖 Bagnold 于 1941 年发表了 *The Physics of Blown Sand and Desert Dune*，将流体力学概念和风洞实验方法成功地引入对风沙运动的研究。

随着环境问题逐步成为全世界所面临的共同问题，大批科学家投身环境问题的研究，环境力学学科也逐渐发展起来，同时也促成了多个相关研究组织的成立，如澳大利亚最大的国家级科研机构——澳大利亚联邦科学与工业研究组织 CSIRO（Commonwealth Scientific and Industrial Research Organization, Canberra），于 1971 年成立了环境力学部（The Division of Environmental Mechanics）。培养了大批风沙研究人才，如国际知名风沙物理学专家 Dr. Michael Raupach 于 1979 年加入该中心，并曾在 1996 年任该中心副主任。美国约翰·霍布金斯大学于 1979 年设立环境及应用流体力学中心（The Center for Environmental and Applied Fluid Mechanics），从事自然界及工业方面的范围广泛的流体流动问题的研究，包括空气污染、大气环流、海洋海岸工程、河流、地表水、地下水等诸多方面。1986 年，美国斯坦福大学环境流体力学实验室（Environmental Fluid Mechanics Laboratory）成立，其研究方向主要是：自然流动中的湍流、能量系统的自然与被动对流、海洋与大气的能量与质量传输、海洋与大气边界层的中尺度现象、大气中区域与全球尺度的污染物的传输与混合。

此外，美国麻省理工学院（MIT）于 1992 年将其原成立于 1865 年的具有近 130 年历史的土木工程系更名为土木与环境工程系（Department of Civil and Environmental Engineering），并下设了 The Parsons Laboratory for Environmental Science and Engineering，主要研究领域除水文地理学、水气候学、环境卫生、水生化学、环境生物学外，也包括环境流体力学。欧盟第 5 次研究与技术开发和示范框架项目（5th RTD Framework Programme）也于 1992 年下设了一个环境工程与力学中心（Centre for Environmental Engineering and Mechanics）。

我国早在 1989 年就成立中科院力学所环境流体力学研究室，可以说，在环境力学方面的研究几乎与国际同步。该研究室针对经济发展、国土整治、能源开采、流域和海洋环境的治理与灾害防治，选择战略性、前瞻性和基础性的研究课题，为环境预测、评估、防治和控制提供科学与技术基础，为国家经济建设中的重大工程问题决策提供科学依据、优化方案和应用基础理论。

3.3 我国环境力学学科的发展趋势与研究重点

新中国成立后，水利、气象、海洋、地理等部门积累了大量丰富的观测资料，环境流体力学的研究可在环境科学从定性或统计描述转向动力学描述方面发挥重要作用。可综合应用流体力学、地球科学、生物、化学、生态学等学科中的基本原理，分析现场观测（包括卫星观测）的资料，建立模型，揭示机理，发现规律，进行预报，并提出防治措施。

自 20 世纪 80 年代以来，随着环境问题的日益严重，国家对环境问题越来越重视，对环境力学研究的投入不断增加。据自然科学基金委（NSFC）力学处统计数据，截至 2007 年，已启动的环境力学重点项目有干旱半干旱地区环境地区治理的动力学过程（中科院力学所，1999—2002）、自然环境中的多相多组分复杂流动研究（中科院力学所，2004—2007）、风沙运动中的若干力学问题研究（兰州大学，2006—2009）等。仅 2001—2006 年的六年间，环境流体力学获得资助的面上项目已达 19 项，总资助经费 558 万元。基金委对环境力学研究的扶持力度不断加大，2005—2007 年统计数字显示，环境力学申请的基金资助率达 30%。但相对于其他力学研究领域比如生物力学来说，环境力学的申请项目总数较少，批准数更少，这与国家需求和学科发展是极为不相称的。

在环境力学的发展过程中，我国的力学学科研究人员积极参与到环境问题的研究中，研究队伍不断壮大，包括中国科学院力学研究所、兰州大学、武汉大学、清华大学、天津大学、上海大学、上海交通大学、西安交通大学、中山大学、北京林业大学、浙江大学、新疆大学、大连理工大学、中国科技大学、北京大学、重庆大学、北京师范大学、河海大学、暨南大学、广西大学、南京航空航天大学、内蒙古工业大学、内蒙古农业大学、中国水利水电科学研究院在内的多家大学和科研院所都成立了环境力学研究组。研究队伍虽然在地域上分布范围广，但还需要进一步发展壮大，亟待形成特色和团队优势。

经过多年的积累，我国的环境力学研究已逐步形成了研究的理论框架，涉及多个研究方向，如土壤侵蚀、风沙（雪 / 尘）运动、河口海岸泥沙输运、海气相互作用、渗流、滑坡、泥石流、河流泥沙运动、水环境、水体污染、城市污染，并在各自领域取得了可喜的成果。如：利用环境风洞和分层水槽，实验研究大气或水体中的污染物对流扩散，为核电厂设计、城市 CBD 规划、苏州河治理提供重要依据；结合长江口航道整治、珠江口治理，研究河口非恒定水流与泥沙输运，在河口海岸工程中发挥作用；建立二维坡面产流、产沙动力学模型，扩展到小流域，分析侵蚀的影响因素，给出土壤侵蚀临界坡度，为西部治理提供科学依据；揭示风沙（雪 / 尘）运动中的规律，提出新观点、新方法，创新了以往的风沙（雪 / 尘）运动研究的理论框架与研究手段，为风沙（雪 / 尘）灾害防治工程结构提供设计依据；研究了地球界面过程，模拟了有植被的大气边界层，分析结皮层对土壤水分运动的影响及其生态效应；通过湍流模拟，获得波龄、稳定度对海气交换系数的影响，为气候模型参数化提供依据；用涡动力学研究台风异常路径，数值模拟台风浪、风暴潮灾害。这些工作为服务国家战略以及我国经济和社会可持续发展做出了贡献，并逐步形成了我国环境力学的基本框架，凝聚了环境力学的研究队伍。虽然目前环境力学的研究已经涉及了我国面临的主要环境问题并取得了一定的成绩，但就环境力学自身的发展和国家需求来看，还需要进一步扩大研究领域并凸显力学的优势。

3.4　我国环境力学学科发展的对策与建议

环境力学是一门新兴的交叉学科，正处在发展和不断深化认识的阶段，积极推动环境力学的发展是我国经济和社会可持续发展的重要需求，也是科学工作者的重要责任，不断通过深入研讨、交流、人才培养和卓有成效的工作，促进环境力学的发展，为我国的经济和社会可持续发展做出新的贡献。

环境力学的研究需要注重环境力学研究的自身特点，准确把握研究定位：既要瞄准国家需求，也要立足科学前沿；既要进行学科交叉，也要发挥力学优势；既要解决相关问题，也要勇于挑战难点。应更加注重机理研究、规律分析与防治措施的有机地结合。一方面强调其共性科学问题，包括流动与输运的基本理论和方法；气、液、固界面相互作用；多相、多组分、多过程耦合；以及环境力学中模型实验的尺度效应等。另一方面，瞄准西部和沿海经济开发、城市化进程，重大工程中的实际问题：包括西部干旱环境治理（土壤侵蚀、沙尘暴、荒漠化治理等）；河流、河口海岸泥沙、污染物输运及其对生态环境的影响规律；城市空气污染；重大环境灾害发生机理及预报（热带气旋，洪水、滑坡/泥石流、全球变暖）等。但需要注意，环境力学不应该仅仅进行常规的天气、海浪、污染、灾害等环境问题的预报和具体的防治，而更应该针对其中的宏观定性行为的模糊不清、所存在的争议、定量刻画的不准确和不精确、发生和发展机理的不明确等本质问题开展研究，提供可供相关学科借鉴的理论、方法、手段和结论。

积极推进环境力学的发展需要扎实做好学科建设工作，为此需要：

（1）加大宣传和引导力度，增强责任感和使命感；加强与相关部门的沟通（环保、气象、水利、交通、科技、教育、地质等），出版科普读物和文章，组织相关考察，积极参加国际和相关学科以及部门的学术交流，并筹办相关学术研讨会和青年科学家论坛。

（2）结合区域和积累优势，稳步推进研究基地布局；以北京、兰州（西北）、武汉（中南）、上海（华东）、四川（西南）、大连（东北）、天津（华北）等地区为中心，向周边地区辐射，形成覆盖全国范围的合理研究布局。瞄准西部开发和沿海经济开发以及重大工程和能源利用的环境问题，如水土流失、风沙、河口、海洋、大气污染、水体污染、风工程、核污染、城市污染、颗粒物质、泥石流、滑坡，结合地域特色和优势，促进学科发展。

（3）积极开展交流与合作，健全组织和活动平台；进一步完善中国力学学会环境力学专业委员会的组织和功能定位，为鼓励各单位成立相关研究机构（研究所或中心），并在现有基础上整合各方面力量成立国家或教育部重点实验室或工程中心（观测台站）。

（4）理顺和完善学科架构，扩大研究队伍和影响；努力争取学科升级，将环境力学按二级学科单列。并关注重点研究领域，抓住一个基础（复杂介质流动和多过程耦合），针对二个区域（西部和沿海），关注三个方面（水环境、大气环境、灾害与安全），确立重点研究方向。结合国家需求，在以下几个方面结合国家迫切需求开展研究：西部开发与生态环境治理中的关键力学问题——土壤侵蚀（水蚀和风蚀）机理及其治理，青藏高原水资源分布规律及时空演化机理；城市化进程中的相关环境力学问题——污染物排放过程的精确预报、河口海岸泥沙、污染物输运及其对生态环境的影响规律；重大环境灾害发生机理及预报——热带气旋、风暴潮、洪水、滑坡、泥石流等。另外，研究要聚焦到环境流动与输运的模型建立与求解气、液、固界面的耦合，多相、多组分、多过程以及多尺度的耦合分析，“环境力学”中模型实验的尺度效应等共性科学问题上。

（5）在国家级科研项目方面继续扶持引导，各团队相互沟通支持。继续组织环境力学研讨会，促进研究团队间的沟通。同时，继续加大对环境力学研究的扶持和引导，能将“环境力学”作为自然基金申请方向单独列出并安排一定的重点项目；对环境力学项目评审也应注重科学问题提炼的准确性，从广义的角度审核已有研究基础。

3.5 结束语

我国环境力学专家李家春院士早在 1998 年就指出：力学的发展是一时一刻也离不开人类的生产实践活动的。如果说，在 20 世纪是航空、航天事业推动了力学的发展，那么，在 21 世纪，环境问题就是力学能够继续前进的最重要的推动力之一。可以肯定地说，环境力学无疑是力学学科的一个新的生长点。

如今，20 年过去了，环境力学研究在环境灾害机理研究、过程模拟、防治工程设计方面都取得了可喜的成果，在与其他学科交叉结合的过程中积累了宝贵的经验，逐步形成了环境力学的理论框架，凝聚了研究力量，培养了大批人才。在未来的一段时期内，我们还需要通过建立研究基地、确定重点研究方向、争取学科升级、加强学术交流及宣传等一系列有效措施理顺学科结构框架、完善环境力学学科分类。同时，紧密结合国家经济建设过程中的重大环境问题，一方面推动环境保护和治理科学技术的发展，另一方面通过解决环境流动与输运的模型建立与求解过程中的关键科学问题，促进环境力学自身的迅速发展，引领力学学科发展前沿。我们深信，在力学界同人的共同努力下，环境力学在未来必将得到健康的发展，并为人类和我国经济和社会的可持续发展做出应有的贡献。

4 爆炸力学

我国爆炸力学的研究起始于20世纪五六十年代，是响应重大工程需求而发展的新兴力学分支学科。经过数代人几十年的努力开拓，爆炸力学的研究内容和方法都得到了极大的丰富和发展，目前已发展成为以航空航天、武器装备、交通运输、先进制造、民用安全等领域的国家重大工程为牵引，以材料动力学行为、爆轰理论、高能粒子束（激光等）与物质的相互作用为基础，以数值模拟和实验测试为重要手段，研究爆炸与冲击等强动载荷的发生和发展规律、强动载荷与介质的相互作用机制，以及爆炸的利用、控制和防护等的交叉学科，是力学学科的一个重要分支。

4.1 爆炸力学学科的发展现状

（1）爆炸力学学科的提出

爆炸力学的诞生经历了漫长的孕育过程。硝化甘油等安全炸药的发明和两次世界大战，推动着爆炸有关的研究空前发展。然而，直到20世纪60年代，西方并没有“爆炸力学”这个概念，苏联则一直将这个研究领域称为“爆炸物理”。1960年，为突破我国制造装备匮乏的瓶颈，郑哲敏等创造性地采用爆炸成形技术制造航天部门需要的特殊部件，钱学森敏锐地提出可以成立一门新的力学分支学科——爆炸力学，主要研究爆炸载荷、结构响应以及高速冲击下的材料行为等。

（2）爆炸力学学科的发展

中国科学院力学研究所根据我国航天工业和核武器研制的需要，率先开展了爆炸力学的研究工作，建成了动态力学实验室、爆炸洞和相应的测试设备。1963年，依照中国科学院的部署，力学发展规划中首次制订了爆炸力学学科发展规划。同时，在钱学森任系主任的中国科学技术大学力学和力学工程系工程爆破专业更名为爆炸力学专业。第二机械部九院、总参工程兵科研三所等也启动了爆炸力学的研究。国内的爆炸力学研究日渐活跃，学术交流也日益频繁，在力学学科和工程应用领域都产生了更大的影响。1977年和1978年，分别召开了全国第一届爆炸力学和第一届土岩爆破学术会议。1978年，中国力学学会设立了爆炸力学专业委员会。1981年，《爆炸与冲击》创刊。1986年，中国力学学会首次举办爆炸力学国际会议。

受学科前沿牵引和国家重大需求驱动，我国爆炸力学研究取得了长足发展。爆炸力学研究成果在国防工业及国民经济建设中发挥着越来越大的作用。爆炸力学学科的奠基人和开拓者郑哲敏院士、王泽山院士、钱七虎院士分别获得了2012年度、2017年度和2018年度国家最高科技奖。目前，国内从事爆炸与冲击动力学领域研究的主要单位有中国科学院力学研究所、中国工程物理研究院、北京理工大学、中国科学技术大学、南京理工大学、国防科学技术大学、北京大学、西北核技术研究所、解放军理工大学、西北工业大学、中国兵器工业集团等。在爆炸与冲击动力学领域，还建成了多个国家重点实验室和省部级重点实验室，如非线性力学国家重点实验室（中国科学院力学研究所）、爆炸科学与技术国家重点实验室（北京理工大学）、冲击波物理与爆轰物理国防科技重点实验室（中国工程物理研究院）、计算物理国防科技重点实验室（北京应用物理与计算数学研究所）、弹道国防科技重点实验室（南京理工大学）等，形成了各具特色、优势互补的爆炸与冲击动力学研究基地，以及稳定、高水平的人才队伍。据不完全统计，国内从事爆炸力学相关研究的人员超过 10000 名，经常活跃在科技前沿的高校教师、科研院所研究人员也超过了 1000 人。目前已建成非常完善的测试验平台，包括：室内爆炸塔（洞）10 余座，Hopkinson 压、拉、扭杆 300 余套，用户单位 100 余家；各种口径一级、二级、三级轻气炮数十门，不同口径火炮数十门，用户单位数十家；低能、高能短脉冲激光装置 10 余套，电磁驱动强脉冲电流装置、轨道炮数套等。这些资源和设施大大促进了爆炸力学科研水平的提升。

（3）爆炸力学的学科内涵

爆炸力学研究的主要特点是：①爆炸力学问题极具挑战性。爆炸和冲击载荷的高强度和短历时两个特征，导致载荷和介质强耦合，介质中各种非均匀的微细观结构都会被激发和活化，表现出多个不同微细观速率的过程，涌现出随时空演化的斑图，表现出不同于传统连续介质力学的丰富现象和物理规律；②爆炸力学的问题具有很强的工程应用背景。爆炸力学问题多来源于航空航天、武器装备、先进制造、民用安全等重要领域，其研究成果可为结构耐撞性设计、武器设计、爆炸加工与爆破工程等提供理论基础和技术支撑，推动相关技术的发展。从爆炸与冲击动力学领域所发展出的炸药爆轰理论、应力波传播理论、材料动力学理论、终点弹道学等，为核武器、激光武器和各种常规武器弹药的研制和防护提供了重要的理论基础，从而在国防工业中大显身手。另一方面，爆炸与冲击动力学实验技术为冲击载荷下材料的力学性能的研究提供了方法和工具，为定向爆破、井下爆破、爆炸加工、爆炸合成等的方案设计和实施提供了技术支撑，在国民经济建设中发挥了重要作用；③爆炸力学的问题具有广泛的学科交叉性。爆炸与冲击动力学是介于流体力学、固体力学、物理力学、材料科学、化学反应动力学之间的交叉学科。在爆炸过程中，介质的流动、变形、破坏、升温、辐射、化学反应乃至核反应等一系列过程，构成了爆炸力学极其复杂丰富的研究内容。因此，爆炸与冲击动力学的研究中常需考虑力学因素和多个化学物理因素的耦合，多因素的渗透和结合又反过来推动爆炸与冲击动力学不断发展。

（4）爆炸力学的研究方法

爆炸力学的研究主要采用实验、理论、数值模拟的方法：①实验方面。爆炸力学的问题多具有很强的工程背景，在实验室复现工程中的强动载荷，同时对介质的力学响应进行诊断对于问题的分析是非常重要的。为此，研究者一方面发展了多种爆炸驱动与冲击加载技术，可以实现 MPa 至 TPa 量级的载荷幅度，应变率 10^2 ~ 10^8/s 的冲击加载；另一方面建立和发展了一系列强动载下介质响应的冻结和原位诊断技术，以获得介质在强动载荷下的响应图像。②理论方面。爆炸力学要处理的问题远比经典固体力学和流体力学问题复杂，参数众多，很难从力学基本原理出发构筑完整的力学理论，实践证明，采用量纲分析的方法结合问题的物理内涵进行理论研究，有望揭示问题的关键物理机制和规律。同时，基于实验和基本原理，建立简化的理论模型，对爆炸载荷和介质的行为进行定量刻画，也是爆炸力学研究的一个重要内容。③数值模拟。随着计算机硬件和软件技术的飞速发展，数值模拟已经成为爆炸力学研究的重要方法。它不仅极大地节省实验资源，而且能提供实验中无法直接观测的现象和参数，还可以进行武器弹药产品的虚拟数字化设计，并对工业安全问题进行模拟与危险性评估，获得完美的数字化虚拟实验结果。因此，计算爆炸力学方法已经成为爆炸力学研究中不可或缺的手段。由于爆炸力学问题的复杂性，研究者常常需要将以上三类方法结合起来开展工作。

（5）爆炸力学的研究内容

该领域研究瞄准学科前沿，立足新时期国家重大战略需求，注重多学科交叉与融合，发展爆炸与冲击相关的新概念、新技术和新理论，着重解决武器装备、航空航天和民用安全等领域中的爆炸与冲击问题。当前，爆炸力学的研究内容主要包括：①非平衡爆轰与爆轰波结构，包括高能炸药的爆轰机制、含能材料细观动力学行为、多相爆炸的模型建立和理论，热和撞击加载下炸药的损伤和点火问题等；②爆炸与冲击等强动载荷作用下介质的状态方程、本构理论和应力波传播规律；③爆炸与冲击载荷作用下材料的变形、损伤、断裂破坏行为以及结构的动力学响应；④高速侵彻与穿破甲问题；⑤先进的实验加载技术和快响应、高分辨能力的实验诊断技术；⑥爆炸与冲击等强动载荷作用下多场耦合模型的建立、高精度计算方法和软件研制；⑦在国防、空天、交通、能源、海洋、先进制造等重大工程领域的应用研究。

4.2　国内外爆炸力学研究发展比较

近 10 年来，中国爆炸与冲击动力学的基础与应用研究发展迅猛，组成了强有力的研究团队，建成了较为完善的研究平台，形成了多个有特色和优势的方向，在前沿基础和工程应用领域取得了丰硕的成果。

我国研究者在全氮阴离子的合成中取得了重大突破性进展，首次成功制备了室温下稳定存在的全氮阴离子盐，解决了困扰国际含能材料领域长达半世纪的世界性难题。发展了三级变阻抗梯度飞片的超高速撞击技术、电磁驱动斜波加载装置等新型动态加载技术和装置，研制了 1500~20000K 多通道光学高温计、同时分幅 / 扫描超高速光电摄影系统等一批用于爆炸与冲击领域研究的先进、超快光电子学诊断测试仪器设备，技术指标达到国际领先水平。在材料动力学领域，研究者系统地建立了统计细观损伤力学理论、非晶合金剪切带理论、动态破碎理论、多胞金属的率敏感性行为和能量吸收机理等；提出了流体弹塑性内摩擦侵彻理论、二维长杆侵彻理论和正 / 斜撞击下陶瓷靶界面击溃的理论模型等，为新型武器的设计和应用提供了理论支撑和技术指导。在结构动力学和冲击防护方面，研究者发展了非线性应力波传播理论，提出的主桥墩柔性耗能防护和大型桥梁引桥的自适应、恒阻力船舶拦截技术和机场跑道特性材料拦阻系统，已成功应用于国内多座跨海桥梁和多个机场；发展的高精度、高可靠性航空器结构鸟撞试验装备为几乎所有国产新型号的飞机提供了鸟撞实验条件；发明的飞机抗鸟撞新概念翼类前缘结构已应用于 ARJ21-700 飞机的设计。在计算爆炸力学领域，提出了欧拉数值方法的伪弧长方法、高精度保正性计算格式、高精度边界条件计算方法、模糊界面算法等原创性算法；发展了爆炸力学的拉格朗日型算法、SPH 无网格方法、CE/SE 算法等。宏观尺度的有限元方法、物质点法与原子模拟方法（如分子动力学方法）耦合的多尺度模拟方法也得到了快速发展。我国学者还提出了多种爆破技术和方法，成功应用于大型结构的爆破；发展了多种爆炸加工的方法，在国防和其他工业领域中得到大量使用。

从我国在爆炸与冲击动力学领域发表的 SCI 论文看，数量增长迅猛，质量明显提高。近年来，我国多次主办爆炸与冲击动力学相关的国际会，在国内外爆炸与冲击动力学会议上做大会报告、主旨报告和邀请报告的次数也大幅增加。这说明我国学者的研究成果已日益受到国际同行的关注和重视。

综上所述，在爆炸力学的大多数领域，我国研究团队的进展与国际同步。在某些领域，如新型含能材料、新材料动态多轴加载、极端高温环境下材料动态加载与变形场测量、非线性应力波传播理论与应用、金属材料剪切带等方面处于国际先进水平；但在某些领域，与美国等发达国家相比，原创性成果数量以及成果转化等方面有待进一步加强。

4.3 我国爆炸力学的发展趋势与研究重点

近年来，不断发展的新型含能材料的合成技术、动高压加载与测试技术、计算机模拟技术、材料和结构的动态变形和破坏的多尺度理论、结构动力学与安全防护技术、工程爆破和爆炸加工技术等，为爆炸力学注入了新的内涵，使其进入了一个崭新的发展阶段，未来爆炸力学各领域的发展趋势和研究重点如下：

1）非平衡爆轰与爆轰波结构方面：重点关注非均匀炸药非理想爆轰理论及其爆轰波的精细结构，热和撞击作用下高能炸药起爆与感度控制的微细观机理是其难点，也是其重要应用方向。

2）冲击加载与诊断方面：需基于同步辐射、中子散射等先进光源大科学装置，发展相应的冲击加载装置及同步、超快、原位诊断技术；大力发展数百 GPa 至 TPa 量级加载能力的电磁驱动、高能脉冲激光、强磁场等熵压缩等实验装置及相应的诊断技术。

3）材料动力学方面：爆炸与冲击载荷下材料变形、损伤与破坏行为的微观 – 介观 –

宏观多时空尺度关联的研究仍是一个重要方向，尤其要关注在外载激励下介尺度结构的涌现与非线性演化在材料变形与破坏过程中的“灵魂”作用。

4）计算模拟方面：发展适合于爆炸力学模拟的大规模的耦合原子尺度与宏观连续介质尺度的数值模拟技术，构造原位计算机显微镜（in situ computational microscopy）是未来值得关注的重要方向；同时还应关注基于人工智能的深度学习方法及其在爆炸力学模拟中的应用。

此外，强激光，电磁场等多场耦合下物质的相互作用，爆炸冲击动力学与材料、物理、生物等学科的深度融合，深空、深海、高铁、高速制造等重大工程中新出现的爆炸冲击问题等都是值得重视的方向。

4.4 爆炸力学学科发展的对策与建议

1）国防、空天、交通、能源、海洋、先进制造等重大工程是爆炸力学发展的主要牵引力，应从中凝练若干重大科学问题，构建多学科交叉融合队伍，着力开辟新方向，建立新概念，发展新方法，不断丰富爆炸力学学科的内涵和手段，引领重大工程技术的发展。

2）爆炸力学的学科发展依赖于原创性的实验设备和重大装置。应鼓励和扶持创新性实验设备和实验方法的发展，推动不同部门和机构间实验装置的共享。

3）材料的动态力学行为是爆炸力学效应分析的前提和基础，也是我国具有优势的方向之一，应当重点关注和优先发展。

4）数值模拟是爆炸力学研究的重要手段之一，应推动物理模型数据库、材料参数数据库、动态效应数据库的建立与共享，鼓励具有自主知识产权的、基于物理的高性能、高可靠性爆炸力学软件的开发。

5 等离子体力学

等离子体学科是一个高度交叉的学科领域，与物理、化学、力学、工程技术科学紧密结合、相互交织，而等离子体力学始终是其重要内涵。

5.1 等离子体力学学科的发展现状

（1）等离子体力学学科的提出

我国等离子体力学研究始于 20 世纪 50 年代晚期。1950 年代起世界主要大国在氢弹研究的同时分别开始了基于等离子体力学的磁约束核聚变研究。我国科学家也在 1958 年第二次国际和平利用原子能大会之后，开始了等离子体与聚变物理的早期研究。1960 年激光技术发展起来后，我国科学家王淦昌先生与美、苏科学家几乎同时提出了激光惯性约束核聚变的概念。而 1957 年第一颗人造地球卫星上天开始了太空物理特别是空间等离子体物理研究的新时代。以此为契机，国际等离子体学科研究广泛开展。80 年代后，我国的低温等离子体研究也蓬勃发展起来。现已形成了高温（聚变）等离子体、低温等离子体、空间与天体等离子体三个分支相互支撑的、较为完整的等离子体力学学科。

（2）等离子体力学学科的发展

1958 年，在日内瓦召开的第二届和平利用原子能国际会议的消息和资料传到中国后，中国科学院的一些研究所（如北京 401 所、东北 503 所等）以及一些大学（如北京大学、复旦大学等）就组建了最早的等离子体科学研究单位并开始自己的实验装置的设计。1959 年 12 月，由钱三强主持在北京召开了第一次全国性的聚变研究学术会议（对外称为"全国电工会议"），讨论了我国开展聚变研究的规划。并在 1962 年和 1966 年分别召开第二、第三届全国电工会议。1965 年 8 月，国务院国防工办和二机部决定将东北 503 所迁往四川乐山，与原子能研究所的 14 室、电力科学研究院热工二室的部分人员一起建立我国当时最大的聚变研究基地 585 所，即现在的核工业西南物理研究院。1978 年 9 月，国务院批准成立中国科学院物理研究所合肥聚变站，即现在的中国科学院等离子体物理研究所，形成我国核聚变等离子体研究两大基地的局面。1968 年，苏联 T-3 托卡马克上实现了电子温度 1keV，质子温度 0.5keV，$n\tau=10^{18}\ m^{-3}s$ 的高参数运行，世界各国聚变等离子体研究主要转向托卡马克物理，并在 90 年代分别在 TFTR、JET、JT-60U 上实现了聚变能输出超过 10MW 的氘氚聚变反应。1974 年中科院物理所、电工所建成我国第一台托卡马克装置 CT-6，1984 年核工业 585 所建成我国第一台中型托卡马克装置中国环流器一号（HL-1）。在国际热核聚变实验堆（ITER）计划和国家能源发展重大需求推动下，核工业西南物理研究院和中科院等离子体物理研究所先后建成了中国环流器二号 A（HL-2A）、HT-6、HT-7 等托卡马克装置，并在 2006 年建成世界第一台全超导非圆截面托卡马克装置，于 2011 年开始中国聚变工程试验堆（CFETR）概念设计，全面推动聚变等离子体物理研究。2006 年中国参加 ITER 计划以来，在国家磁约束聚变能发展研究专项支持下，国内磁约束聚变等离子体物理研究取得一系列关键性进展。形成以中国科学院等离子体物理研究所和核工业西南物理研究院两大基地为主，包括国内主要大学和一些主要研究院所的研究队伍。惯性约束聚变等离子体物理研究则主要依托中国工程物理研究院、中科院上海光机所、西北核技术研究所等，先后建成了神光系列激光聚变装置和强光、聚龙系列的 Z 箍缩装置，并利用这些装置开展了实验室天体物理和高能量密度物理等基础科学研究，取得了重大进展。

2008 年开始建设的"东半球空间环境地基综合监测子午链"国家大科学工程（简称"子午工程"）综合运用地磁（电）、无线电、光学和探空火箭等多种手段，连续监测地球表面东经 120 度线附近 20 千米到几百千米的中高层大气、电离层和磁层以及十几个地球半径以外的行星际空间环境参数，为增强我国空间环境与空间天气研究及保障空间活动安全做出了重大贡献。2019 年"子午工程"二期——空间环境地基综合监测网国家重大科技基础设施启动建设。同期，在国家地球空间“双星”探测计划支持下，我国于2003年、2004年分别发射“探测一号”“探测二号”两颗科学卫星，推动我国空间等离子体物理研究进入卫星探测的新阶段。“双星”与欧洲空间局“Cluster”卫星计划合作，构成具有明显创新特色的星座式独立探测体系，实现了人类历史上第一次空间六点联合探测。在空间天气和空间环境探测、研究方面取得一系列重要成果。

（3）等离子体力学的学科内涵

等离子体力学研究的主要特点是：①多时空尺度。等离子体是包含大量非束缚态带电粒子的体系，不仅有一般连续介质的特性，而且具有典型电磁介质的特性；不仅具有宏观的连续性特征，而且具有微观的分立性的粒子性特征。因此，存在着小到电子回旋半径和德拜屏蔽的微观动理学尺度，大到地球半径、天文单位的宏观乃至宇观尺度，短到电子回旋周期的亚微妙级快尺度、长到磁场（电阻）扩散时间的分钟、小时、甚至月日的慢尺度；②多运动模式。等离子体中存在着大量的时空尺度导致不同的相互作用形式，形成了大量的运动模式。在几乎无约束或弱约束的空间等离子体中，表现为种类繁多的波动形式，而在较强约束的实验室等离子体中，则表现为各种各样的“模”（modes）；③多参数区间。多时空尺度和多运动模式的特点，使得生成等离子体的参数条件各式各样，在特征参数空间（如密度 - 温度空间）中形成非常宽泛的分布：温度高达几十甚至上百 keV，但密度小到 ~$10^{-6}m^{-3}$（远远小于人类能力所能实现的实验室真空度）的空间等离子体；温度~ keV，密度 ~10^{-20} ~ $10^{-18}m^{-3}$ 的聚变等离子体，温度最高几个、十几个 eV，密度中等的低温等离子体；④多实际应用。多尺度、多模式、多参数分布的性质，使得等离子体具有非常广泛的用途，特别是低温等离子体在工业、农业、能源动力、环境化工、生物医学等不同领域都有重要应用。这为等离子体力学学科发展提供了广阔的前景。

（4）等离子体力学的研究方法

等离子体力学的研究方法主要包括以下几种：①宏观的流体近似方法。这种方法将等离子体作为宏观的连续介质，忽略小尺度和快尺度的效应，从而可以用类似流体力学和连续介质电动力学的方法近似处理；包括同时考虑较慢的离子流体和较快的电子流体运动的双流体（Two-Fluids）模型，只考虑较快的电子流体运动的电子磁流体（E-MHD）模型，假设电子绝热运动（零质量流体）的霍尔磁流体（Hall-MHD）模型，假设电子 - 离子一起运动的单流体——磁流体（MHD）模型；②微观的动理学方法。用统计力学的方法计算等离子体中带电粒子的分布函数，从而描述其微观运动性质（主要是动量空间性质）的动理学方法；包括全动理学方法、对回旋运动进行平均的回旋动理学近似、对弹跳（bounce）运动也进行平均的漂移动理学方法等；③大规模数值模拟方法。主要包括基于第一性原理计算等离子体中微观粒子运动的 Vlasov 方法（数值求解分布函数）和 PIC 方法（直接计算电磁场中带电粒子运动），以及基于流体近似的、计算宏观物理量的数值模拟方法；④实验诊断方法。等离子体环境复杂、时空尺度跨度大、运动模式繁多，测量手段少、测量环境极端（如上亿摄氏度的高温），给实验测量带来极大挑战，所以目前对实验室等离子体的测量只能称为“诊断”（diagnostics）。因为“直接介入”诊断方法（如探针）越来越难以适应等离子体环境条件，光学（包括激光）、电磁、中子等诊断手段发展得日益完备。

（5）等离子体力学的研究内容

等离子体多尺度、多模式、宽参数、多用途的特点，使得等离子体力学的研究内容也十分广泛。但是主要仍然集中于以下几个方面：①等离子体的生成。主要包括产生等离子体的方法、放电模式和各种相应的等离子体源的性质。②等离子体的约束方式。即如何用不同的手段将等离子体整体约束在所需要的空间和时间。③等离子体的宏观性质。即等离子体的流体力学、电动力学与热力学性质，包括等离子体的力学和热力学平衡、宏观的波动（如 Alfven 波、磁声波等 MHD 波）与稳定性。④等离子体的微观性质。即等离子体的微观动力学特性。包括等离子体动量空间的稳定性，湍流与输运，微观波动模式，粒子、能量与动量约束，等等。⑤等离子体的应用。

5.2 国内外等离子体力学研究发展比较

5.2.1 高温等离子体

高温等离子体是指热核聚变实验研究装置（温度几百万到上亿摄氏度）以及未来热核聚变反应堆（温度达几亿摄氏度甚至更高）中的等离子体，对其开展研究的目标是实现受控热核聚变能源的开发利用，因此亦称为聚变等离子体。高温等离子体包括磁约束等离子体和惯性约束等离子体。

磁约束聚变是利用各种位形的强磁场构成的“磁瓶”（如托卡马克、仿星器、磁镜、反场箍缩等）来约束高温等离子体，并利用中性束、射频波等加热手段将其加热至聚变反应所需温度，从而实现自持的热核聚变反应。近年来，偏滤器技术的引入形成了等离子体边缘输运垒，在磁约束聚变研究装置上实现了各种高约束运行模式（简称 H 模），聚变三乘积（密度、温度、能量约束时间的乘积）已接近氘氚热核聚变判据阈值。JET 和 TFTR 等装置在 20 世纪 90 年代先后进行了氘氚聚变实验，并取得了 Q = 0.67（JET：输入加热功率 24MW，获得聚变功率 16MW），接近能量得失相当的重要成果。表明托卡马克已具备开展燃烧等离子体物理和聚变堆工程技术研究的条件。即将建造的国际热核聚变实验堆（ITER）和正在进行工程设计的中国聚变工程实验堆（CFETR）将成为开展该研究的主要平台。

惯性约束聚变主要是利用高功率激光、重离子束或 Z- 箍缩技术等驱动方式提供聚心传输的能量，通过内爆压缩、加热燃料靶丸至高温高密度等离子体状态，利用其自身的惯性实现约束，在燃料尚未开始飞散之前完成热核聚变燃烧过程。这方面的研究取得了重要进展，美国国家点火装置（NIF）进行了热核聚变点火实验并取得初步成果。法国兆焦激光装置（LMJ）和中国的国家点火计划也将建成并演示高增益热核聚变点火。

我国的聚变研究近年来有较快的发展，先后改造升级或建成了多种托卡马克装置、激光聚变实验装置和 Z- 箍缩装置，并开展了有关磁流体不稳定性、湍流和输运、加热和电流驱动、alpha/ 快粒子物理、激光与等离子体相互作用、高温辐射流体力学、内爆动力学、非线性动力学等方面的研究，取得一些有国际影响力的重要进展。2006 年，我国正式参加 ITER 国际合作计划，并建成世界上第一个全超导托卡马克 EAST 和国内第一个偏滤器位形装置 HL-2A 等；建成并运行神光Ⅲ、强光一号等惯性约束聚变研究装置，启动国家点火装置的设计和建设。以开展稳态氘氚运行，验证自持加热、氚循环技术和聚变堆材料性质为目标的 CFETR 装置已经完成了概念设计，正在进行初步工程设计。

5.2.2 低温等离子体

低温等离子体包括大气压附近以电弧、感性耦合放电等方式产生的电子温度与重粒子温度相近的热等离子体；大气压下以介质阻挡放电、电晕放电、滑移弧等方式产生的非平衡等离子体；低气压下以辉光放电、微波放电、感性和容性耦合放电等方式产生的电子温度远高于重粒子温度的非平衡等离子体，是目前得到广泛实际应用的等离子体形式。热等离子体和非平衡等离子体具有各自独特的应用优势，前者有高达 10^4K 的温度和较高的粒子浓度与能流密度，后者含有高能量电子与大量活性粒子。热等离子体已用于耐高温、耐磨损、耐腐蚀、生体相容涂层的制备，高新技术材料的制备，模拟飞行器再入大气层的高温环境与进行热防护材料的性能试验，危险废弃物的无害化处理；大气压非平衡等离子体已用于大规模生产水处理用的臭氧，用于表面处理、消毒环保、电光源、激光器；低气压放电等离子体已用于大规模集成电路制造产业中的刻蚀、薄膜沉积与离子注入等工艺，金刚石或类金刚石膜、纳米材料、功能材料的制备，材料表面改性与污染物处理。此外，大电流断路器、焊接、电推进等众多领域也都涉及低温等离子体。

近几十年来国际上低温等离子体的研究一直在快速增长。我国低温等离子体研究也有了很大的发展，在国际上已有一定影响，但总体上与国际先进水平仍有不小差距。也有一些有特色的研究成果，例如，关于热等离子体层流长射流、分散电弧电极贴附的研究，关于等离子体离子注入、大气压脉冲和低气压等离子体放电演化过程的研究等。

5.2.3 空间与天体等离子体

空间及天文现象的驱动、触发和演化，涉及许多等离子体物理基本过程，如磁力线重联、无碰撞激波、等离子体射流与剪切流、不稳定性和湍流、电磁波对等离子体加热及对带电粒子加速等。对这些现象和物理过程的研究，是空间、天文科学的重要内容，对空间开发、宇宙探索具有重要的科学意义。

地球空间之电离层、磁层直到行星际空间太阳风，乃至太阳大气，这些等离子体与太阳活动之间的相互作用，构成了影响人类生存发展与航天活动的空间环境，是空间、天体等离子体物理的主要研究对象。近年来国内外一系列空间计划的主要目标，就是了解和掌握空间天气变化规律、建立“空间天气预报模型”，为人类认识宇宙提供基础、为航天活动提供保障。这一努力覆盖了太阳（天体）物理、日地空间物理（包括太阳风过程、太阳风与地球磁层相互作用）以及磁层空间物理等空间、天体物理的主要领域，以等离子体物理现象的观测与理论、数值模拟研究为主要内容，取得了一系列重要进展：日地空间天气连锁变化机制的多卫星探测结果、磁尾和磁层顶磁重联的观测证据、磁层亚暴的全球物理过程模型、辐射带高能粒子加速机制等。这些结果为空间等离子体物理提供了重要的观测支持。

空间科学计划、卫星数据分析、物理基础研究紧密结合，是空间等离子体物理研究的主要模式。我国的“双星计划”与 2000 年欧洲空间局启动 Cluster 卫星计划合作，实现了人类第一次六点太空观测；取得了三维磁零点与磁分界线、磁重联的霍尔四极场结构、快磁重联率等一系列重要成果，发现并确定了空间特征尺度为离子惯性尺度、哨声波为其主要特征的无碰撞快磁重联过程以及三维磁重联的局地与全球分布特征。美国航空航天局 2012 年发射的两颗范·艾伦探测器发现了磁暴期间辐射带的变化结构、辐射带高能粒子的分布特性与起源、低频电磁波谱与高能带电粒子加速的关系等；2015 年发射的 MMS 卫星（四颗）则进一步提高了三维太空探测的时空分辨率在电子动力学研究的初步成果。我国在 2015 年启动国家大科学工程“空间环境地面模拟装置”建设，其“空间等离子体环境模拟研究系统”的预期目标可结合范·艾伦探测器和 MMS 卫星观测进行辐射带物理和电子动力学的地面实验室模拟研究，巩固我国空间等离子体物理研究在国际最前沿保持一定地位。

5.3 我国等离子体力学学科的发展趋势与研究重点

5.3.1 高温等离子体

进一步开展高比压、高约束、高自举电流份额的磁约束等离子体物理过程和未来聚变堆（如 ITER/CFETR）燃烧等离子体物理过程研究，是未来 10 年磁约束等离子体物理研究的主要任务。关键科学问题有：①磁流体过程：高功率加热和聚变燃烧条件下磁流体活动的有效控制磁流体模式与 alpha/ 快粒子相互作用破裂不稳定性等；②湍流和输运：电磁湍流机制及对输运的影响，能量输运垒形成机制，粒子输运与排灰、加料的关系，alpha 粒子输运过程与自持加热等；③射频波与 alpha/ 快粒子物理：大功率射频加热能量传播和吸收机理，alpha/ 快粒子模动力学行为等；④边界等离子体：边缘输运垒结构及演化动力学，刮削层物理过程，偏滤器物理过程，等离子体 – 壁相互作用等；⑤先进托卡马克运行模式：利用等离子体自组织行为，通过适当外部控制，实现等离子体性能的集成优化，达到聚变堆所要求的等离子体状态。

点火物理基础和高能量密度物理研究，是惯性约束等离子体研究的主要方向。关键科学问题有：①激光与高温高密度等离子体相互作用；②高温辐射流体力学；③内爆动力学和流体不稳定性；④热核点火和燃烧物理；⑤物质的热力学性质和高剥离态原子物理；

⑥实验室天体物理；等等。

5.3.2 低温等离子体

微电子行业的发展一直是推动低温等离子体科研发展的主要动力。我国微电子行业近几年来增长势头很强，在今后 10 年中，我国在低温等离子体相关方面的研究一定会取得较大的进步。

在热等离子体方面，研制新型等离子体发生器，研究发生器中的基本工作过程，提高发生器工作稳定性、能量转换效率与工作寿命，等离子体流与喷射于其中的原料颗粒或工作气体以及和环境气体之间的相互作用，热等离子体与材料表面的相互作用以及涂层或膜的形成过程，一直是研究的重点。在热等离子体体系中，部分电离气体的流动与传热和电磁场相耦合，并受电极与外加磁场影响，流动与传热具有大温差、高梯度、变物性的特点，并往往涉及三维、非定常、可能偏离局域热力学平衡与局域化学平衡等复杂因素，给参数诊断与数值模拟带来严重挑战。为了适应空间推进、真空喷涂、快速薄膜沉积等应用领域的需求，需要对 10^1~10^4Pa 压力范围内产生的电弧及等离子体射流特性进行深入研究。这一压力范围内的等离子体，非平衡特性更为明显。探索建立相应的偏离局域热力学平衡和考虑稀薄气体效应的等离子体理论模型，具有重要的科学意义和实际应用背景。

在大气压非平衡等离子体方面，重点是研究其基本物理过程，特别是非平衡特性。包括研究滑动弧中热电弧放电与非平衡放电状态间周期性转换特性；研究大气压介质阻挡放电和辉光放电中活性粒子的优化产生和控制、由放电中活性粒子引发的各种化学过程、放电产物与物质表面的相互作用等。

在低气压低温等离子体方面，重点是通过实验诊断和理论模型相结合的方法，开发出能适应工业界各种不同要求的等离子体放电设备。具体研究目标包括等离子体与材料表面的相互作用、离子能量分布、各种活性粒子浓度等放电参数与外界可控参数之间的关系、大面积均匀等离子体源的设计开发等。

5.3.3 空间与天体等离子体

在卫星探测计划的基础上，未来 10 年国内外还将执行一系列的空间探测计划，如中欧合作的太阳风 – 磁层相互作用全景成像（SMILE）卫星计划、我国的磁层 – 电离层 – 热层探测（MIT）卫星计划等。这些空间计划仍将以空间环境与空间天气研究为主要目标、空间等离子体物理过程研究为主要内容，以磁重联区电子动力学过程（哨声波与低混杂波、电子 Alfven 波段物理及加热过程、电子压强张量效应等）、磁重联的三维拓扑与动力学性质、不同空间区域间的相互耦合等为主要研究方向。

特别值得指出的是，实验室空间、天体物理研究的进展。随着强激光技术的发展，实验室天体物理近年来已经成为空间、天体等离子体物理研究的新前沿。研究人员在 NIF、神光等国内外强激光装置上成功地模拟了快磁重联、日耀斑爆发等重要空间和天体等离子体物理过程，为深入研究天体物理现象做出了重要贡献。国家重大科技基础设施“空间环境地面模拟装置——空间等离子体环境模拟研究系统”也将在2021年建成、运行，开展磁层顶和辐射带关键物理过程的实验室模拟。可以预见，未来10年实验室空间、天体等离子体物理研究将进一步深入，取得更多成果。

5.4 等离子体力学学科的发展对策与建议

（1）高温等离子体方面

欧洲的大型托卡马克装置JET计划2020年重新开展氘氚聚变放电研究，日本的全超导大型托卡马克装置JT-60SA计划在2020—2021年建成、放电。后者的主要参数将可能超过EAST现在保持的优势，而前者将等离子体物理研究全面推向氘氚聚变的新参数区间。ITER也计划在10年内进入实验运行。这些对我国高温等离子体物理研究都是巨大的挑战。我们必须尽快开展以下工作：①充分挖掘EAST长脉冲运行能力和36MW的加热能力，在JT-60SA全面实验运行之前，尽快实现10MW功率注入、100秒运行（1GJ能量连续注入）；②结合JET氘氚运行，深入开展氘氚聚变等离子体物理、特别是alpha粒子物理和燃烧等离子体粒子控制研究；③加强在ITER国际托卡马克物理活动（ITPA）中的地位，为ITER实验运行做准备。

（2）惯性约束等离子体研究

继续以点火物理和高能量密度物理为主要方向，加强激光与高温高密度等离子体相互作用、高温辐射流体力学、内爆动力学和流体不稳定性、热核点火和燃烧物理、物质的热力学性质和高剥离态原子物理和实验室天体物理研究。

（3）低温等离子体方面

低温等离子体是对国民经济有巨大影响的科学技术领域。各种基于低温等离子体的设备在工业中的各个领域发挥着不可替代的作用。但现有应用的优化和新的应用的产生给这个领域的相关研究工作不断提出新的挑战。例如对于热等离子体，在它的各种工作条件下，还有很多复杂因素在影响它们在应用中发挥的效果，需要对其基本过程进行参数诊断和数值模拟的深入研究，才能解决相关问题并扩展其应用范围。大气压非平衡等离子体的应用潜力在我国远未发挥，对相关科学问题的研究急需深入，特别在材料表面的处理、环保、农业和医疗方面，能发挥切实作用的应用基础研究急需发展。针对低气压等离子体，能解决工艺中实际问题的应用基础研究将对近年来我国微纳电子工业中的原始创新起到推动的作用。

（4）空间与天体等离子体方面

空间科学计划、卫星数据分析、物理基础研究紧密结合，是空间等离子体物理研究的主要模式。在这方面将继续推动“空间环境地基综合监测网国家重大科技基础设施”（“子午工程”二期）大科学工程和“太阳风 - 磁层相互作用全景成像”（SMILE）卫星计划等，并与“空间环境地面模拟”装置的地面实验模拟相结合，以空间环境与空间天气研究为主要目标、空间等离子体物理过程研究为主要内容的基础研究。特别是随着强激光技术的发展，实验室天体物理近年来已经成为空间、天体等离子体物理研究的新前沿。国家重大科技基础设施“空间环境地面模拟装置——空间等离子体环境模拟研究系统”也将在2021年建成、运行，开展磁层顶和辐射带关键物理过程的实验室模拟。与卫星计划相结合，实验室空间、天体等离子体物理研究将进一步深入，取得更多成果。

6 地球动力学

地球动力学是研究地球的动力学过程，是现今地球科学的一个核心领域。由于对地球演化的地质记录和观测数据十分有限，尤其是对地球早期的演化更加缺少数据，为了更好地理解地球演化和板块构造的动力学过程以及背后的控制因素、物理机制，需要动力学数值模拟的深度参与，把不可见的地下过程变得直观可见。我国在地球动力学研究领域一直处于世界前列，近些年更是呈现出了异彩纷呈的景象，部分研究领域已经达到了国际领先水平。

6.1 计算地球动力学学科的发展现状

（1）计算地球动力学学科的提出

最早对地球动力系统的认识可以追溯到1620年，英国科学家弗兰西斯·培根指出非洲西海岸和南美东海岸形状的相似性，这是板块构造学说的雏形。1912年，德国气象学家魏格纳第一次提出大陆漂移学说，1960年，古地磁的研究发现了海底磁异常，1962年美国地质学家哈里·赫斯指出洋中脊是海底扩展的源头，1965年美国耶鲁大学地质学家罗伯特·戈登将地幔黏性和固体蠕动联系起来，1968年美国地球物理学家贾森·摩根建立了基本的板块构造理论（Turcotte and Schubert，2002），与全球地幔对流理论一起，奠定了现代地球动力学理论基础。后来，该学科逐步发展为根据一定假设，建立遵循地球局部或整体物质运动规律的数学物理模型，通过一定的数值计算方法来了解地球在运动过程中的状态以及动力演化过程及机理，是定量化研究地球动力变化规律的分支学科。

（2）计算地球动力学学科的发展

早期计算地球动力学模型将地球看成纯黏性，地球内部热驱动地幔物质运动，从而引发地幔对流，形成威尔逊旋回和地幔柱。随着人们认识的深入以及超级计算机的飞速发展，例如2016年，使用中国自主芯片制造的“神威·太湖之光”取代“天河二号”登上榜首，这使得更加复杂的地球动力学模型得以应用。现今国际和国内计算地球动力学学科呈现出地球动力学科学问题与数值计算的有机结合。因此，需要我们清楚认识高性能数值计算的重要性，以及我国现阶段在高性能数值计算领域所处的地位和亟须解决的关键问题。

总体来说，现今较为复杂的计算地球动力学数值模拟分为以下几个方面：①板块构造在长期扩张和俯冲的过程中会产生塑性屈服或者脆性破裂，这种过程用扩展的黏-塑性模型描述；②大地震的周期性复发被认为与岩石圈的黏-弹性松弛有关，需要考虑黏-弹性模型；③近期的地震观测，特别是慢滑移的发现被认为与俯冲带中孔隙水的作用有关，涉及构造运动中的液-岩相互作用，因此需要用到两相流模型。除了经典的热流耦合动力学模型，广义的地球动力学模型还包括地核发电机模型、同震-震后形变模型、地震波传播模型等。越来越多的研究发现，水和流体在地幔岩石圈演化中扮演了重要作用，需要考虑熔岩、孔隙水和地幔流变的耦合作用。两相流数值计算方法开始成为国际计算地球动力学研究的前沿方向。此外，液化、汽化等相变耦合作用下的多相流（气-固-液三相）也是未来计算地球动力学模型的一个重要发展方向。

（3）计算地球动力学的研究方法

地球动力学数值模拟理论主体是建立在经典计算流体力学之上，通过数值计算正演上述地球动力学模型。经典的数值计算方法包括有限差分法、有限单元法、有限体积法、谱方法等，最新也引入有不连续 Galerkin（DG）方法。此外，国际上地球动力学反演计算研究也渐渐展开。与地震学反演类似，地球动力学反演可以分为两个方向：①类比于震源反演的初始状态反演，用于板块重构；②类比于全波形反演速度结构的物性参数反演，用于深部黏性结构成像。然而，以地幔对流，洋中脊扩张，大洋、大陆俯冲，造山运动等为代表的长期构造演化过程，均会导致岩石物质的大变形构造运动。国际上以 marker-in-cell 为代表的物质点方法，通过在欧拉坐标系和拉格朗日坐标系之间插值，能够很好地模拟地球长时间流变产生的大变形物质迁移。目前使用物质点方法的著名地球动力学软件包括 Underworld、LaMEM、SLIM3D、MILAMIN、I2VIS/I3VIS 等。

计算地球动力学是伴随着高性能计算发展起来的，并行计算也被广泛应用于地球动力学数值模拟。国际上主要有两种方式来弥补计算地球动力学对高精度的需求问题：①使用自适应网格：例如基于 Deal II 的地幔对流软件 Aspect；②使用异构计算体系：采用基于 GPU 等底层数值代数库（如 PETSc 和 Trilonosd 等）。传统计算地球动力学模拟 90% 的时间花在求解斯托克斯（Stokes）方程上，特别是存在强黏度变化时，线性方程组呈现高度病态，因此需要设计高效的 Stokes 方程求解器。目前优化 Stokes 求解器主要有：①使用多重网格法；②设计优化的预条件子。此外，由于传统黏-塑性模型采用黏度弱化的方式并非真正收敛，基于皮卡德（Picard）迭代的非线性 Stokes 求解器也开始在计算地球动力学领域展开应用。

在超级计算机和重大应用数值模拟持续进步的同时，重大应用数值模拟可利用超级计算机峰值性能的比例越来越低，超级计算机的应用编程越来越难，超级并行应用软件的研发越来越滞后于超级计算机的研制，性能墙和编程墙日趋严重，成为制约中国超级计算发展的两大瓶颈。中国的超级计算硬件已经走在世界前列。然而，中国的高性能计算软件应用仍旧相对落后。计算地球动力学可以作为一个突破口，一方面可以利用现有开源计算软件资源，结合中国特殊的地质构造，重点研究包括大陆碰撞和大陆深俯冲问题，超高压变质作用以及大陆动力学中的液－岩相互作用等科学问题；另一方面紧跟国际趋势，开发自主知识产权的计算地球动力学软件，同时在地球动力学反演、地球动力学两相流、非线性 Stokes 求解器等新领域开展工作。

6.2 国内外计算地球动力学研究发展比较

（1）地震波强地面运动

主要用于特大地震发生后地震波强地面运动造成的地表位移和加速度峰值分布频谱特征的计算，可以用来进行区域震害防止和城市小区规划研究，涉及模型初始应力状态的设定，以历史地震序列揭示历史震源附近的应力状态。其中特定或者关键地区大地震之后的强地面运动特征的研究是地震波强地面运动领域的重中之重，可以给各国防震减灾工作以专业的指导。例如川滇地区在 5·12 汶川地震之后的地震波强地面运动特征研究。2008 年汶川 8.0 级地震后，现中国科学院大学计算地球动力学重点实验室与中国地震局地球物理研究所合作开展地震数值模拟研究，建立了区域尺度的虚拟川滇强震演化过程数值模型。建立的千万量级网格模型，直至今日在国内外仍属技术领先，建立了具有物理意义和物理预测功能的三维活动地块边界带动力学模型。

（2）地震数值预报

地震数值预报历来是争议非常大的学科。它可以分为两大类别：基于地震活动性和其他多种前兆现象的经验预报、基于对地震孕育发生物理过程了解的物理预报。物理预报必须以对地震孕育发生的过程以严格数学物理方程表达的定量化了解为基础，以获得监测区域结构、物性和状态的“透明地壳”模型为前提，以实时获得监测区域地震和前兆关键物理量四维数据为条件，通过在高性能计算技术平台对海量数据的处理和对地震孕育发生过程的计算模拟，实现基于物理模型的概率地震数值预报。

美国加州发展了《统一的加州地震破裂预测（UCERF）》体系。UCERF 模型目前是一种渗入了物理概念的统计预报模型。它包括分层次的三个渐进模型 UCERF-TI、UCERF-TD 和 UCERF3-ETAS。这三种模型可以在一定程度上覆盖长中短临地震概率预测。地震数值预测，就是在清楚了解岩石圈这一被断层切割的孔隙黏弹塑性体结构的前提下，获取当前应力和应变、温度、流体状态，应用连续介质力学和热力学规律，基于岩体破裂准则或断层本构关系，进行数值运算，预测地震发生。为了进行这种计算，需要解决五个基础环节：①对物理机制的认识并通过数学公式和数理方程对物理机制进行定量描述；②解这些方程的计算能力；③对于特定的预报，要了解所研究区域地下的结构、状态、物性以建立模型；④边界条件及其随时间的变化；⑤初始条件。

（3）超级地球模拟器

从广义上讲，“地球模拟器”是一个集支持地球系统数值模拟所需的高性能计算机、支撑环境、软件工具、并行应用软件于一体的复杂系统，它兼有科学研究、关键技术攻关和学科交叉的特征。目前的两个主要的地球模拟包括：①加利福尼亚地震模拟器，该模拟器是美国南加州地震中心（SCEC）的地震模拟器比较项目（SCEC Earthquake Simulators Comparison Project）；② RSQSim 模拟器，是相对而言功能较全面的模拟器。RSQSim 模拟器与其他模拟器最大的差异是考虑了速率 – 状态摩擦本构关系。

在“十一五”国家“863”计划信息技术领域“高效能计算与网格服务环境”重大项目、“面向地球系统模式研究的高性能计算支撑软件系统”和“地球系统模式中的高效并行算法研究与并行耦合器研制”重点项目的支持下，在科技部原部长徐冠华院士的积极倡导和推动下，清华大学与浪潮集团共同启动了“地球系统模拟器”科学研究工程。

6.3 我国计算地球动力学的发展趋势与研究重点

1）新的观测技术使得观测精度显著提高。以 GPS 为代表的空间对地观测技术、巨型高分辨率宽频带流动地震台阵观测技术、电磁阵列观测技术的发展趋势表明，从布网观测走向阵列观测已经成为 21 世纪地球物理观测研究发展的基本方向。GPS 阵列观测的重要价值在于可以充分发挥其相对定位的优势，并可有效消除大气扰动产生的观测噪声，从而进一步提高 GPS 对地观测的精度。利用 GPS 阵列已经可以实时监测地壳的变形运动。这意味着 GPS 阵列在研究地壳应力场方面酝酿着巨大的应用前景。同时为地震动力学以及定量地震学（Aki，2002）的研究提供了前所未有的技术基础。为此，需要积极借助数值天气预报的经验，打破经验性地震预测的局限，把研究的注意力尽快转向以动力学为基础的地震数值预测。以地震数值预测为目标的 GPS 阵列地壳形变连续观测，高分辨率地壳上地幔结构探测，地壳动力学，地震孕育和破裂过程的理论、模拟试验和实际观测，数据同化和计算软件的开发应成为今后研究发展的重点。

2）以宽频带流动地震台阵为首的地震学观测对于提高震源和地球内部结构成像的分辨率起着越来越重要的作用。基于远震体波波形数据的三维流动地震台阵探测技术，不但可以探测地下数百千米深度范围内的地壳上地幔结构，而且在地壳及上地幔顶部深度范围内已可以达到千米级的垂向和横向分辨率。宽频带流动地震台阵观测技术在探测大尺度、高分辨率三维地壳上地幔速度结构成像及地震学综合研究方面已经显示了独特的优势。

3）固体地球科学数据挖掘和同化。利用数据挖掘技术，人们可以从已获得的大量固体地球科学数据中提取出可理解的模式，从而有效地认识地学信息中所隐藏的地质规律，发现新知识，改进和发展既有动力学模型等。数据挖掘技术的量化处理方法可以增强分析和解决地学问题的客观性，减少随意性。地学数据挖掘模型应具有以下几个方面的特点：①能够反映地学现象的时空分布和属性关联特征，具有明确的地学含义；②能够在一定程度上反映地学现象的复杂性与非线性；③计算方法简单，适合海量数据环境下的地学数据分析；④具有多源数据融合的能力，能够进行时－空－属性一体化分析；⑤能够融合领域专家知识，同时在领域专家知识缺乏的情况下根据一定的规则进行模式的自动搜索供专家判断；⑥与GIS紧密集成，使用方便。

4）广义的数据同化方法可以应用于地球系统科学研究的多个领域。固体地球计算地球动力学模拟的关键性困难来源于对动力学建模和数值模拟过程中对偏微分方程组的初始值和边界值的厘定或确定，因此固体地球科学数据同化概括起来包括模拟动力学真实过程的动力模型（偏微分方程组）的建立；通过直接或间接观测、监测数据对偏微分方程组数值计算给定初值和边界值条件；在数值模拟过程中，不断将新观测的数据融入过程模型计算中、校正模型参数（非线性系数）、提高模型模拟精度而进行数据同化算法；最终校正和校核计算地球动力学数值计算模型的模拟结果，并甄别既有模型，改进和发展新的动力学模型，并最终推动和提升地球动力学理论。

6.4 计算地球动力学学科发展的对策与建议

地震数值预报是我国未来地震学研究的一项先导任务。物理科学是精确定量的科学，只有开展基于物理规律的数值地震预报研究，才是真正的走上物理预报的途径。开展数值地震预报，需加强地震数值预测的理论探讨，建立地震数值预测的理论框架和数值计算软件平台，进行实验基础研究。同时，大力提高和开拓地应力测量方法的研究，在全国范围内开展地应力绝对测量和布设地应力台站，观测地应力的变化，对前兆现象的物理成因进行探讨，制定发展地震数值预测长期规划路线图，把数值地震预报规划纳入议事日程。不能仅仅把物理预报限于对地震物理机制的定性研究，而是要开展定量研究并开展数值预测的探讨；不能仅仅泛泛而谈，要逐渐从经验预报向数值预报过渡，要有明确的科学思路和切实的路线图及规划；要突破原有的专业分割局限性，注重具有地质、地球物理基础和数值模拟能力的创新人才的培养。

持续加大对关键地区热力模拟的研究。目前，国内外地球科学家越来越重视地球动力学数值模拟的重要性，越来越多的学者应用前沿的热－力学耦合动力学计算程序，针对重要的地质科学问题开展动力学模拟研究，系统地探讨岩石圈和地幔的变形机制，分析物理参数的定量影响。鉴于研究起始时间等因素，目前国际上成熟和完善的动力学数值模拟组主要集中在欧洲、美国、澳大利亚和加拿大等国家和地区。针对岩石圈动力学模拟，目前已发展出多个成熟稳定的计算程序，这些计算程序得到大量测试、检验和应用。对于这些计算程序的差异性，研究人员也做了仔细的对比：模拟结果存在一些差异性，但在第一级尺度上，模拟结果高度相似；挤压环境比伸展环境表现出更大的差异性。与发达国家相比，国内的动力学数值模拟起步晚，发展缓慢，尤其是应用热力学耦合的计算程序开展的岩石圈和地幔变形的研究更加缺少。

我国拥有和紧邻众多宝贵的地学天然实验室，如青藏高原—喜马拉雅造山带、华北克拉通、南海海盆、特提斯构造域、西太平洋俯冲带、印度洋扩张—俯冲系统。开展扎实的地球动力学科学研究，逐渐发展成为国际地学强国，是中国地球动力学研究人员的使命。基于这些地学天然实验室，我国已经有一些地球动力学研究人员凝练了众多前沿、一流的地球科学问题。为了更好地理解这些科学问题，尤其是理解地质问题背后的动力学演化过程，我们需要利用热－力耦合模型对关键区域做深入的地球动力学数值模拟工作。

参考文献

[1] 姜宗来，陈维毅，樊瑜波．中国生物力学研究展望［J］．科技导报，2019，37（3）：27-29.

[2] 吕永钢，詹世革．第三届全国生物力学青年学者学术研讨会报告综述［J］．力学学报，2019，51（01）：306-311.

[3] 陈维毅．2016—2018 年中国生物力学研究进展［J］．医用生物力学，2018，33（6）：5-10.

[4] 樊瑜波．生物力学建模与应用——贺冯元桢先生百岁诞辰［J］．医用生物力学，2018（s1）：38-44.

[5] 齐颖新．血管力学生物学研究进展［J］．医用生物力学，2018（s1）：80-84.

[6] 姜宗来．从生物力学到力学生物学的进展［J］．力学进展，2017，47（1）：309-332.

[7] 龙勉．细胞－分子层次的多尺度力学－化学－生物学耦合［J］．医用生物力学，2016，31（4）：327-332.

[8] Fung, Y. C., Wei H. Perspective of Biomechanics. An Introductory Text to Bioengineering［M］. Singapore: World Scientific Publisher, 2015.

[9] Sahu P P, Pandey G, Sharma N, et al. Biomechanics: Its scope, history, and some problems of continuum mechanics in physiology［J］. Appl. Mech. Rev, 2013, 32（8）: 1151-1159.

[10] Fung, Y. C.. A Sketch of the History and Scope of the Field［M］. New York: Springer，1981，4757-2257-4（Chapter 1）: 1-22.

[11] 朱如曾．钱学森开创的物理力学［J］．力学进展．2001，31（4）：489-499.

[12] 谈庆明．钱学森对近代力学的发展所做的贡献［J］．力学进展，2001，31（4）：500-508.

[13] H. S. Tsien. Physical mechanics, a new field in engineering science［J］. Journal of the American Rocket Society, 1953，23: 17-24.

[14] H. S. Tsien. Superaerodynamics, Mechanics of rarefied cases［J］. Journal of the Aeronautical Sciences. 1946, 13（12）: 653-664.

[15] 钱学森．物理力学讲义［M］．北京：科学出版社，1962.

[16] 钱学森．论技术科学［J］．科学通报，1957（4）：97-104.

[17] 苟清泉．物理力学的发展与展望［J］．力学进展，1991，21（1）：1-5.

[18] 赵伊君，姜宗福，华卫红，等．气体物理力学［M］．北京：科学出版社，2017.

[19] 周益春．物理力学前沿（卷Ⅰ、卷Ⅱ）［M］．北京：科学出版社，2018.

[20] Bagnold R A. The physics of blown sand and desert dunes［M］. New York: Springer，1974. 1941.

[21] 钱宁，万兆惠．泥沙运动力学［M］．北京：科学出版社，1983.

[22] Middleton G V, Wilcock P R. Mechanics in the earth and environmental sciences［M］. Cambridge: Cambridge University Press，1994.

[23] 李家春，吴承康．环境力学与可持续发展［C］// 中国力学学会现代力学与科技进步学术大会，1997.

[24] Raats P A C, Smiles D E, Warrick A W. Contributions to environmental mechanics: Introduction [M]. Washington, DC: American Geophysical Vnion, 2002.

[25] Raats P A C, Smiles D, Warrick A W. Environmental Mechanics Water Mass & Energy Transfer in the Biosphere [M]. Washington, DC: American Geophysical Vnion, 2002.

[26] 黄宁，郑晓静. 风沙运动力学机理研究的历史、进展与趋势 [J]. 力学与实践，2007.

[27] Yaping Shao. Physics and Modelling of Wind Erosion [M]. New York: Springer, 2008.

[28] 刘青泉，郑晓静. 专题：环境力学 [J]. 中国科学，38（6）：3，2008.

[29] Xiaojing Zheng. Mechanics of wind-blown sand movement [M]. New York: Springer, 2009.

[30] 刘青泉. 中国科学院力学研究所环境力学重点实验室研究工作进展 [J]. 力学进展，40（3）：344-347，2010.

[31] 中国科学院力学研究所的环境力学学科简介 [J]. 力学与实践，34（3）：104-104，2012.

[32] 郑晓静. 风沙环境力学研究的若干进展 [C]. 中国力学大会，2013.

[33] 刘青泉. "环境力学" 专题简介 [J]. 力学学报，45（2）：149-150，2013.

[34] 季顺迎，赵金凤，狄少丞. 面向环境力学的离散元分析软件研发和工程应用 [J]. 计算机辅助工程，23（1）：69-75，2014.

[35] 李家春. 能源·环境·力学——我国能源转型中的环境力学问题 [C]. 全国环境力学学术研讨会，2016.

[36] 环境力学在生态环境重大工程中取得的成效 [J]. 科技导报，03：99，2017.

[37] 郑哲敏，朱兆祥. 爆炸力学的概况和任务 [J]. 力学情报，1978.

[38] 王礼立，胡时胜，杨黎明，等. 材料动力学 [M]. 合肥：中国科学技术大学出版社，2017.

[39] 白以龙，夏蒙芬，柯孚久. Statistical Meso-Mechanics of Damage and Failure [M]. New York: Springer, 2019.

[40] 谈庆明. 量纲分析 [M]. 合肥：中国科学技术大学出版社，2005.

[41] 戴兰宏. 工程科学前沿的拓荒者——郑哲敏 [J]. 力学进展，2013，43（3）：265-294.

[42] Marc A. Meyers. Dynamic Behavior of Materials [M]. New York: John Willey & Son, 1994.

[43] Jerry W. Forbes, Shock Wave Compression of Condensed Matterv [M]. New York: Springer, 2012.

[44] Bradley Dodd, Yilong Bai. Adiabatic Shear Localization [M]. New York: Elsevier, 2012.

[45] 王成，SHU Chi-Wang. 爆炸力学高精度数值模拟研究进展 [J]. 科学通报，2015，60（10）：882-898.

[46] 虞吉林，余同希，周风华. 材料和结构的动态吸能 [M]. 合肥：中国科学技术大学出版社，2015.

[47] 核聚变与等离子体物理发展战略研究编写组. 核物理与等离子体物理——学科前沿及发展战略 [M]. 北京：科学出版社，2017.

[48] Lieberman M, Litchtenburg A. 等离子体放电与材料工艺原理（中文第二版）[M]. 北京：电子工业出版社，2018.

[49] Perkin FW, et al. ITER Physics Basis [J]. Nuclear Fusion，1999，39（12）：2137-2638.

[50] Ikeda K. Progresses in the ITER Physics Basis [J]. Nuclear Fusion，2007，47（6）：S1-S404.

[51] Lindl JD, et al. The physics basis for ignition using indirect-drive targets on the National Ignition Facility [J]. Physics of Plasmas，2004，11（2）：339-486.

[52] Adamovich I, et al. The 2017 Plasma Roadmap：Low temperature plasma science and technology [J]. Journal of Physics D Applied Physics，2017，50（32）：323001.

[53] M. Yamada, R. Kulsrud, H. Ji. Magnetic Reconnection [J]. Reviews of Modern Physics，2010，82（1）：603.

[54] Xiao CJ, et al. Magnetic null in a three-dimensional reconnection event observed in the geomagnetotail by the cluster constellation [J]. Nature Physics，2006，2（7）：478-483.

[55] Zhong JY, et al. Modelling loop-top X-ray source and reconnection outflows in solar flares with intense lasers [J]. Nature Physics，2010，6（10）：984-987.

[56] Field, E.H., Jordan, T.H., Page, M.T. A Synoptic View of the Third Uniform California Earthquake Rupture Forecast (UCERF3)[J]. Seismological Research Letters, 2017, 88: 1259-1267.

[57] Richards-Dinger, K., Dieterich, J.H. RSQSim earthquake simulator [J]. Seismological Research Letters, 2012, 83: 983-990.

[58] Rikitake, T. Earthquake and its Forecasting [J]. Geojournal, 1980, 4: 145-152.

[59] Tullis, T.E. Preface to the focused issue on earthquake simulators [J]. Seismological Research Letters, 2012, 83: 957-958.

[60] Turcotte, D.L., Schubert, G., Geodynamics [M]. Cambridge: Cambridge University Press, 2002.

[61] 刘启元. 高分辨率地震成像研究——21 世纪地震学发展的一个重要趋势 [J]. 国际地震动态, 2000: 9-11.

[62] 石耀霖，张贝，张斯奇，等. 地震数值预报 [J]. 物理，2013，42: 237-255.

[63] 王宝善，王伟涛，葛洪魁，等. 人工震源地下介质变化动态监测 [J]. 地球科学进展，2011，26: 249-256.

[64] 张怀，吴忠良，张东宁，等. 虚拟川滇——基于千万网格并行有限元计算的区域强震演化过程数值模型设计和构建 [J]. 中国科学，2009，39: 260-270.

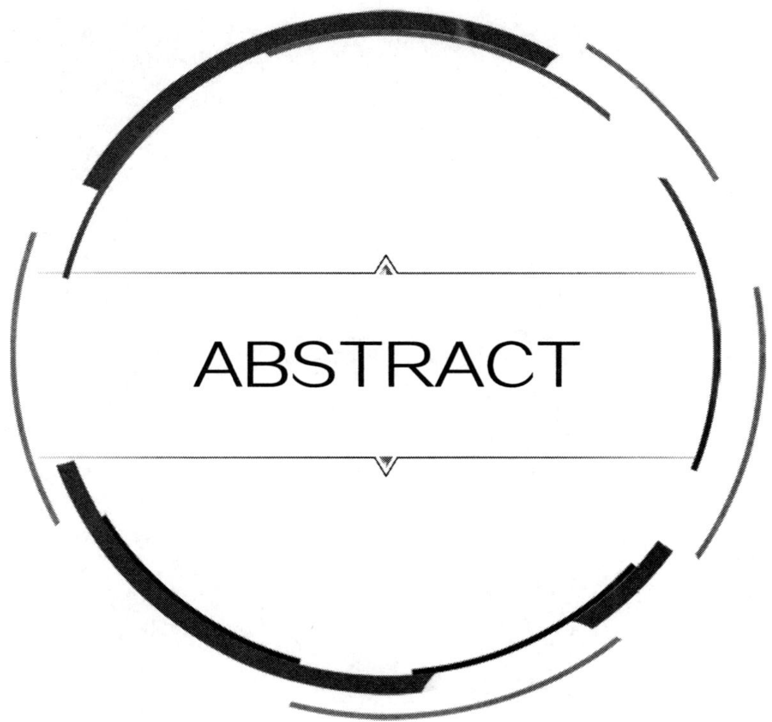
ABSTRACT

Comprehensive Report

Advances in Mechanics

1. Introduction

Mechanics is the science concerned with interactions and motions of physical bodies. It studies the macro- and microscale mechanical processes of movement, deformation, and flow of media, and reveals the interaction laws in the mechanical processes and the associated physical, chemical, and biological processes. The goal of mechanics is to quantitatively understand the principles and mechanisms both in nature and in engineering; therefore it is fundamental as well as application-orientated discipline. As the foundation of engineering science and technology, mechanics provides new concepts and theories for opening up emerging fields in engineering, and offers effective methods for engineering design. It has been an important driving force for scientific and technological innovation and development. Mechanics not only focuses on the frontier issues in physical sciences, but also serves the major needs of human being, including health, safety, energy, and environments. It plays an indispensable role in economic construction and national security. Mechanics is highly interdisciplinary with strong ability to open up new research fields, such as physical mechanics, biomechanics, and environmental mechanics. This report mainly summarizes the innovative progress and breakthroughs made in theoretical and experimental studies of mechanics as well as major applications in different engineering fields in China in recent years. It compares the current status of research development in China and abroad, and offers some perspectives on future research directions and trend.

2. Recent developments in mechanics

2.1 Discipline evolution and talents/professionals

At present, China has a complete discipline system of mechanics with a reasonably-structured discipline layout. According to the data provided by the National Natural Science Foundation of China, there are 652 units conducting mechanics research in China, and there are 50 national academic platforms related to mechanics. In 2019, there are 114 authorized master's degree programs in mechanics national wide, including 58 doctoral programs and 56 master's programs, distributed in 27 provinces.

The discipline of mechanics in China has the largest academic team in the world. According to data provided by the National Natural Science Foundation of China, the number of people involved in basic mechanics research (including graduate students) in China is about 7340, among which the number of teachers is about 3600 to 3800. At present, mechanics researchers in China have 42 academicians of the Chinese Academy of Sciences / Chinese Academy of Engineering, 54 distinguished professors of the "Cheung Kong Scholars Award Program" of the Ministry of Education, and 96 recipients of the National Outstanding Young Scientists Fund. In recent years, the influence of Chinese scholars in the mechanics society of the world has continued to increase： 4 scholars have been elected as members of the Russian Academy of Sciences and the National Academy of Engineering of the United States, 3 scholars have won the prestigious Warner Koiter Award, Eric Reissner Award, and more than 20 scholars hold important positions in the International Union of Theoretical and Applied Mechanics (IUTAM) , the International Congress on Fracture (ICF) , the International Association for Computational Mechanics (IACM) , and the International Society of Structural and Multidisciplinary Optimization (ISSMO) .

2.2 Scientific research

China has a complete discipline system of mechanics and a world-recognized large mechanics community. In recent years, mechanics researchers in China have not only actively carried out exploration and innovation oriented to the frontiers of the discipline, but also worked on interactions with other disciplines, such as materials science, physics, chemistry, biology, control and information technology and mathematics, and identified new scientific challenges and spawned new research directions. Chinese scholars have made a number of internationally influential academic achievements in each branch of mechanics, which will be briefly introduced from four aspects.

1) Solid Mechanics

In micro- & nano-mechanics, a series of micro- & nano-scale mechanical phenomena and mechanisms that are distinctively different from the macro-scale behavior have been discovered in mechanics of materials, surface and interface mechanics, solid-fluid interactions, friction, biological and bionic mechanics, computational mechanics, and experimental mechanics.

In mechanics of soft materials, the constitutive and fracture theories considering large deformation of soft materials have been developed, a variety of intelligent soft machines and soft materials have been designed and fabricated; innovative applications of flexible electronic devices have been designed and realized.

In multi-scale and cross-scale solid mechanics, the multi-scale mechanical behavior and strong coupling of advanced solid materials have been revealed. Cross-scale theory and computational methods have been developed. New methods of wave propagation and multi-scale modeling have been proposed. Great progress has been made in the simulation of atomic potential.

In computational solid mechanics, a new framework for computational solid mechanics based on the symplectic system has been constructed, and a new framework for structural topology optimization based on explicit geometric description has been proposed. Important progress has been made in construction of high-performance finite element, structural analysis and optimization considering uncertainties and microscale plasticity.

In experimental solid mechanics, optical metrology, micro- & nanoscale characterization methods under multi-physics and extreme environments have been further developed; a variety of new experimental instruments have been invented to solve mechanical issues in aviation, aerospace, ship, weapon, machinery, civil engineering issues in engineering.

In vibration, shock and wave dynamics, theory for high-dimensional and strong nonlinear vibration systems, intelligent structures and system vibration control technology have been developed. Key vibration problems of major mechanical equipment in complex service environment have been solved. A variety of loading and online observation technologies have been invented to solve the dynamic mechanics problems in several key engineering areas. Wave dynamics of smart materials and devices has been studied and applied to large structures/equipment.

In damage, fatigue, and fracture mechanics, the fatigue and failure mechanisms of materials at different scales with multi-physics coupling, and the long-life fatigue failure mechanism of materials have been revealed. An ultra-long-life fatigue experimental system and the durability testing technique for structural fatigue under extreme conditions have been developed. A fatigue life prediction model based on microstructure damage behavior has been proposed to solve the material fatigue problems in multiple key engineering areas.

In smart materials and structural mechanics, the constitutive theory of smart soft materials and their nonlinear, large deformation, and cross-scale mechanical behavior models with multi-physics coupling have been improved. Vibration control systems and ultrasonic transducers based on smart materials and wave-guide structures have been developed. Self-sufficient, self-perceived, and adaptive intelligent structures, self-healing materials and structures, variant structures, and expandable space structures have been invented.

In mechanics of composites, the theory of composite homogenization, the cross-scale material-structure theory with multi-physics coupling, the theory of damage and durability prediction, and the model of multi-scale defect control have been developed. Mechanical behavior and regulation mechanisms of nano-composites, shape memory polymer, and plant fiber composite have been revealed.

In energy-related mechanics, the mechanical behavior and the associate micro-mechanisms of rock in reservoirs under complex conditions have been revealed. The evolution mechanism and theoretical models of rock fracture, fracture formation, and thermal-fluid-solid coupled mechanical stability analysis have been established. The critical role of mechanical damage in battery performance degradation process has been clarified.

In mechanics of manufacturing, the bottleneck mechanics problems in sheet metal stamping technology, such as wrinkling, springback, and cracking, have been solved. Mechanical models and multiscale computational methods for plastic deformation of crystals, evolution of microstructure of multiphase materials under severe conditions, and polymer forming have been established. A software system for automotive component design and manufacturing analysis with full intellectual property rights has been developed.

2) Fluid mechanics

In terms of turbulence, constrained large-eddy simulation, EA model of space-time correlations, and structural-ensemble-dynamics theory of turbulence are proposed. Key structures such as the three-dimensional nonlinear wave and the secondary vortex ring in the transition are found. The origin, evolutionary geometry, and statistical characteristics of thermal plumes and large-scale circulations in thermal convection are revealed, as well as the Reynolds-number effect of turbulence statistics in the atmospheric boundary layer flows at high Reynolds numbers.

In terms of vortex dynamics, the vortex-force theory is combined with the flow field data to clarify why the lift and drag vary with the Mach number. The instability mechanism of asymmetric vortex formation and the generation of vortex-induced noise in a three-dimensional rotating cylinder are revealed. The vortex-surface method based on Lagrangian tracking, the design of flow field diagnosis, flow control and aerodynamic optimization based on boundary vorticity flux are developed.

In terms of computational fluid dynamics, a high-order non-linear compact construction method and the unified algorithm theory of gas dynamics are proposed. A massively parallel algorithm for space reentry is developed.

In terms of experimental fluid mechanics, a detonation-driven wind tunnel theory is proposed, and the world's first ultra-large hypersonic reproduction wind tunnel with a diameter of 300 mm is established. Near-wall velocity measurement methods, single-camera three-dimensional flow measurement technology that mimics compound eyes, thermal film friction measurement instrument, and multi-directional optical CT test technology have been developed.

In terms of hypersonic aerodynamics, the first picture of flow structures of the whole transition process is obtained. The phenomenon of rapid growth and rapid dissipation of acoustic modes is observed, and the principle of high-frequency compression expansion pneumatic heating is revealed.

In the aspect of rarified gas dynamics, an information preservation method is proposed, and a uniform distribution function equation of gas molecules describing rarified to continuous flow is established. A numerical algorithm for the Boltzmann model equations of micro-channel electromechanical systems is developed.

In multiphase fluid dynamics, Taylor series moment method for solving the nanoparticle number density equation is proposed. A mobile contact line model and a high-performance numerical method for complex flows with multiphase interfaces are established and the mechanism of contact line motion is revealed.

In non-Newtonian fluid mechanics, a fractional element constitutive model is established, and a Bayesian numerical algorithm is proposed to optimize the parameter estimation of the viscoelastic constitutive model. The mechanism of non-linear wave evolution and viscoelastic turbulent flow of thin films are revealed.

In the aspect of fluid mechanics in porous medium, a moving contact line model is proposed, which can accurately describe the fluid sliding on the wall and the dynamic contact angle.

In terms of water wave dynamics, the steady-state resonance wave system in infinite and finite water depth is theoretically obtained. A wave theory are developed to describe the characteristics of the extreme wave current field. The theory and prediction method for hydroelastic analysis of marine super-large floating structures are established.

In terms of high-speed hydrodynamics, the temporal and spatial distribution of turbulent velocity field and vorticity of hydrofoil-attached cavitation flow are obtained. A quantitative analysis model of propeller tip vortex frequency and a multiphase dissipative particle dynamic model are established.

In the fluid mechanics of animal flight and swimming, the high lift mechanism of insect flapping wings is revealed, and the stability theory of flapping flight is established.

3) Dynamics and control

In analytical mechanics, the theoretical frameworks of non-holonomic mechanics, Berkhof mechanics, and Hamilton-Jacobi theory, have been further developed. Changes in research methods for global analysis and geometric numerical analysis have been promoted. Motion planning and control of non-complete systems, symmetric reduction theory, computational geometry mechanics and control algorithms, and dynamic control under complex environmental conditions have been further developed.

In nonlinear dynamics, new phenomena in global dynamics have been discovered. The bifurcation mechanism of high-dimensional nonlinear systems has been revealed. Analysis, control, and design methods for nonlinear dynamics in complex situations as well as parametric, nonparametric, and data-driven identification methods have been developed. New progress has been made in interdisciplinary study of network dynamics focusing on neurological diseases.

In stochastic dynamics, a theoretical system of Hamiltonian systems with random excitation and dissipation, and a nonlinear stochastic dynamic analysis method based on large deviation theory and probability density evolution have been developed; and a parameter control strategy for stochastic system has been proposed to work for various new structural systems.

In multi-body dynamics and control, models containing non-smooth dynamics and flexible components with large-scale motion and large deformation have been developed. Various models for complex dynamic systems, solving methods for differential algebraic equations and schemes for topology optimization design have been proposed. A variety of special and general simulation software have been developed for spacecraft dynamics, weapon launch dynamics.

In aerospace dynamics and control, orbit design and control for a variety of aerospace dynamic problems has been realized. Dynamics modeling, dynamic control and motion planning have been developed for spacecraft systems with strong coupling and nonlinear effects and for large space structures. System coupling characteristics analysis, motion planning and control, and analysis and control of vibration in complex modes have been tackled, which provides key technologies for high-resolution remote sensing tasks.

In rotor dynamics, the dynamic modeling and analysis methods of the rotor-support-base system with special structures and complex loads have been developed, which meets the essential engineering requirements for developing the large-scale and high-end rotating machinery in China. The accuracy of dynamics modeling of the rotor systems has been improved, which provides important support for the design of aerospace power systems.

In neuro-dynamics, the existence of the discharge modes of neurons and their network systems has been confirmed. The transition, bifurcation, and dynamic mechanisms of synchronization and resonance of neurons and network have been revealed, leading to a series of novel theories and methods for dynamics and control. Theories and models for neural energy coding and brain intelligence exploration and computational methods have been developed. A variety of dynamic models for neurological diseases, such as epilepsy and Parkinson's disease, have been established. Strategies for lesion location, postoperative evaluation and deep brain stimulation control have been proposed.

4) Multidisciplinary mechanics

In physical mechanics, complete dynamic and static high-pressure loading technology has been developed. The microscale failure mechanism of materials, such as thermal barrier coatings under extreme environments, has been discussed and several super-hard materials have been designed and synthesized. The optoelectronic properties of flexible optoelectronic semiconductors and the insulator-semiconductor-metal transition of the boron nitride nanostructure have been discovered. The mechanical mechanism of interface adhesion and the relationship of aerodynamics, heat, and radiation under the action of hypersonic non-equilibrium flow have been revealed. A mechanical-magnetic-thermal coupling theory for low-dimensional materials has been established for physical mechanics.

In biomechanics, Chinese scholars have made significant progress in the fields of mechanical biology, biomechanical modeling and clinical application, and molecular biology. Among them, biomechanics and mechanical biology research in cells, immune response, tumor metastasis, cardiovascular, skeletal muscle system, organs, and cell molecules among the highest level in the world. In addition, the development in artificial tissues and organs, rehabilitation aids, biomedical diagnostic instruments of new drugs are also pioneering.

In environmental mechanics, the early research mainly focused the treatment of arid and semi-arid regions, the multiphase and complex flow of natural environment, wind and sand movement and governance. In recent years, a new framework of environmental mechanics has been gradually formed, and breakthroughs have been made in many fields, such as soil erosion, estuarine and coastal sediment transport, aeolian (snow/dust) movement, mudslides, river and sand movement, water pollution, and urban pollution.

In explosion mechanics, a series of advanced test platforms have been independently developed and built. A variety of high-energy materials/explosives have been synthesized and the material mechanical response and behavior database during the explosion process have been improved. A mesoscale reaction model, statistical meso-damage mechanics theory, amorphous alloy shear band theory, dynamic shattering theory, and penetration theoretical models and computational methods for two-dimensional long-rod penetration have been developed. In addition, ship interception and protection technology, new bird-strike-resistant structures, and composite materials for public protection have been developed.

In plasma mechanics, the world's first fully superconducting Tokamak EAST and the first deflector configuration device HL-2A in China have been built. A few inertial confinement fusions, such as Shenguang III and Qiangguang No. 1, have been built and operated. The design and construction of the national ignition device has been initiated. The national key scientific and technological infrastructure "Space environment ground simulation device-Space plasma environment simulation system", has been constructed, and the conceptual design of the CFETR device has been completed. The magnetic tail and observation evidence of magnetic reconnection at the top of the magnetic layer has been obtained. A global physical model of the magnetosphere substorm has been developed, and the acceleration mechanism of high-energy particles in the radiation zone has been revealed.

2.3 Social services

Mechanics researchers in China actively promote the transformation of scientific and technological achievements to serve major national projects and economic construction. Aiming at the key mechanics issues in the aerospace industry, mechanicians have made important contributions to the design and development of China's hypersonic vehicles, manned spacecraft, lunar exploration, large aircraft, and new fighter aircraft. In response to technical bottlenecks in high-end equipment manufacturing, key technologies have been developed to solve the mechanics problems in various engineering applications. For example, the design and manufacturing of aero-engine and gas-turbine-related components, the stability and safety of different configuration components in the reactor, and the design, modeling, and monitoring of core components in shield machine, high-speed train-track-bridge dynamic interaction theory, large-scale railway engineering dynamics simulation system and safety assessment technology, manned submersibles, large-scale ship power propulsion devices. Chinese mechanicians also actively participate in major disaster management, major accident investigations, disaster early warning and prevention in west China, as well as national major projects for infrastructure construction, such as marine engineering and coastal resource development.

Chinese mechanicians also actively carry out academic exchanges and popularization work to serve the public. By organizing high-level academic conferences, hosting high-level academic journals, building high-end academic exchange platforms, Chinese mechanicians strive to promote China's academic status and international influence in the field of mechanics. Chinese mechanics scholars also compose the popular science book series *Popular Mechanics Series* for high school students and junior college students, and publicly released a number of online science video courses, which have produced significant benefits for popularization of science. At the same time, for young students at school, the Chinese Society of Theoretical and Applied Mechanics (CSTAM) also hosts the National Zhou Peiyuan College Students Mechanics Competition, which is held every other year, with more than 20 000 participants each time. At present, the competition has become one of the most influential academic competitions in universities across the country. Every year, CSTAM also holds a science and technology week event with a clear theme and rich content. Through the creation of a "Exhibition Room for Fun Mechanics", high-quality popular science resources are made available to the public.

3. Trend and Prospect of the Discipline

The disciplines of mechanics have been continuously integrated with information science, materials science, energy science, life science, etc., and many new disciplines have been born. Some important and emerging areas are listed as follows.

In terms of solid mechanics, it is necessary to further explore new territories, develop the emerging directions in micro & nano-mechanics and multi-scale mechanics, advanced structural mechanics and design methods, smart materials and structural mechanics, mechanics of soft materials and flexible structures, mechanics of biomaterials and bionics, and mechanics of materials and structures, informatics and mechanics with multi-physics coupling. At the same time, solid mechanics should be further integrated to aerospace, advanced manufacturing, new energy and other fields, and strives to produce more applications through the integration with biomedical engineering, artificial intelligence, and brain science.

In terms of fluid mechanics, it is urgent to propose new concepts of turbulent structures, explore the generation process and evolutionary behavior of vortex and wave in complex flows, improve the simulation and experimental research capabilities, resolve advanced hypersonic flight technology problems, understand multi-phase, complex flow field behavior, and micro/nano-scale transport, and improve the cavitation and free-surface theory related to high-speed navigation.

In terms of dynamics and control, it is important to further improve the theoretical system and numerical algorithms of analytical mechanics, explore the dynamic phenomena and mechanisms of complex nonlinear systems, and the stochastic dynamic behavior of high-dimensional nonlinear, non-smooth, time-delay systems. It is necessary to study complex multi-body dynamics under extreme conditions and/or with multi-physics coupling and multi-temporal-scale, aerospace dynamics and control of complex systems, to develop dynamic models of rotor systems, active control, and dynamic balance experimental techniques for rotor systems, to further promote the intersection of nonlinear dynamics and neuroscience, and to understand the physiological structure of the nervous system and the transmission mechanism of neural signals.

In terms of multidisciplinary mechanics, it is essential to develop biomechanics oriented to major diseases, chronic diseases and the forefront of life sciences, as well as biomechanics across multiple temporal and spatial scales and in special environments, to study multi-scale mechanical properties of natural biomaterials, and the interaction of biomaterials with cells and tissues and to promote the design and development of biomimetic materials. It is also vital to develop new materials, new equipment and large-scale computational methods based on physical mechanics, to design new high-performance lasers and to design and prepare low-dimensional materials for new microelectronics, structural materials, soft smart materials and devices. It is crucial to study the common mechanics problems in the environmental fields, and solve practical environmental problems in major construction projects and in the western and coastal economic zones. It is important to further develop non-ideal detonation theory based on artificial intelligence and big data analysis, and experimental device and diagnostic technology with super-high loading capability, to solve the problem of explosion impact in major engineering projects. Finally, it is worth studying the complex physical process in plasma physics, exploring the interaction between different media in the plasma jet or in the process of important space and celestial events.

Reports on Special Topics

Advances in Solid Mechanics

Solid mechanics is a branch of mechanics which studies the force, deformation, failure as well as related changes and effects of solid medium and its structural system. Solid mechanics plays an important role in modern industry and human life, and has created a series of important concepts, theories and methods. It has not only brought about the progress and prosperity of modern industries including aeronautical, astronautical, mechanical, material, energy, civil and hydraulic engineering, made important contributions to national economic development and national defense security, but also provided theoretical basis and paradigm for many frontiers of natural science.

Since the new century, new types of solid media emerge massively with the rapid development of science and technology and the growing needs of people. In these media, the multi-scale and complexity characteristics become increasingly prominent, which poses new challenges to the theories and methods of solid mechanics and prompts solid mechanics to explore new territories. Therefore, solid mechanics present a good development trend. It not only integrates more deeply with areas such as aerospace, advanced manufacturing and new energy, but also develops many emerging research areas by deeply crossing with biomedical engineering, artificial intelligence, brain science and other disciplines. It has given births to a series of new theoretical, computational and experimental methods, such as micro/nano and multi-scale mechanics,

mechanics of soft materials and flexible structures, mechanics of smart materials and structures, mechanics of biological materials and biomimetics, mechanical informatics of materials and structures, etc.

In the past five years, many new advances in solid mechanics have been achieved. This report introduces the recent development of solid mechanics in China from four aspects: the state-of-the-art, the comparison between the domestic and international developments, the development trend and research focus, as well as the countermeasures and suggestions for the development, and it covers 11 representative research directions: micro- and nano-mechanics, soft matter mechanics, multi-scale and cross-scale mechanics, computational solid mechanics, experimental solid mechanics, vibration, impact and wave mechanics, damage, fatigue and fracture mechanics, mechanics of smart materials and structures, mechanics of composites, energy-related mechanics, and mechanics of manufacturing.

In micro- and nano-mechanics, a series of micro- & nano-scale mechanical phenomena and mechanisms that are distinctively different from the macro-scale behavior have been discovered in mechanics of materials, surface and interface mechanics, solid-fluid interactions, friction, biological and bionic mechanics, computational mechanics, and experimental mechanics.

In soft matter mechanics, the constitutive and fracture theories considering large deformation of soft materials have been developed, a variety of intelligent soft machines and soft materials have been designed and fabricated; innovative applications of flexible electronic devices have been designed and realized.

In multi-scale and cross-scale mechanics, the multi-scale mechanical behavior and strong coupling of advanced solid materials have been revealed. Cross-scale theory and computational methods have been developed. New methods of wave propagation and multi-scale modeling have been proposed. Great progress has been made in the simulation of atomic potential.

In computational solid mechanics, a new framework for computational solid mechanics based on the symplectic system has been constructed, and a new framework for structural topology optimization based on explicit geometric description has been proposed. Important progress has been made in construction of high-performance finite element, structural analysis and optimization considering uncertainties and microscale plasticity.

In experimental solid mechanics, optical metrology, micro- & nanoscale characterization methods under multi-physics and extreme environments have been further developed; a variety of new experimental instruments have been invented to solve mechanical issues in aviation, aerospace, ship, weapon, machinery, civil engineering issues in engineering.

In vibration, impact and wave mechanics, theory for high-dimensional and strong nonlinear vibration systems, intelligent structures and system vibration control technology have been developed. Key vibration problems of major mechanical equipment in complex service environment have been solved. A variety of loading and online observation technologies have been invented to solve the dynamic mechanics problems in several key engineering areas. Wave dynamics of smart materials and devices has been studied and applied to large structures/equipment.

In damage, fatigue, and fracture mechanics, the fatigue and failure mechanisms of materials at different scales with multi-physics coupling, and the long-life fatigue failure mechanism of materials have been revealed. An ultra-long-life fatigue experimental system and the durability testing technique for structural fatigue under extreme conditions have been developed. A fatigue life prediction model based on microstructure damage behavior has been proposed to solve the material fatigue problems in multiple key engineering areas.

In mechanics of smart materials and structures, the constitutive theory of smart soft materials and their nonlinear, large deformation, and cross-scale mechanical behavior models with multi-physics coupling have been improved. Vibration control systems and ultrasonic transducers based on smart materials and wave-guide structures have been developed. Self-sufficient, self-perceived, and adaptive intelligent structures, self-healing materials and structures, variant structures, and expandable space structures have been invented.

In mechanics of composites, the theory of composite homogenization, the cross-scale material-structure theory with multi-physics coupling, the theory of damage and durability prediction, and the model of multi-scale defect control have been developed. Mechanical behavior and regulation mechanisms of nano-composites, shape memory polymer, and plant fiber composite have been revealed.

In energy-related mechanics, the mechanical behavior and the associate micro-mechanisms of rock in reservoirs under complex conditions have been revealed. The evolution mechanism and theoretical models of rock fracture, fracture formation, and thermal-fluid-solid coupled mechanical stability analysis have been established. The critical role of mechanical damage in battery performance degradation process has been clarified.

In mechanics of manufacturing, the bottleneck problems in sheet metal stamping technology, such as wrinkling, springback, and cracking, have been solved. Mechanical models and multiscale computational methods for plastic deformation of crystals, evolution of microstructure of multiphase materials under severe conditions, and polymer forming have been established. A software system for automotive component design and manufacturing analysis with full intellectual property rights has been developed.

Advances in Fluid Mechanics

Flow exists widely in nature phenomenon and engineering applications. In the new millennium, progressive advancements have been achieved in theoretical analyses, experimental studies and numerical simulations, which contribute to the fast developing of practical applications in aeronautics, astronautics, naval architecture, civil and ocean engineering.

Important progresses have been achieved in the fields of turbulent flow, vortical flow, hypersonic aerodynamics, multiphase flow, high-speed hydrodynamics and biomimetic fluid mechanics. Outstanding but not all-inclusive examples are listed as follows: the time accurate subgrid-scale models for LES, space-time correlations method in turbulent flows, statistical modeling of wall-bounded turbulence, reverse control of wall turbulence, transition mechanism and prediction method for aeronautics and astronautics, the relationship between vorticity and force based on the theory of vorticity moments, vortex identification based on eigenvalues of the local velocity gradient tensor and Lagrangian method, the super large hypersonic wind tunnel duplicating flight conditions and quiet hypersonic wind tunnel, 3D PIV technique for boundary layer flow field, the closure of the moment equations for solving coagulation equation using the Taylor-series expansion technique, numerical methods for transient cavitating flows, and the effects of rapid acceleration and rapid upstroke on high lift of hovering insects.

Accompanied with the development and advancement of various fundamental researches in sciences, and the strong driving forces of industrial applications, efforts should be made to conduct cutting-edge researches in understanding physics of the complicated flows, and developing numerical and experimental approaches for solving the canonical problems in fluid mechanics. Several major subjects in turbulent flow studies cover the new concepts of the coherent structure of turbulence, the generation and evolution of the turbulence structures, from which any original contribution will shed lights on solving the most challenging subject in fluid mechanics and nonlinear sciences. The combustion dynamics in hypervelocity flows and its stabilization technology, interactions between 3D shock waves and turbulent boundary layers will be studied to support the emerging hypersonic flow technology. Driven by solving the industrial and environmental problems, instability of multiphase flows, closure approach for multiphase turbulent flows, near-wall multiphase turbulent flows at high Reynolds number, multi-modes cavitating flows, and flow-structure interaction for high-speed water entry are expected to be investigated with great breakthroughs. Large scale mesh generation techniques, high-accuracy numerical schemes, high temporal and special resolution flow field measurements will be kept moving to project-orientated and integrated application of computational and experimental fluid dynamics, which will also provide new tools for fundamental researches in fluid mechanics.

Advances in Dynamics and Control

Subject of dynamics and control is one of the most classical branches of mechanics. Its study is necessitated by the human beings' demands to understand, grasp and control the dynamic phenomena. From the developing trend of research worldwide, the subject covers a wide variety of areas ranging from the theory and methods of dynamic system modeling, analysis, design, to the control in the field of nature and engineering. At present, research on the subject of dynamics and control can be classified into three sections: (1) nonlinear dynamics; (2) multi-body system dynamics; and (3) analytical mechanics. In addition, aerospace dynamics, motion stability and control theory are also becoming the main stream of research on dynamics and control. Stable and high-level research teams have been established both in the research frontier and engineering applications, providing solutions to meet the major demands confronted in the key national sciences and technologies, such as aerospace, civil engineering and machinery.

In recent years, Chinese scholars have made a series of important achievements in the theory, methodologies and applications of dynamics and control, which have been successfully applied in major national projects but also impact on the international academic community influentially. The research, both fundamental and applied, is mainly focused on nonlinear problems and uncertainty problems by making full use of the modern mathematics including the latest research results of modern control theory, artificial intelligence and other disciplines. The Chinese scientists have made great progresses in understanding the nonlinearity and complexity in science and technology during this period, and in particular, in the global bifurcations and chaos of high dimensional nonlinear systems, dynamics and control of nonlinear stochastic systems, nonlinear dynamics of time-delayed systems, nonlinear dynamics of non-smooth systems, nonlinear dynamics of axially moving viscoelastic strings and belts, firing activities and synchronization of neuronal systems, nonlinear control, rotor dynamics. In the future, the practical engineering problems will become more and more complex that involve various nonlinear factors, multi-field coupling, boundary and junction effects, scale effects caused by MEMS, etc. Therefore, it is necessary to develop new nonlinear dynamics theories, analytical and simulation techniques to study the large-scale dynamic characteristics of engineering systems, develop new optimization methods based on the deep understanding of engineering system dynamics to realize the dynamic design of the systems, and to develop various active control methods and even intelligent ones to make the systems achieve the designated motion. The purpose of the present report on the development of dynamics and control is mainly to summarize the research trends in the field of dynamics and control covering nonlinear dynamics, stochastic dynamics, stability and control, multibody dynamics, analytical dynamics, nonlinear oscillations and applications to engineering, aeronautic and astronautic dynamics. In summary, this report provides both reviews of established results in recent years and speculations about future advances, which may produce a profound influence on the dynamics and control science in China, or even the world over.

Advances in Interdisciplinary & Multidisciplinary Mechanics

The interdisciplinary or multidisciplinary mechanics, as its name implies, involves two or more academic or scientific disciplines in which mechanics plays an important role. Generally, the interdisciplinary or multidisciplinary mechanics, according to its related topics, can be classified as：Physical Mechanics, Biomechanics, Environmental Mechanics, Explosion and Impact Dynamics, Magnetic Confined Plasmas, Geodynamics etc.

Physical Mechanics is an emerging discipline which was proposed by Mr. Qian Xuesen (Tsien Hsue-Shen) based on great engineering demands in 1950s. The core idea of Physical Mechanics is to study and disclose macroscopic properties and movement laws of substances from the perspective of microstructure and movement laws of substance. Physical Mechanics studies macro mechanical properties of medium and serves for great engineering based on microphysics of atoms and molecules. Its research methods are based on the following methods：equilibrium and non-equilibrium statistical mechanics, atomic and molecular physics and quantum mechanics, large-scale computation, micro-experimental technique, studying object in extreme environments. Its research contents include physical mechanics of high-temperature gas and complicated fluid, physical mechanics of solid medium and surface interface, high-pressure physical mechanics, laser physical mechanics, and physical mechanics of spatial environmental effect.

Biomechanics is the study of the structure, deformation and motion of biological systems, at any level from whole organisms to organs, cells, cell organelles and molecular, using the methods of mechanics. It focuses on how physical forces and changes in the mechanical properties of cells and tissues contribute to development, cell differentiation, physiology, and disease. A major challenge in the field is understanding mechanotransduction—the molecular mechanisms by which cells sense and respond to mechanical signals. Modern biomechanics quantitatively analyzes the mechanical factors and its effects on tissue, cells and molecular, explore the basic mechanism of the process of life through combining biological science and mechanical principles, and resolve the important scientific problems of life and health. With the continuous development, biomechanics has become the cutting edge of modern mechanics and intimately connected with rapid development of new health industry, such as tissue and organ construction, rehabilitation engineering, biomedical diagnosis and treatment instrument and new drug design, screening and development. The aim of biomechanics in China is to solve the key scientific problem related to the development, prevention and treatment of clinical diseases. Research fields in life science, modern medicine, great health engineering and national defense are expected to be focused on.

Environmental Mechanics mainly focuses on the physical/chemical/biological processes occurring in natural environment and causing the transport of matter, momentum and energy. The purpose of environmental mechanics is to quantitatively describe the evolution law of the environment and reveal the impact on human development. Its progress is significant to deepen people's understanding of the physical process and essential law of environmental problems and provide effective solution. It thus not only satisfies the requirement of the law of the discipline development, but also closely combines with the national demand and engineering reality. Over the past 30 years, the environmental mechanics has made gratifying achievements in the study of environmental disaster mechanism, process simulation and prevention-engineering design. However, we still need to take more effective measures, such as establishing research bases, determining key research directions, striving for discipline upgrading, strengthening academic exchanges and publicity, to straighten the framework and improve the classification of environmental mechanics. It is necessary to further promote the development of environmental protection and governance science and technology; to realize the rapid development of environmental mechanics itself by solving the key scientific problems in the process of establishing and solving the models of environmental flow and transportation, and to lead the development of mechanics.

Explosion and Impact Dynamics studies the laws governing explosion and impact, and the use and protection of their mechanical effects. Over the past decade, Chinese scientists have made creative contributions with international influences in research areas such as energetic materials, material dynamics, hypervelocity impact loading, impact protection, high-speed penetration, computational explosion mechanics etc. In the future, the suggested key directions of explosion and impact dynamics are as following: (1) non-equilibrium detonation and the structure of detonation waves, initiation mechanism of insensitive high explosives; (2) Impact loading instruments and ultrafast, high-resolution, diagnostic techniques based on advanced synchrotron radiation sources; (3) Cross-scale correlation in deformation, damage and failure process of materials under impact loading; (4) Large-scale numerical simulation for explosion study, and application of artificial intelligence, (e.g., deep learning) in explosion simulation.

The research focus for Magnetic Confined Plasmas includes MHD processes under intense heating and burning conditions, turbulence and transport processes, plasma waves and heating mechanisms, plasma wall interactions and advanced tokamak operation modes. As for inertial confined plasmas and other high energy density physics, the investigations are focused on laser interaction with high density and high temperature plasmas, fluid instability, ignition and burning physics and laboratory experimental simulation of astrophysical phenomena etc. For low temperature plasmas, research efforts are divided into thermal plasmas, low pressure discharges and non-equilibrium plasmas at atmospheric pressure. Investigation on thermal plasmas will be aimed at new plasma generators with increased energy efficiency, longer lifetime, and better control and operating stability. Other investigation will be related to applications in coating and plasma thrusters, where the non-equilibrium nature and plasma surface interaction are important. Similar topics will also be studied for other non-equilibrium discharges at atmospheric pressure. These discharges include gliding arcs and dielectric barrier discharges. The prime motivation for the investigation of low pressure discharges is its application in semiconductor industry. Diagnostics combined with modeling will unveil some of the mechanisms in plasma processing. Efforts will be focused on large and uniform plasma source development, measurement and control of active species, plasma wall interaction, etc. For space and astrophysical plasmas, efforts will be focused on a series of space explorations of magnetosphere, ionosphere and thermosphere via many satellites launches. Investigations include the interaction between the solar wind and the magnetosphere, and magnetic reconnection in space.

Geodynamics is to study the dynamic processes of the earth and other planets, and plays a core role in earth sciences. Due to the limited geological and geophysical observation data, especially the lack of the early evolution of the earth, in order to better understand the dynamic process of the earth evolution and plate tectonics, numerical geodynamical modeling is urgently needed since the invisible underground process can be seen directly. China has many excellent natural geoscience laboratories, such as the Tibet Plateau, the North China Craton, the Tethys structural domain, and the western Pacific subduction. To better understand the aforementioned scientific problems, we need to conduct thermo-mechanical coupling numerical model to do in-depth geodynamic numerical simulation within key areas. Besides, earthquake numerical prediction is a leading task of future seismological research in China in the basis of previous empirical and statistical forecasts. Since the new observation technology (i.e., GPS and intensive portable seismic array observation) significantly improves the observation accuracy, data mining and assimilation of solid geosciences become more and more possible, this needs to break through the original professional limitations and to carry out interdisciplinary scientific researches.

索引